国家出版基金项目
NATIONAL PUBLICATION FOUNDATION

魔牙岛大白鲨

〔美〕苏珊·凯西 著　王小可 译

海洋出版社

2018年·北京

图书在版编目(CIP)数据

魔牙岛大白鲨 / (美) 苏珊·凯西 (Susan Casey)著；王小可译. — 北京：海洋出版社，2018.12
书名原文：The Devil's Teeth
ISBN 978-7-5210-0212-6

Ⅰ. ①魔… Ⅱ. ①苏… ②王… Ⅲ. ①鲨鱼－普及读物 Ⅳ. ①Q959.41-49

中国版本图书馆CIP数据核字(2018)第228288号

版权合同登记号　图字：01-2017-8592号

魔牙岛大白鲨

著　　者 / 〔美〕苏珊·凯西
译　　者 / 王小可
责任编辑 / 项　翔　蔡亚林
责任印制 / 赵麟苏

出　　版 / **海洋出版社**
　　　　　北京市海淀区大慧寺路8号
网　　址 / www.oceanpress.com.cn
发　　行 / 新华书店北京发行所经销
发行电话 / 010-62132549
邮购电话 / 010-68038093
印　　刷 / 北京朝阳印刷厂有限责任公司

版　　次 / 2018年12月第1版
印　　次 / 2018年12月第1次印刷
开　　本 / 787mm×1092mm　1/16
字　　数 / 252千字
印　　张 / 19
书　　号 / 978-7-5210-0212-6
定　　价 / 59.90元

敬启读者：如发现本书有印装质量问题，请与发行方联系调换

◇ 目 录 ◇

序　言

_____

若是没有那些无名的海怪，大海将会像是一场无梦的安眠。

——约翰·斯坦贝克《科尔蒂斯海航海日记》

黎明时分，一场杀戮展开，如往常一击致命。血喷射到海平面上空，化作一层艳丽的水幕，仿佛出自一位粗鲁的抽象派画家之手。500码（约457米）开外，一个男人正站在海岛最高峰的灯塔外面，用望远镜观察。他先是注意到了一大群海鸥，这些海鸥的应激反应表明有麻烦发生。紧接着他看到了血，拿起对讲机转身便往回跑。

他叫醒了岛上其余四人。"甜面包岛附近发生了一场袭击，看上去很严重，流了不少血。"山脚下的小屋里回荡着科学家彼得·派尔匆匆忙忙的声音。他跑下楼，穿上齐膝的橡胶鞋，"砰"地一声甩上破旧的门，全速冲向汽艇。

彼得和他的同事斯科特·安德森，也就是对讲机里说话的那个男人，一起跳上了一艘17英尺（约5.2米）长的"波士顿威拿"[①]牌捕鲸船。这艘船搁在悬崖旁的橡胶轮胎上，正由吊车吊起来，越过海滩边缘，然后降低了30英尺（约9.1米），放入太平洋初冬的巨浪之中。

捕鲸船在足以吞没它的巨浪之间起伏。彼得解开铰链——一种1英寸（约2.5厘米）粗的钢缆，然后启动引擎，朝着鸟群的方向驶出200码（约182.9米）。他的观察对象正漂浮在那一大片血泊中：一具象海豹的无头尸体，重达0.25吨。海水混合着浓烈的油脂气味，令人作呕。

"没错，"彼得说，"这就是鲨鱼袭击后的气味。"

在这个充满了未解之谜的海洋世界里，他们可以断定的是，有条大白鲨正在船下游来游去，等着海豹的血多流一会儿，再返回去享用这顿早餐。这条大白鲨也许是"贝蒂"，也许是"玛玛"，也可能是"凯迪拉克"。这些雌鲨体

[①] 美国佛罗里达州的一家船只制造品牌。——译者注

型庞大，身长都在17英尺（约5.2米）以上，她们是著名的"姐妹鲨群"，游弋在岛屿东部。也有可能是一条身形相对较小的雄鲨（13或14英尺，约4或4.3米），比如"点子"和"T形鼻"，或是鬼鬼祟祟的"卡尔·裂鳍"。雄鲨群又被称作"普通大白鲨群"。

总之，这是上述众多大白鲨中的某一位。每年这个时候，他们在这片120英亩（约0.5平方千米）的海域里成群出现，沿着东南法拉隆岛的海岸线巡游。涨潮时，一些倒霉的海豹会被冲出狭窄的深沟，进入危险区，成为鲨鱼们的食物来源。

每年因马桶清洁产品致残或被牲畜伤害致死的人数有一千以上，遭到大白鲨袭击的则不到十二人。但在法拉隆群岛一带，上述数据可做不得准。九月到十一月，如果你头脑发昏硬要下水，或者不幸失足落入海中，迎面撞上一条大白鲨的可能性将超过百分之五十。

彼得和斯科特站在船尾，手持装有摄像机的长杆子。有那么几个时刻，你会感受到完全的寂静，这是以往生命中从未有过的体验：时间仿佛静止了，连嘈杂的鸟儿也一声不响，一片可怕的静默。紧接着，50码（约45.7米）开外的海域出现了涌浪。

神秘魔鬼的背鳍露出海面，像德国U型潜艇一样凿开海水，朝彼得和斯科特逼近，所经之处形成巨大的尾流。他紧跟着他们的船，快碰到船尾时又略作停留。露出水面时，他的身体近乎黑色；在水中时，他身上则泛着蓝绿色的光泽。

"他过来了！"彼得大喊。船摇晃起来，大白鲨巨大的三角形脑袋探出水面，竟然巧妙地咬住了船尾一角。斯科特躺在离他更近的地方进行拍摄。大白鲨转动着漆黑的眼睛，头部的各处伤疤和一排排2英寸（约5.1厘米）长的牙齿清晰可见。他钻入水中，潜到船底，动作一如既往地迅捷。不一会儿，他又在海豹尸体附近浮出水面，将残骸吞入口中撕咬，刺目的鲜血从他嘴里迸溅出来。

"是'伤疤头'！"斯科特叫道，被宽幅太阳镜遮挡的脸上绽放出灿烂的笑容。

"你好呀，'伤疤头'。"彼得打着招呼。这是愉快的相逢时刻，就像在大街上偶遇一位要好的熟人时，朝对方致意。"我们认识这条鲨鱼有十年了。"

◇ ◆ ◇

法拉隆群岛坐落在太平洋上，位于金门大桥正西方向27英里（约43.4千米）处，是一个由10座小岛组成、占地211英亩（约0.8平方千米）的群岛。每年九月，世界上最习惯于独自狩猎的生物——大白鲨会密集地汇聚在群岛附近的水域，其中原因尚未完全探明。唯一确定的是，他们会在这里停留三个月左右。参与"法拉隆群岛大白鲨计划"的斯科特·安德森和彼得·派尔证实了这一点，他们进行了15年的研究，发现这群大白鲨每年都会重返同一地点，从无例外。

这种一年一度的重聚至少在一定程度上是为了捕猎。尽管人们曾在大白鲨的肚子里发现过各种不可思议的残骸：自鸣钟、毛皮披肩、车辆牌照、捕虾夹、野牛的头颅、一整只驯鹿，甚至更加令人意想不到的东西——全副盔甲的人类。但大白鲨真正爱吃的东西其实是海豹。正好法拉隆群岛不缺海豹——北方象海豹、斑海豹、毛皮海豹……总之到处是海豹，尖叫着，低吼着，四足摊开躺在岩石上，就像一块块肥厚的地毯。

但情况并非一直如此。最初岛上有成千上万头海豹，150年前却惨遭猎杀，一度濒临灭绝。直到1969年，东南法拉隆岛——法拉隆群岛中最大的一个岛屿——成立了野生动物保护区后，海豹数量才开始恢复。对于这件事，最高兴的莫过于鲨鱼。1970年，法拉隆岛上的生物学家首次目睹了鲨鱼袭击，袭击对象是一头非常强壮，本身就长得像食肉动物的北海狮。接下来的15年间，他们近距离观察到了鲨鱼对海豹和海狮发动的一百多次袭击。但这还只是热身活动。到了2000年，彼得和斯科特仅在一个季节就记录下了近80次鲨鱼袭击。

就算将鲨鱼每年一次的重聚归因于美味海豹的诱惑，但为何每年都是这同一群鲨鱼呢？为什么他们会如此密集地汇聚在一起？此前还没有人记录过大白鲨的这种行为。

当然，也不是每个人都有记录的机会。大白鲨在野外的自然表现，只有在法拉隆群岛才能观察到。这里少有人类存在，没什么胡乱探索的行为。相比之下，位于南非小城甘斯拜附近的 "鲨鱼小道"被鱼饵染成了红色，那里常有十几艘船紧挨在一起，相互碰撞；60名潜水员像沙丁鱼一样钻进钢制的防鲨笼里，挤满了仅有1 000码（约914.4米）宽的航道。在澳大利亚，大白鲨们需要与水下电缆、用网围起的海滨度假区、捕鱼赛区以及与日俱增的钓鱼活动争夺生存空间。法拉隆群岛的大白鲨则很少遭到人类骚扰，顶多偶尔碰上来自旧金山，载着一日游旅客的船只。人们经常迫使位于食物链顶端的肉食动物改变其生存习惯，以便驱车前去围观他们。但法拉隆群岛的鲨鱼从未遭受过类似的逼迫。

这一点非常重要。尽管我们可以在法拉隆群岛见到大白鲨，尽管他们起源于地球上的时间甚至早于树木，这些生物身上仍然有许多未解的谜团。即使到了今天，人类已经创制出简明的基因编码序列，宇宙飞船已经能够围绕火星转动，科学家们却仍然对大白鲨的某些基本信息一无所知。

他们的寿命有多长？尚不明确。（考虑到大白鲨10岁以后才发育成熟，他们至少能活30年。法拉隆群岛所有的鲨鱼都是成年体，其中还有部分鲨鱼已经被观察了10年以上。有科学家猜测他们的寿命长达60年，但这点尚未得到证实。）

他们在什么时间和地点进行交配？多久交配一次？采取怎样的交配方式？大白鲨的性生活有一些蛛丝马迹可循，但都缺乏证据。斯科特和彼得发现，雄性大白鲨每年返回一次，雌性大白鲨则两年才返回一次，且脑袋上总有新的、深深的咬痕。这些伤痕和交配有关吗？在没有返回的这一年里，雌性大白鲨是在更温暖的水域产仔吗？如果是那样，海洋中到底有多少大白鲨？这一切全是谜。甚至每一季出现在法拉隆群岛的鲨鱼数量也只能靠胡乱猜测——大概在30到100之间吧。

当然，还有体型的问题。他们究竟能长到多大呢？仍然没有确切的答案。鲨鱼的骨骼都是软骨，并非硬骨骨骼，所以除了牙齿，几乎没有留下化石记录。至今人类捕获到最大的一条鲨鱼，通过精确测量得到的长度是19.5英尺（约5.94米）。同时根据未经证实，但令人信服的传闻，有人见到过比那大得多的鲨鱼。这并不奇怪，鲨鱼是进化过程中的重量级冠军，在人类登场的数亿年前，他们的行为就一直在进行着细微的变化。他们对于传染病、循环系统疾病拥有抵抗力，很大程度上也能抵抗癌症。遭受到严重伤害时，无论角膜被撕裂，还是身上留下极深的伤口，他们都可以迅速痊愈。这一切能力都是为了生存。新生的大白鲨幼仔约4英尺（约1.2米）长，完全就是缩小版的母鲨，生下来那一刻就拥有了猎食的能力。他们能够隔着几百码的距离，察觉到猎物心跳所产生的、毫伏级别的微弱心电脉冲。

撇开大白鲨群不谈，法拉隆群岛本身也是自然界的奇观。岛上的生态环境就像用纸牌搭建的房子——错综复杂的支流汇入海洋，海豹、鸟类、鲨鱼相互依存，一切都处于精妙的平衡状态。但在自然界中，复杂性也意味着脆弱性。法拉隆湾国家海洋保护区面积是1 255平方英里（约3 250平方千米），横跨西海岸最繁忙的航道，而法拉隆群岛刚好属于保护区的一部分。1971年，84万加仑（约3 180立方米）石油在法拉隆湾泄漏，造成两万多只海鸟死亡。13年后，即1984年，运载原油140万加仑（约5 300立方米）的油轮发生爆炸。直到今天，仍有数百艘沉船分布在这一带的海底，随着海水渐渐侵蚀船壳，原油从船体中缓缓泄漏出来，仿佛一盏盏流淌着原油的剧毒熔岩灯。考虑到还有一艘万吨级航母沉没在此处——它曾用作核导弹靶舰，装载着4.8万桶放射性废料——这里的情况就更让人担忧了。

这些岛屿本身也很脆弱，满是孔隙。它们由8 900万年前的花岗岩构成，大部分岩石都已腐朽，一碰就变成碎渣。"法拉隆"一词在西班牙语中指"由礁石构成的海中小岛"；至于中部法拉隆礁——当地人称之为"旮旯"这类存在，相比于真正意义上的岛屿，它们更像是突起的岩石堆。组成法拉隆群岛的共有10个岛屿，它们是参差不齐的大陆架边缘延伸到太平洋中的部分。再往前，便是两英里深的幽暗海底——相当于科罗拉多大峡谷的深度。尽管法拉隆群岛在行政区划上属于旧金山市区，但从严格意义上来说，它只是这个城市的外延郊区，旧金山湾区的七百万居民几乎无人意识到它的存在。即使有人知道法拉隆群岛坐落在这里，他也一定无法将这里与残暴、灰暗的历史联系起来——事故、谋杀、被遗忘的小镇、内部战争。拥有这些记忆的老人日渐凋零。旧金山湾区的卫星图通常也不包含法拉隆群岛。

这里没有名气也情有可原。从大陆出发，要忍受恶心晕眩，经历6个多小时的颠簸才能到达——如果某天有船长愿意尝试这趟航程的话。就算是海岸守卫员也会在穿行时踌躇，承认他们宁愿乘直升机入岛。没有人全年生活在这里。彼得、斯科特和少数轮流入岛的同事住在岛上唯一一栋居民楼里。这栋建筑位于东南法拉隆岛，拥有120年的历史，看上去却依然坚如磐石。事实上也是如此：它定期经受着来自太平洋最为恶劣天气的侵袭。风速高达30节（约55.56千米/小时）的飓风，遮天蔽日的浓雾以及15英尺（约4.6米）高的海浪，在这里都很常见。

就算有游客兴趣浓厚，跃跃欲试，想去法拉隆群岛游玩，他们也无法登岛——这里是管控严格的国家野生动物保护区，内含国家海洋保护区。根据联邦法规定，在这里从事野生动植物监测工作的生物学家是唯一具有准入资格的人群。总之，这里没有任何地方可供泊船。

群岛四周尽是悬崖峭壁，谲诡的暗礁激起阵阵涌浪。25万只海鸟的粪便年年堆积在岩石上，氨气的恶臭让人却步。岛上禁止制造噪音，飞机也不能直接从上空经过，航船的停靠位置至少要离岸300英尺（约91.4米）。

这里无疑就是地狱，你肯定不愿意下水。考虑了所有的阻碍后，法拉隆群岛仍然值得参观的唯一理由就是——它是世界上最为恐怖、野性保留得最为完整的地方。

◇ ◆ ◇

1998年，我碰巧看到一部介绍彼得和斯科特工作的BBC纪录片，法拉隆群岛就在这时令我魂牵梦萦。电视节目通常让瑰丽壮阔的事情显得微不足道，但这部纪录片却尽力表现出鲨鱼的庞大，表现出在该岛鬼斧神工的自然环境面前，人类的研究船就像玩具一样渺小。节目播出时，我正躺在客厅地板上，因感染单核细胞增多症而视线模糊，看到这一幕时，我怀疑自己出现了幻觉。

从屏幕上可以看到，法拉隆群岛从太平洋延伸出来，就像海怪急需诊疗的尖牙。幽蓝的海水深不可测，张牙舞爪的岩石周围弥漫着海雾，但最离奇的事情还潜伏在水面下。那位名叫斯科特·安德森的金发生物学家正躺在11英尺（约3.4米）的研究船上，靠近船舷，将水下摄像机放低，短短几秒的时间，一条大白鲨就出现在镜头中，紧接着是第二条、第三条……水下没有鱼饵，这些鲨鱼原本就在这附近游荡，像盘旋在芝加哥机场上空的飞机。我心想，这该不会是骗人的吧？是在拍电影吗？因为这也太让人难以置信了。在巴掌大小的范围里，体型像面包车一样的大白鲨是怎么挤进去的？鲨鱼簇拥的划艇上坐着两个疯狂的人，他们又是谁？

大白鲨普遍让人感到敬畏，不光是因为他们能轻而易举地把我们当成点心。毕竟灰熊在这方面也毫不逊色。他们能自然而然地让我们产生敬畏感，这种敬畏与我们在海上看到海盗旗时本能感到的恐惧并不相同。

据探索频道统计，每年鲨鱼周时，节目的收视率都会翻一番；同时网络播放平台也会进行转播，毫无例外。

即便对那些控制欲最强烈的怪人来说，大白鲨也是强大、可怕而不可掌控的。他们的生存环境和我们完全不同，他们一点都不可爱，更谈不上惹人喜爱了。一定程度上，大白鲨是与恐龙最为接近的现存生物。他们和我们截然不同——比如他们有多排牙齿——这既令我们心神向往，又让我们无比恐惧，这是一种复杂的关系。生物学家爱德华·O. 威尔森完美地总结道："早在部落社会时代，我们对这些怪物的爱便已深入骨髓。"

比起直接抚摸怪物的毛发，把玩他们的爪子（或轻抚他们的背鳍，就像在那档BBC节目中，当大白鲨经过时，斯科特被记录下来的举动一样），大多数人更愿意隔着一段距离来表达对怪物的喜爱，或者只是喜欢照片中的他们。生存的欲望总能战胜好奇心，这无可厚非。正是基于生存的欲望，人类才能长久地存续下去，并将这种智慧薪火相传。但也有与众不同的人，比如我。

就我个人的感受而言，生活中最激动人心的事物仿佛都埋藏在了别处，比如法贝格彩蛋①和一百年陈的苏格兰威士忌，而要获取它们的唯一方式就是不断寻找。你不可能在上下班的路上碰见已经消失的文明，也不可能在西夫韦超市的海产品区找到一条哥布林鲨。从电视里观赏月亮、参观野性十足却被锁在笼子里的动物、把鼻子贴在博物馆的展箱玻璃上来表达对历史文物的崇敬之情——这一切都是不可接受的妥协之举。然而我认识的每一个人几乎都这样做过。

事实上我曾经也是这样。但我34岁那年——距离我在杂志界获得成功已有

① 法贝格彩蛋是俄国著名珠宝首饰工匠彼得·卡尔·法贝热所制作的类似蛋的作品。在俄罗斯人眼中，彩蛋象征着健康、美貌、力量和富足。——译者注

十年——我仍然会产生难以抑制的不安情绪和好奇感。我承认我从未感到过满足。一片片水域让人意乱神迷，它们像催眠师善用的硬币，深深地吸引着我。我盯着它们时，总会不自觉地去想水面下是什么。深绿色的加拿大湖泊（我在这里度过了无数个夏天）、像杜松子酒一样清澈的加勒比海、深不可测的太平洋、干净无菌且熠熠闪光的游泳池——我仍想探索这一切。

对水的迷恋促成了我25年的游泳运动员生涯，每天盯着各种各样的池底长达6个小时，来回游上无数遍，我仍然觉得不够。比待在水池里更让人愉悦的事情是在湖泊、小溪或大海里游泳，因为在这些地方有机会看到鱼。即使是最卑微的杂鱼——刺盖太阳鱼、鲈鱼、岩钝鲈，我都觉得他们有着荒谬的迷人和恐怖。当其他人抬头仰望苍穹，探索黑洞和遥远的星系时，我正低着头凝视广阔的水域，盼望能瞥到鱼的踪影。

地球上的海洋覆盖率是71%，据估计，海洋中95%的生物都没被发现，人们只是探索了这片海域微不足道的一部分。随着深层勘探技术的突破，人们有机会探索海洋更深处。近年来，一些闻所未闻的深海生物进入公众的视野。这些生物的影像令人瞠目结舌，超乎人们的想象——尖牙鱼、吸血鬼乌贼、吞噬鳗，等等。不久之前，科学家们才在海底发现了蕴含着热量的喷口——溶解矿物质达到饱和状态的沸水，通过烟囱状的地质结构物从地壳中喷涌而出，汇入海洋（这些"烟囱"也许就是生命的源头）。通过旁侧声呐这一类新技术，人们发现了惊人的宝藏：六百艘沉船躺在远离葡萄牙的海底，其中一些的历史远于圣经时代。最近，在亚历山大港附近的海底发现了至少三座沉没的埃及城市，相传有两千多年历史。水下考古学家着手研究时，又碰巧发现了沉没的拿破仑舰队。

换句话说，就算对海面非常熟悉，海底也是一整个全新的世界，已经沉没的古代世界就在这里。就像自己家里也总有你不知道的一些空间。这太让人毛骨悚然了。多年来，我反复做着一个梦，事实上有点像噩梦——我在夜晚飘荡着，被奇异的大鱼包围着。我没办法看清他们，但我知道整片海洋满是他们的踪影，这些暗藏的生物到处穿梭。我第一次在屏幕上看到法拉隆群岛时，这些似真似假的记忆就隐隐约约潜入我的意识。这是一片奇怪的水域，海面下发生了什么？

◇ ◆ ◇

很难得到更多的信息。这部BBC纪录片是有关法拉隆鲨鱼的唯一现存资料。关于海豹数量和海鸟迁徙的记述，我能找到的文章都不太靠谱，报纸上的报道也是提出的问题比答案多。《洛杉矶时报》称法拉隆群岛"就算不是全世界最可怕的地方，也是美国最可怕的地方"，但没有详细阐述。1858年，《纽约时报》的一则头条新闻报道了一位渔民在岛上"被一只章鱼缠住"，但也没有提供细节。

我无意中发现了一些令人着迷的无关事件：某个海底洞穴曾有一具雌性骨架，但她的身份至今都是个谜……一个世纪以前，东南法拉隆岛上有一个小镇，镇上甚至还有自己的学校……人们在那里发现了一种新型水母，其身体上长着手臂，而不是触手。鲨鱼随处可见。商业潜水员拒绝在有鲨鱼出没的地方工作，出于安全考虑，官派潜水员也不允许进入有鲨鱼出没的周边海域。人们曾尝试创造一项滑水的世界纪录，距离是从金门大桥到法拉隆群岛，但这一尝试被大白鲨中断。"那是我做过最蠢的事。"一名滑水者承认。他在15英尺(约4.6米)高的海浪中颠簸了数小时，浑身的骨头都快散架了，唯一的收获是快靠岸的时候，船裂开了一条缝。他游到船下检查破损情况时，才意识到自己并不孤单："我看到了一群鲨鱼。"他立即跳上船，和其他船员一起，以最快的速度逃回旧金山。

身处法拉隆群岛的感觉，就仿佛身处奥林匹斯山，众神在你身边飞过，开始他们新一轮的饮宴。这是一个不祥之地，不需要人类的存在。文明社会的普遍准则在这里寸步难行。这里没有虚假伪饰，没有商品买卖，汽车、信用卡、手机和昂贵的高跟鞋全都没有用武之地。动物在这里繁衍生息，人却以各种意想不到的方式死去。在我看来，这些边疆荒岛不只是美国政府所废弃的土地，也不只是通向趣味盎然的海洋世界的窗口。它们是另一个世界的缩影。

当我在电视上看到被鲨鱼包围的小船，看到小船上的那两个人时，我才意识到旧金山和法拉隆群岛之间有一道无形的分界线。界线的一侧是康庄大道，灯红酒绿；另一侧则荒无人烟，拥有4亿年历史的食肉动物游弋在那里。我想要跨越这条界线——趁着界线还在，趁着文明还没有散播到这里，使它逐渐淡化消失，最后彻底同化了彼端的世界。但我该怎么做呢？这个地方禁止他人以任何方式进入，何况我也不知道该如何前往。但法拉隆群岛激发了我内心深处无限的想象力，我知道自己无论如何都要去一趟。我非去不可。人能有多少次机会，为自己的梦想奋力一搏呢？

◇ 序言 ◇

上部：法拉隆群岛

第一章

————————

问候恶魔

法拉隆群岛属于国家财产，用于为过往船只提供灯塔航标。如欲登岛参观，需从主管部门的灯塔巡查员处申请特别许可证。此项申请不易获批。

——查尔斯·S·格林，"弗雷里斯的法拉隆群岛"
载于《陆行月刊》^①1892年

2001年11月16日

　　谈到"太平洋小岛"，人们的脑海中总会浮现出一幅幅奢华闲适的景象：柔和的海风，明媚的阳光，各式各样的消遣，还有上好的鸡尾酒。但法拉隆群岛却与一般的"太平洋小岛"截然不同。那里的一切都与"闲适"毫无关联。拿群岛中的东南法拉隆岛来说，单是登岛就足以令人胆战心惊了。这个过程要求登岛的人身手敏捷，还不能恐高，因为登岛时，工作人员会先用吊车把人从小艇吊到悬崖边一个井盖大小的金属盘上，再由绞车拉上悬崖；或者让人们先从剧烈颠簸的橡皮艇跳到岸上，再拉着攀岩用的索具，从岩壁垂直地攀援而上。这时必须计算好海浪起伏的节奏，避免像纺织机上的线头一样被弹开，掉进海里。以上步骤都是在十分狭窄的空间内进行的，因此船夫决不能有任何失误。右手边，海水奔腾着涌入狭谷，撞上尖利的峭壁，形成漩涡；左手边，海浪猛烈地撞上裸露的花岗岩，爆裂开来，散成漫天水幕；头顶，成千上万的海鸥从云端俯冲下来，就像准备投弹的轰炸机；脚下，还有成群的大白鲨在海里环游窥伺，蠢蠢欲动。这样的登岛装置显然做不到万无一失。

　　在法拉隆群岛居住则意味着新一轮的挑战。群岛中只有一座小岛勉强适合

---

　　① 《陆行月刊》（*the Overland Monthly*），1868年创立于美国加利福尼亚，创始人为安东·罗马，1935年结束发行。——译者注

人类居住，就是面积为65英亩（约0.3平方千米）的东南法拉隆岛，这是因为在该岛南端，有一片平坦而狭长的海岸阶地。在这处礁石构成的阶地上，有两栋面朝大海、外观相同的房屋。它们始建于19世纪70年代，多年来饱经风霜，像两名守卫一样伫立在这里。其中一栋房子通水通电，另一栋则没有。这岛上唯一的淡水水源是一条看起来令人作呕的黄色小溪，只有极度口渴的人才愿意饮用——不过在过去，这样的人并非少数。当时，人们用混凝土集水盘收集雨水，再用漏斗将水导入贮水池，过滤七遍之后才能饮用。热水则更加缺乏。食物供应也很不稳定，尤其是在冬春两季，猛烈的暴风雨经常会一连几周地把供给船困在海上。尽管有规定称，在任何时段，东南法拉隆岛上的人数不能超过八个，但这里也不存在私人空间——每个人都至少有一个室友，而这名室友很可能是个已经十一天没有洗澡的生物实习生。对了，这里还经常不能冲厕所。

　　拿到登岛许可证绝非易事。一年前，我曾联系过彼得·派尔，自我介绍一番之后，告诉他我想要写一篇关于法拉隆群岛的杂志文章。他建议我向美国鱼类及野生动物管理局①申请一张媒体日间通行证。据他说，除了科学家们，没人能获准在岛上过夜；就连日间通行证也很难拿到。

　　不过彼得本人倒是挺友好的，我和他聊了好几个小时。在过去长达16年的时间里，彼得一直是法拉隆群岛上的首席生物学家。他既是资深的鲨鱼研究学者，又是著名的鸟类学专家，也因此被誉为"关于法拉隆群岛的人形百科全书"。和他的一番交谈让我愈发渴望亲睹法拉隆群岛的风采。在结束通话前，他承诺会尽全力帮助我。很快，我成功申请到了一张单日通行证，前往法拉隆群岛为《时代周刊》写一篇文章。不幸的是，我登岛那天是2000年11月17日，刚好是群岛的整个鲨鱼季里，鲨鱼唯一没有出现的一天。能够亲眼目睹岛上那些诡异的美景已是不虚此行，我与彼得和斯科特也一见如故，但几个小时过去

....
　　① 美国鱼类及野生动物管理局（the U.S. Fish and Wildlife Service，缩写为FWS）是一个隶属于美国内政部的联邦政府机构，主要管理鱼类、野生动物和自然栖息地。——译者注

了，出现在眼前的只有成群的海鸥与成堆的海豹、海狮。我的脸上想必写满了郁闷，因为当我要离开时，彼得立即邀请我在明年的鲨鱼季，以实习人员的身份光明正大地重登法拉隆群岛。

我欣然接受了他的邀请。因此，在拍摄BBC那部纪录片三年之后，我又一次来到这里，在法拉隆群岛主宿舍的楼上，占据了简·方达卧室里的一个铺位。（这个卧室之所以得名，是因为房门上曾贴着一张简·方达的油画，是她在《太空英雌芭芭丽娜》①里的扮相，身上仅以羽毛蔽体。之后来到这里的人又在上面画了一只普通拟八哥。）卧室里的陈设古旧，无声地讲述着过去作为宿舍的漫长岁月。老鼠出没在角落里，撕咬着橱柜里的什么东西——后来发现是我落在行李袋里的代餐棒；窗框上钉着已经抽线的旧毛巾充作临时窗帘；床垫看起来好像罗夏墨迹测验图。房间里油漆剥落，石膏开裂，梳妆台上还标着"美国海岸警卫队所属"的字样。

刚刚过六点，天还不太亮，我听到楼下有响动，于是起身去公共浴室刷牙，身上就穿着昨晚睡觉时穿的那三层衣物。每年的这个时候，清晨气温在6℃左右，在房间里都感觉得到空气中的潮湿和阴冷，油毡地板也沁着寒意。我把一双滑雪短袜套在脚上，走下陡直的木制楼梯。楼下主要有三个房间：一间客厅，里面堆满了从跳蚤市场淘来的破旧家具；一间摆满各种型号电脑的工作室；以及大伙儿通常碰面的地方——厨房。

彼得和斯科特已经吃过了早餐，他们多半已经在厨房里待了一个多小时。每天凌晨三点半，斯科特都会起来查看天气，以便预估当天鲨鱼是否会出现，然后短暂地睡个回笼觉，过会儿再起床冲一杯毕兹咖啡。那是一种特殊的混合咖啡，是他特意从大陆带来的。温暖舒适的厨房与破旧的卧室形成鲜明的对

---

① 太空英雌芭芭丽娜（*Barbarella*），罗杰·瓦迪姆执导，简·方达、约翰·菲利浦·劳等主演的美国电影，1968年上映。——译者注

比：铁锅挂在墙上，厨柜台面是明朗的蓝色，分层的大调料架上塞满了各种香料，从粗盐到黑胡椒应有尽有。整个房间里最显眼的是一台专业饭店级的沃尔夫牌不锈钢燃气炉，它大概比整栋房子都要值钱。斯科特站在它边上，正往杯子里倒咖啡。彼得坐在斯科特身后那把与他体型不相配的椅子里，身子向后仰着，有说有笑。他头上戴着一顶被太阳晒到褪色的旧金山巨人队棒球帽，帽檐下露出卷曲的黑发，身穿一件羊毛背心、一件因久穿而磨得柔软的厚帆布工作衫以及一条卡哈特牌防弹裤。据我所知，这一身穿戴是他的标准搭配。他的面前放着一本摊开的潮汐日历。

　　这两人都是四十出头，中等身高，肤色因常年日晒而呈现出真正的古铜色，那是难以靠抹油来模仿的色泽，透露出美国本土男人特有的从容与自信。他们仿佛是从巴塔哥尼亚商品目录的书页里穿越而来——那上面的男人长时间不刮胡须，完全一副蓬头垢面的样子，却说不出的英俊；图片上尽是他们在赞比亚河上划皮艇，或者徒手攀登"酋长岩"，全身悬挂在空中的样子。我面前这两个男人也拥有同样的胆魄。两天前，我乘坐一艘名叫"超鱼号"的观鲸船抵达这里，然后彼得将我接到了鲨鱼研究船上。那是一艘17英尺（约5.2米）长的"波士顿威拿"牌捕鲸船，正在65英尺（约20米）长的"超鱼号"下方起伏颠簸着。两艘船起伏的节奏恰好相反，因此掀起了高达8英尺（约2.4米）的涌浪。我要做的就是纵身一跳，不能让自己掉进水里，像只小虫一样被两艘船挤扁，也不能被一旁虎视眈眈的鲨鱼一个猛扑拖进海中。我成功了，但已经吓得说不出话来，双腿哆嗦了足足一个小时。与此同时，彼得却在从容不迫地一心多用：他一边在惊涛骇浪中驾着船，一边与"超鱼号"上的船员们打招呼，同时用眼角余光监视着盘旋在四周的海鸟，顺便还伸出一只手，帮助我在甲板上站稳。

　　他和斯科特看起来都十分轻松自如，好像在自己家里一样。从某种意义上来说，法拉隆群岛对于他们的确有家的意义。这些年来，两人之间已经建立起一套默契的相处模式。斯科特常住在那间被称作"风室"的卧室里，由于它面积狭小，偏居一隅，我们也叫它"简·方达的丑妹妹卧室"。彼得习惯用收纳箱来装运自己的物品，这样既能防止老鼠和鸟虱侵害，也能防潮；斯科特负责管理鲨鱼项目的相关设备；彼得负责岛上的后勤。斯科特从陆地带来咖啡和啤酒，彼得则带来"2元恰克"葡萄酒①。两人都爱喝杰克丹尼威士忌②，都对海洋知识了如指掌，而且都是修理东西的好手。他们把这个地方变成了科研场所，从某种程度上看还挺像那么一回事儿。

他们共同协商了日程安排，以确保在鲨鱼季时，两人中至少有一个随时在场。彼得喜欢在这里度过大半个秋季，一来鲨鱼会在此时频繁出没，二来这也是观察鸟类的最佳季节。只有天气合适，斯科特才外出工作。而当大风袭来，或浓雾笼罩整个岛屿时，拿他的话来说，天气阴沉得就像"有人把灯给关了"。这样的天气里，斯科特会搭一条捕鱼船回到他和女朋友一起居住的因弗内斯小镇，那儿靠近雷耶斯岬，悠闲安逸。剩下的九个月里，斯科特在雷耶斯岬国家海滨做巡护员，同时还兼任海洋社团的博物学家。彼得和他的妻子以及两个孩子也住在这个城市。岛上的鲨鱼季告一段落后，他就回到陆地上处理鲨鱼季的相关工作，包括为鲨鱼项目筹款，回复邮件和接电话，组织调查研究，撰写相关报告，同时将另外一部分精力投入到鸟类研究中。

昨天晚餐时，我们喝掉了几瓶红酒，结果早上起来每个人的眼睛都有点红肿。我拿起杯子给自己倒上咖啡，然后在彼得旁边坐下。"早上好，"他对我说，"准备好了吗？"换句话说，如果突然遭到鲨鱼袭击，我身上的装备是否可以应付，而不需要临时换装？见鬼，当然准备好了。昨天晚上，我就相当谨慎地将我的夹克、双目望远镜、太阳镜、相机和靴子放到了前门右边，以便我

① 2元恰克（Two-buck Chuck），美国著名的查尔斯·肖葡萄酒，因价格低廉仅售2美元而广受欢迎。——译者注

② 杰克·丹尼（Jack Daniel's），一种威士忌品牌，品牌创始人为杰克·丹尼，原产于美国。该酒厂位于田纳西州的莲芝堡，是美国最古老的注册酒厂之一。——译者注

一伸手就能拿到。

亚当·布朗先生和他的妻子娜塔莉亚·科利尔一起走进了厨房，大家习惯称他们为布朗和娜塔。他俩从两台冰箱里找出一些自制面包片和仅剩的一块黄油，然后开始做吐司。布朗先生今年29岁，是鲨鱼项目的第三位、也是最新加入的一位研究者。事实上，他是本次项目除彼得和斯科特之外唯一的参与者。他又瘦又高，扎着金黄色的马尾辫，外表特征十分鲜明。娜塔也是一位生物学家，她不到30岁，天生丽质，一头浓密的红棕色头发，脸上没有任何化妆修饰的痕迹。娜塔身上带着某种与她的年龄不相符的坚毅，让你觉得她这辈子必定能拯救一两个物种。

一年的大部分时间里，布朗夫妇都在各地周游考察，法拉隆群岛只是其中一站。来这里之前，他们刚在加勒比海的圣马丁岛待了几个月，在那里监控鸟群的动态并建立自己的非盈利环保组织。和大多数二十多岁的情侣不一样，他们的理想生活并不是开几家公司，买几辆车，住在郊区什么的。他们没有固定住所。手头的工作告一段落时，他们会一起去冲浪。

他们八月份就来到了这里。娜塔告诉我，她和布朗会一直待到十二月初。不过，官方规定的鲨鱼季只剩下三天了。目前来看，今年的情况差强人意，附近的海豹越来越少，看起来鲨鱼们仍饿着肚子。上周出人意料地天公作美，海上一片风平浪静，我们期待的事情终于发生了。海豹的尸体被鲨鱼撕得粉碎，东一块西一块地漂在海面上，几条鲨鱼在周遭游荡，不时地探出水面撕咬吞食。斯科特、彼得和布朗驾着研究船，从这片充斥着残酷与杀戮的海面上驶过。但这一轮鲨鱼袭击似乎已经结束了。天气突然恶化，一时间海上迷雾笼罩，狂风大作。这是典型的"法拉隆天气"，这种时候是很难看清鲨鱼的。我待在岛上的那两天，气温几乎没有超过10℃，海水的颜色也从深蓝变成暗灰，导致我们一直被困在岛上，无法出海。

我曾花费数个小时在岛上探索，漫步于低缓的平地，爬上通往古老灯塔的崎岖小道，攀登碎石密布的山丘，然后大把大把地拔起新西兰菠菜。这是一种外来入侵植物，1975年时，它的种子粘在某个人的鞋底进入这座岛，接着迅速繁殖开来，很快岛上就长满了这种植物。（彼得已经下达了简明的作战方针，这是一场反对外来入侵者的全面战争——我们要尽可能地找出并铲除这种绿叶祸患。）昨天，斯科特带我去了一个小海湾，它被称为"皇帝的浴缸"。这个小海湾生机勃勃，有着天然的屏障。它里面挤满了大大小小的海豹和海狮，有的懒洋洋地躺在一边，有的欢快地蹦蹦跳跳，还有的在一旁喷着鼻息打着嗝，海水在他们周围打着旋儿。整个海湾看起来就像是一个"水晶按摩浴缸"。我们又沿着一条小路的分支往远处走，转过一个拐角就来到了尽头，即北登陆点和渔人湾的交汇处。这里的奇景会让你忍不住想要拍照留念。幽灵般的石矛群诡异地耸立着，围成一个半圆，中间形成一个没有任何避风处的喧闹海湾。我们还看到了"大石拱"，那个岩岛的中间位置有一个洞，有整栋平房那么大，看上去就像一根针上的针眼。还有一个更大的景观，不过相对没那么醒目。它叫作甜面包岛，距离其他礁石稍微远一些，如一轮壮丽的满月，位于海湾西北部，靠近陆地的位置。

即使没有鲨鱼，这里的一切也足以使我兴奋。如果有可能，我很乐意花上一两年的时间去探索这些有着美妙名字的地方，比如"醉汉岛""放克石拱"或是"宝石洞穴"，同时尽情观赏这里的海豹、礁石、鸟群、海浪以及变幻莫测的天气。但是眼下，距离此行结束还有不到48小时了，却至今没见到一条鲨鱼。想到这个无法忽略的事实，我不禁心事重重。要我再花两年的时间去等待第二次机会？这简直难以忍受。

"就是明天了，"昨晚彼得向我保证，"我们将看到一场期待已久的血腥大猎杀。"

◇ ◆ ◇

约翰·斯坦贝克在《科尔蒂斯海航海日记》一书中写道："真正的生物学

家研究的是生命。他们研究那些繁荣而喧闹的生命，并从中探索规律，最终发现：生命的第一法则乃是生存。"

1979年，20岁的彼得·派尔大学刚毕业，就踏上了证明自己的征途。这位初出茅庐的鸟类学者刚刚获得史瓦兹摩尔学院的动物学学位，留着爆炸头和经典的70年代胡须，抱着明确的目标——尽可能多地见识各种鸟类——上路了。他从夏威夷的原始森林出发（后来发现那里的鸟类并不多，但通过种植大麻，他有大把机会赚取外快），途经欧洲，最后到达亚洲。彼得曾在路上遇到另一位鸟类学家，后者对他说，如果想观测到真正的鸟类活动，就一定要去加利福尼亚州的波利纳斯镇，那里受雷耶斯岬鸟类观测组织（PRBO）保护。该组织由一群不惧权威、锐意创新的学者组成，致力于保护湿地和海洋生态系统，而这基本上就涵盖了所有鸟类生存的环境。

"你属于那里。"那位鸟类学家对彼得说。

于是在1979年的新年前夕，彼得开着一辆破旧的深蓝色大众甲壳虫，去了波利纳斯镇。那辆甲壳虫既是交通工具，偶尔也充作他的栖身之所。PRBO在西马林那条岩石密布的海岸线附近设立了帕洛马林观测站，彼得在那里做了几个月志愿者，然后获得机会前往东南法拉隆岛实习。该岛处于PRBO以及美国鱼类和野生动物局的联合监测之下，彼得将在那里待上8周。

这是他第一次来到这里——从踏上东登陆点的那一刻起，眼前的景象就已经深深地刻印在了他的心上：不计其数的飞鸟，荒凉的地貌，劲烈的狂风，遗世独立的豪情，当然还有同行的漂亮女实习生。他所渴望的一切就这样呈现在了他面前，仿佛打开了一个不可思议的百宝箱。他对自己说，就是这里了！这就是我要待的地方。到1985年，他已经凭借自己的努力成为法拉隆群岛的一名正式生物学家，这样一来，每年他都有近一半的时间可以在这座岛上度过。

刚来岛上的那段时间，他对这里的鲨鱼并不了解。不过再往后，整个20世纪80年代期间，他不断见到巨大的鲨鱼背鳍，以及被鲨鱼撕咬得血肉模糊的海豹，于是生物学家所固有的好奇心与日俱增。无论什么时候，只要从岛上观测到了鲨鱼袭击事件，彼得就会立即写下观察记录，但那也是他唯一能做的。任何一个亲眼见过鲨鱼的人都会被其深深吸引，惊异于他们那硕大的体型、惊人的杀伤力，面对鲨鱼捕猎时大片染成血红色的海面敬畏不已。但当时并没有专门针对大白鲨的研究项目，没有可用于研究鲨鱼的资料，岛上也没有任何一个鸟类学家愿意花时间和精力去研究他们。

彼得·克里米雷是一名勇敢的海洋学家，在鲨鱼的前沿研究方面享有盛名。1985年，他应当时法拉隆群岛的领头生物学家大卫·艾因里邀请来到这里，在后者的推动下，鲨鱼项目慢慢成形。众所周知，艾因里在生物学领域颇有奇思妙想，他希望创立一项关于大白鲨的专项研究。于是在彼得的协助下，艾因里和克里米雷开始创立数据收集系统，并在接下来的数个鲨鱼季里几经尝试，试图引诱鲨鱼吞下内含信号发送器的绵羊尸体。使鲨鱼吞入跟踪装置以便监测其动态，是一个富有创造性且可行的思路，该思路后来由岛上一位名叫肯·高德曼的科学家所沿袭。但艾因里还要负责岛上的各类事务，调研的每个步骤他都要参与指导和管理，忙得不可开交，而克里米雷也有巴哈①和别处的鲨鱼项目要忙，不能整个鲨鱼季都待在这里。最重要的是，法拉隆群岛作为一个野外观测站，需要有人一直待在那里，随时进行监测。

当时是1987年，也正是在这一年，斯科特来到了岛上。他在马林县一个叫作蒂伯龙（Tiburon，西班牙语中意为"鲨鱼"）的海边小镇长大。当同龄的小孩都在卧室墙上贴法拉·福赛特②和滚石乐队③的海报时，小斯科特的卧

---

① 巴哈（Baja），全称为Baja California，即下加利福尼亚半岛。——译者注

② 法拉·福赛特（Farrah Fawcett），1947年出生于美国，好莱坞的一代运动型美女，2009年去世。——译者注

③ 滚石乐队（Rolling Stones），来自英国的摇滚乐队，成立于1962年，自成立以来一直延续着传统蓝调摇滚的路线。——译者注

室里却贴满了大白鲨的图片。他对法拉隆群岛了解颇深，听过每一个关于鲨鱼的传说和故事，就好像已经在那片海域上生活了一辈子。事实上，在二十世纪七八十年代，就连当地人都不如他知道的多。当地的渔民言之凿凿地说海上是有鲨鱼的，而且有很多，但他们知道的也仅限于此。

斯科特并不是唯一对法拉隆群岛的大白鲨研究感兴趣的人，但他无疑是意志最坚定的那一个。多年来，他有条不紊地实施着自己进驻群岛的计划：他参加了相关课程，跟那些能帮助他入岛的同行打交道，学习如何标记不同的鸟类——那可是一项复杂的技术活儿——最终获准成为一名实习生。当斯科特终于来到岛上时，从烤意大利面到修房顶，每一件事他都倾尽全力，从而成为了岛上不可或缺的一员。

但最重要的是，斯科特很快就显露出自己异于常人的一点——他能观察到鲨鱼身上一些别人无法观察到的东西。在恰当的时刻，他的第六感能告诉他该往哪处观察；同时他视力奇佳，简直称得上超人。斯科特到来后不久，当时的秋季生物学家、海鸟研究专家菲尔·亨德森给了他一个新设立的职位：首席大白鲨研究员。彼得是唯一能被斯科特说服，同他一起开车去观察那些残破尸体的人，也是唯一和他一样被鲨鱼深深吸引的科学家。同样，彼得也拥有跟斯科特一样的视力天赋，能够在100码（约91米）内辨别莱氏沙鹀和亨氏沙鹀。两人的搭档堪称完美。

接下来的1988年，在PBRO及美国鱼类和野生动物管理局的共同资助下，他们创立了"法拉隆群岛大白鲨计划"（下文简称"鲨鱼计划"），这是唯一专门研究个体大白鲨的长期项目。（按照科学家们的习惯，"大白鲨"也叫"白鲨"。）这里所谓的"个体"不是随口胡诌，他们确实要具体对应到每一条大白鲨的身上。斯科特和彼得利用水下摄像和在甲板上观察，已经辨认出了100多条大白鲨，记录下他们在岛周围的行踪，甚至还为他们取名。（给动物取名听上去好像是一件甜蜜而友好的事，但其核心科研目的，是为了在实地调查时便于追踪鲨鱼的动态。）

他们最开始认识到的事情之一就是，这些大白鲨是位于食物链最顶端的生物。法拉隆群岛的鲨鱼，15英尺（约4.6米）是中等体型，18英尺（约5.5米）算是体型大的，而20英尺（约6米）的鲨鱼尽管不多见，却也不是没有。在其他地方的大白鲨研究基地，比如南非、澳大利亚、墨西哥的瓜达卢佩岛，常见的都是8英尺（约2.4米）到12英尺（约3.7米）的少年鲨鱼。在那些地方，这已经算得上大块头了；但在法拉隆群岛，一头长达12英尺（约3.7米）的大白鲨给人的感觉，就像是一个想混进酒吧的小个子未成年人一样。

彼得和斯科特已经对项目的展开有了计划，那就是年复一年地对大白鲨的生存及活动场所进行研究。作为研究结果，两人首次记录下了大白鲨的捕食习惯、在鲨鱼群中的本能行为以及狩猎天赋。这看起来也许没什么大不了，但在生物领域里，这就相当于在赛马中获得了三连胜。法拉隆群岛的条件得天独厚：灯塔观景台、便利的住所、大量的鲨鱼和海豹；还有成群的海鸥会聚集在鲨鱼袭击猎物的地方，为观察者指明位置。这一切足以让他们重写一本关于大白鲨的书。多亏了拥有这样的"地利"，他们通过观测调研发现，大部分的传统观点都是错误的：科学家认为大白鲨夜间捕猎，但事实上他们在白天捕猎；科学家认为这些鲨鱼视力低下只能靠味觉追踪猎物，但事实上他们捕食靠的是嗅觉；科学家认为这些动物是机械的杀人机器，但事实上鲨鱼是在小心谨慎、计划周详地捕猎。

这些天，彼得和斯科特下定决心要接近一头正在进食的鲨鱼。这件事起初显得异常可怕。他们想要近距离观察鲨鱼，但船却只有11英尺（约3.5米）长，他们笑称它为"丁克帽"或"餐盘号"。

驾驶"餐盘号"去接近一条刚刚结束袭击的鲨鱼，你需要更加虔诚地祈祷上帝保佑——因为鲨鱼的反应完全无法预测。你从参考书中可查不到这么一节："教程——驾驶小船接近一头进食中的大白鲨"。当时的人们还处在电影

《大白鲨》的恐怖阴影下。两人都怀疑鲨鱼要吃掉他们，觉得鲨鱼一定会不停地晃动小船，企图把他们从船里倒出来。鲨鱼有什么理由不这么做呢？

众所周知，大白鲨会啃咬、猛撞、攻击小船，甚至将它倾覆。全世界的船长们都讲过鲨鱼冲撞游钓船的故事，后者像是在宣示主权，船员们还时不时地发现嵌在船体里的鲨鱼牙齿。在加拿大新斯科舍省的布雷顿角岛，一头12英尺（约3.6米）长的大白鲨曾将渔船底部撞出一个洞。同样的事情也在南非发生过：一艘渔船的发动机还在运转，船却突然停了下来。当渔民检查挂在船帮外的马达外壳时，发现一头大白鲨死死地咬住了螺旋桨。偶尔还会有鲨鱼跃出水面，落到小船上，杀死人们，压碎人的骨盆，或者至少也会咬坏船上的装饰物。

在这里安顿下来的第一年，彼得和斯科特就曾悄悄靠近鲨鱼的捕食现场。在观测中只要受到一点惊吓，两人就会立即发动马达，像火箭一样迅速逃离现场。在第三次遇到鲨鱼袭击的时候，他们也是这个反应。那天海水很是清澈，在岛西端的印第安黑德，一条鲨鱼突然出现，在船周围搜寻徘徊，她大概有两条船那么大，而且并非单独行动。这是两人第一次同时遇到两条鲨鱼——当他们发现有一条鲨鱼在船下徘徊时，心里觉得还算安全；但紧接着就发现，趁他们将注意力放在第一条鲨鱼身上时，第二条鲨鱼正从后方悄悄靠近。两人的心理底线立即崩溃了，赶紧踩下油门，用几分钟时间驶离了50码（约46米）。看着在海豹残骸旁打转的鲨鱼鳍，两人心里直打鼓，但最终好奇心还是占了上风，于是小心翼翼地回到正在进食的鲨鱼群附近。鲨鱼瞪了他们一会儿，但还是接着去撕咬海豹了。

"那个时候，我们意识到我们是能够离开这里的，可以观看这场袭击，还不至于丢掉性命。"斯科特回忆说，"那可是件了不得的事。"

◇ ◆ ◇

天刚蒙蒙亮的时候，彼得播送了天气预报。我从船舱中走出来，眼前雾气已消散，海洋的轮廓再次清晰了起来。不远处的那座小岛叫作马鞍礁，属于法拉隆群岛，现在又露出了它高低起伏的轮廓，自我来到这里还是第一次这么清楚地看见它的样子。马鞍礁露出水面的部分距离主岛东南端仅有200码（约183米）远，从某些角度看上去活像大鱼的背鳍。鸬鹚沿其边缘环飞聚集，看上去就像一圈造型优雅的黑色尖桩篱栅。这片礁将象海豹湾（大白鲨捕猎之处）和舒布里克岬（姐妹鲨群所统治的领域）相区隔开来。它就像迷宫一样，常把许多象海豹搞得昏头转向。

我和彼得、斯科特在前面的台阶上喝着咖啡，眺望海面，只见海水在晨辉的沐浴下闪烁着微光，轻风拂过，几朵浮云飘荡在天边。但这里的早晨却宁静不下来，海鸥一如既往地发出尖锐的叫喊声，海浪猛烈地拍打着岩石，溅出的水沫在空气中化作氤氲的薄雾。成群的海鸟排着队形从海面上掠过，每次看起来都像是朝着某个特定的地点飞去。这时我的心底总会升起一缕希望——他们飞去的方向有鲨鱼袭击后的动物残骸吗？彼得好像在想别的事情，他盯着那股8英尺（约2.4米）高的涌浪，猛烈地拍打着"鲨鱼小道"。难怪从来没有人到这里来冲浪。

这并不是因为没有冲浪板。斯科特为了给鲨鱼拍身份证照片，会用冲浪板当诱饵引诱他们浮出水面，所以食品供应箱里随时准备着一块冲浪板。它有一个6英尺（约1.8米）长的漂亮小燕尾，很容易让鲨鱼误认为是海豹的尾巴。每次取回诱饵，两侧都会被咬掉轮毂大小的两块。冲浪者们已经养成习惯，把自己带不走的装备交给斯科特，希望在鲨鱼离开后再重新取回它们。这些被咬得残缺不全的冲浪板不但具有研究价值，也为人们提供了很好的谈资。

据彼得和斯科特说，冲浪板的"破坏女王"是一头名叫"残尾"的鲨鱼。"残尾"身长19英尺（约5.8米），重达5 000磅（约2 280千克）。当她在法拉隆群岛海域生活的时候，曾是这里的统治者。

"我想，她是唯一一头知道我们是谁，我们要做什么的鲨鱼。"彼得回忆说，"但她对此并不关心。斯科特第一次放诱饵到海里的时候，'残尾'只是来破坏这些诱饵，与其说她被这些伪装物愚弄，不如说她十分不喜欢它们。"他又转过身对斯科特说，"对了，今年是奇数年，'残尾'还会来这儿。"

"如果她来了，我们准会知道。"斯科特说。

"残尾"在沿岛东部一带的海域内出没，靠近东登陆点的主要船只下海点，对她的猎物而言，那里绝不是明智的上岸地点。"没有海豹能从她嘴下侥幸逃脱。"彼得说。其他鲨鱼要花20分钟甚至更久的时间来完成捕食，但"残尾"在三分钟内就能干掉一头500磅（约228千克）重的象海豹。"残尾"因她那短了一截的尾鳍而得名，尽管斯科特和彼得已有好些年没在海上见到她了，但每当谈论起她，两人仍怀着某种近乎敬畏的尊崇之情。"'残尾'是一位女神，没有比这更好的形容了。"彼得满怀敬意地低声说。有一次，斯科特在一块冲浪板底部安装了一个摄像机，想以此确认鲨鱼是从哪个角度对猎物发起攻击的。他把这块冲浪板放到东登陆点附近，让它沿水流漂出。果然，就像一些身经百战的试飞员一样，"残尾"毫无保留地展示了她的能力。后来拿回的录像内容精彩至极，鲨鱼那锋利无比的尖牙巨齿、湍急汹涌的海浪，还有暴虐猛击的巨大声响，所有这一切都让人仿佛置身于一场水下的火车事故现场。那是人们第一次在加利福尼亚的海域下成功拍摄到大白鲨。

我看过那部有"残尾"亮相的BBC纪录片电影，斯科特还因此拿下了艾美奖[①]的最佳摄影奖。在"残尾"发动首轮猛击的时候，冲浪板"咔嚓"一声断为两截，飞射向空中。正当摄像机平静地记录下这一切时，"残尾"再次浮出水面，对漂浮在海面上的冲浪板碎片猛地甩尾一击，然后愤怒地游开，去寻找

---

① 艾美奖（Emmy Award），美国电视界的最高奖项，"最佳摄影"属于其中的一个奖项。——译者注

真正的猎物了。

这一切足以证明这里绝不是冲浪的好地方。

然而，"鲨鱼计划"中的每一位成员都在此冲过浪。去年11月份，布朗在棕榈海滩冲浪的时候还被一条鲨鱼袭击过。"好吧，鲨鱼袭击的数据里可以把我统计进去，"前天晚上当我进一步询问细节时，他说，"但是呢，我不觉得是遭到了袭击，更准确地说，我就是被咬了那么一口。"确切地说，是被一条长有76颗牙齿的鲨鱼咬了。在等待下一轮冲浪的间歇时，布朗感觉脚下传来一阵压迫感，于是低下头，发现自己周围的海水已经被染成了红色。见鬼！哪来这么多血！他这样想着，完全没有意识到那正是他自己的血。他没见到那条咬伤他的鲨鱼，但在检查过身上的伤口后，他知道那是一头沙虎鲨，这种鲨鱼外表凶残、满嘴歪牙裂齿，仅以鱼类为食——然而在污浊不清的佛罗里达水域，波光映照下的白色人脚看上去正像是一条鱼。

彼得从小就是一名冲浪爱好者，他在瓦胡岛的海滩上长大。每天放学后，小彼得总会一把抓起冲浪板，迫不及待地奔向海滩。那块冲浪板长达10英尺（约3米），笨重粗陋，是他花了4美元从私人车库的旧物销售会上买来的。（原主出售这块冲浪板可能是因为板身涂有的天蓝色油漆是一种含铅漆料，这些漆料后来剥落，嵌进了彼得的脚趾甲里。）多年以来，当冲浪装备一次又一次地更新换代，他的朋友们都开始在新流行的短冲浪板上炫技时，彼得却仍旧偏爱那些大块木头。他觉得用长冲浪板冲浪更有感觉，与海洋的节奏更合拍。不管其他冲浪者是否认同他这些晦涩难解的理论，长板的确有一个最起码的优点：它不会被错认为一头海豹。（显然，最容易被错认的就是冲浪短板了。）

"我知道我该怎么做，清楚得很。"彼得说，又指着翻滚的波浪，"可是从这里下水……"他的声音低了下去。

"嗯，也许你可以在四月的时候试一下。"斯科特说。

春天很少发生鲨鱼袭击事件，尽管如此，他其实并无十足的把握。他只在近期来冲过浪，并且相当谨慎地观察海浪的变化，只选择在合适的条件下下海。显然这样的谨慎是十分有必要的，法拉隆群岛有着大量的海豹，就像为鲨鱼专设了一个快餐店，但鲨鱼在附近这片海域一定还有其他的捕食点，要冲浪最好三思而行。整个加利福尼亚的北部区域都有着大量的鲨鱼，因为鲨鱼数量太多了，以至从西马林县的塔玛莉湾，到法拉隆群岛再到蒙特雷的这片区域被称作"血三角"。这片口袋状区域内发生的大白鲨袭击事件，超过了世界上其他多鲨地区发生的鲨鱼袭击次数的总和。离美国国土不远处，因弗内斯小镇附近的几个冲浪点同样聚集着不少鲨鱼，所以斯科特绝对不会考虑去那里。

"北滩和南滩，我都不去。"他说。这些沙滩刚好在雷耶斯岬灯塔的北部，附近栖息着大量的象海豹。这两片地区都有着强大的下层逆流，激流汹涌，还暗藏着其他不寻常的未知危险，当然了，还有海豹，所有的一切加起来正是大白鲨钟爱的典型组合。塔玛莉湾的入海口附近还有一个不吉利的地方，叫作"鲨穴"，最近有冲浪手在那里一天内连续遭遇了三头大白鲨。这件事让大家相当关心，一个冲浪手问斯科特，怎么会这样？是不是有海豹突然冒出来？还是因为那天是满月？或者是因为赤潮？又或是那个人穿了新式的黄色潜水服吗？

"都不是，那里本来就经常有鲨鱼。"斯科特告诉他们，"你们刚刚不是还看见了吗？"

"我从不去有鲨鱼出没的地方冲浪。"他加重语气对我说。

"你在波利纳斯镇冲浪。"彼得哼了一声。

波利纳斯是一个海滨小镇，也位于西马林，驾船从法拉隆群岛到那里只需行驶18英里（约29千米）。在小镇的海峡里，目击到大体型白鲨的情况并不少见。近期，一个短板冲浪者就在那里遭遇了袭击。也就是说，波利纳斯附近有很多鲨鱼。

"没错，但我只在浅水区冲浪，水也就我胸口那么深。"斯科特笑着说，

"而且我一直都有挡箭牌——我身边围了差不多十五个小家伙。"

这些有关鲨鱼的谈话让我渐渐有点不耐烦，鲨鱼究竟在哪里？仿佛知道我心里在想什么似地，斯科特突然站了起来，指着某一处海浪说："有情况！"即使没有望远镜，我也看清了那个黑色的背鳍，离海岸很近，再靠近一点，这条鲨鱼就要过来向我们讨一杯咖啡了。我们观察了一会儿，看到那个背鳍划了几个紧密的圆圈，好似花样滑冰运动员在勤奋地练习一样，最后消失在了海浪中。

"那儿并没有尸体啊，"彼得说。

"唔……这就是他们让人捉摸不透的一个地方。"斯科特说，"不过，也说不定是头海狮的尸体。"

海狮的尸体并不会像海象那样漂浮在水面上，因此，鲨鱼对海狮的攻击更难被注意到。我们决定开动捕鲸船去探个究竟。即使象海豹湾里什么也没发生，我们待在外面的水面上，也会离袭击更近一点。

◇ ◆ ◇

行驶了0.25英里（约0.4千米）后，我们抵达了东登陆点。斯科特从储物棚中取出一块冲浪板，这个棚门上有一幅画着鲨鱼的黑白图，图上印有shark shack的字样。（斯科特经常画鲨鱼，航海日志里也全是他的这些草图。）岛上的房子和东登陆点之间有一条3英尺（约0.9米）宽的路，大概是一个世纪以前修筑的，路面上还铺了铁轨，手摇轨道车[①]会沿着铁轨运行运送物资。多年以来路面已经破损了，但是铁轨仍然在工作，并且在来回运送类似丙烷罐、太阳

[①] 手摇轨道车（Rail Cart），也称"人力手摇车"，铁路设备维修、基建等施工部门执行任务的主要运输工具，通常由双手握住杠柄上下交替轧动，车子就可以向前运行。——译者注

能板或是三个月的生活用品这类东西时，小车会相当有用。在悬崖边上，超大型的蓝色吊杆将会吊起捕鲸船，并缓缓提高吊臂，向侧面摆动，最后将船放进水里。

布朗用对讲机指挥着起重机。彼得、斯科特和我挤进了满载着冲浪板、摄像机和救生衣的捕鲸船里。彼得用一个巨大的吊钩，将捕鲸船上的绳索钩到起重机的吊臂上。起重机轰鸣作响，不一会儿船悬浮在了空中，这场景像极了詹姆斯·邦德①的电影。然后我们缓缓下降，彼得曾在各种情况下成功登陆，经验比任何人都丰富，这让我倍感安心。在波浪汹涌的海峡，他能够读懂海浪，可以用一只手操纵捕鲸船，另一只手将连接着船和吊臂的吊钩取下。预计好下一步的对接动作非常关键，因为如果他计算错了时间，翻涌的海浪就会把船拍到岩石上。

我们驶船进入象海豹湾，刚好停在了马鞍礁西部，距岸大约300码（约274米）远。斯科特把冲浪板绑到一根钓鱼线上，从船尾扔了出去，它漂浮在水面上，看起来孤零零的。从我们停靠的地方望去，眼前的海面和陆地都荒芜一片，仿佛月球表面。而实际上，水面之下的那块区域是整条食物链的一个运转中心。沿着起伏不定的大陆架边缘，生命的脉息从海底深处涌来。寒冷的海水不断从底部推动向上，带来了浮游生物和营养物质，它们吸引了海鸟、磷虾、小鱼以及水母、海胆、章鱼和乌贼一类奇形怪状的无脊椎动物。这些动物又引来了岩鱼、鲑鱼和其他的深海生物，而海豹、海狮、灰鲭鲨和蓝鲨最喜欢拿他们当点心。如此庞大的一场动物聚会，鲸自然也不会缺席：灰鲸、座头鲸和高贵优雅的蓝鲸接踵而至。当然，有鲸、海豹以及大量中等体型鱼类的地方，就有大白鲨搜寻的身影，把其他动物笼罩在死亡的阴影之下。

我们静静地漂在海面上，只有风在飒飒作响，水轻轻拍打着船舷。我的目

---

① 詹姆斯·邦德（James Bond），《007》系列小说、电影的主角。——译者注

光一直追随着那块冲浪板。

"有鲨鱼接近了。"彼得轻声说。涌浪是鲨鱼出现的先兆，在鲨鱼划破水面之前，他那强有力的尾鳍会让水面先出现波纹。自然，在我注意到那个涌浪之前，彼得和斯科特已经盯了许久了。紧接着鲨鱼就出现了，像一把尖刀朝我们的船劈来。他俩立刻绷紧神经进入高度警戒状态，两人手握安装了照相机的长杆站着，像握着一根鱼叉似的。捕鲸船一下子显得奇小无比，仿佛要瑟缩到海水里面去。

我首先注意到的是这条鲨鱼巨大的体型。我对这方面的知识做过一些了解，一条鲨鱼也许会有捕鲸船那么长，但我实在不希望他也和我们的船一样宽。这里补充一些尺寸值作为背景：一头长20英尺（约6米）的鲨鱼有8英尺（约2.4米）宽，6英尺（约1.8米）高。他的身躯宽度超过一辆雪佛兰萨博班越野车，可与一辆马克重型卡车媲美。这样的身体宽度甚至大于姚明的身高。大白鲨那特大号的尾巴看起来更像是鲸的尾巴。但是鲨尾会像一个巨大的方向舵一样在水里垂直行驶，而鲸的尾巴则如赛车上的扰流板一般，是水平摆放的。

顺便说一句，"白鲨"其实是黑色的。这种黑并非虎鲸或拉布拉多犬那样的墨黑，而是一种斑驳的木炭黑，在水下会呈现一种闪亮的光彩。不仅如此，白鲨会被晒黑，他们的皮肤颜色也因此显得更深。他们只有肚皮一侧是白色的。这样的双色组合使得从下面看去，会觉得大白鲨犹如鬼影飘忽而过；从上面望去，则会感觉他硬得像块铅。这种肤色有助于伪装，尤其是在礁石密布的地区。"给大白鲨命名的那个人一定是上下颠倒着去观察他们的。"彼得指出。

这头特别的鲨鱼看上去约有15英尺（约4.6米）长，他从我们下方掠过，然后猛然冲出水面，撞到了船后侧。他的头部刻着一些杂乱的伤疤，看上去像是被刺伤的，而且刺得很深，仿佛有人拿着冰锥在他头上玩了一盘井字棋。每条鲨鱼都有属于自己的"签名"，或是创口、斑点、伤疤、划痕，或是鱼鳍上的一条裂口。但他看起来就像是在一场持械打斗中大败了一样。突然，我脑海中某个沉睡的部分苏醒了，那是我们祖先在非洲大草原上生存的记忆。这条鲨鱼围着我们缓慢地游动，带着某种执着却无恶意的探究，就好像一只可卡犬在晚餐桌下热切地寻着剩菜。

"鲨鱼的'人格'是分裂的，"斯科特说，"当他们处于攻击模式时，心理状态会发生变化。"他解释说，这条鲨鱼只是在审查我们，用他的嘴巴探明一些有可能成为食物的东西。毕竟，鲨鱼没有手。而且作为精明的狩猎者，他们不会全力进攻可能伤害到自己的目标。这倒不是说，一只正在觅食的大白鲨朝身处水中的你预先打量上几眼，你就一定能逃出生天，但这两种不同的行为模式，解释了为什么许多遭遇大白鲨袭击的人，如果在对方第一次进攻时不被咬死，最后就可能幸存下来。

现在我们身旁围着三条鲨鱼。他们只是试探着待上一阵子，而且看上去温和无害——尽管这听起来很荒唐。鲨鱼们彼此间保持一定距离，从不同的角度翻转着身体，动作整齐得仿佛来自同一本教科书。他们在水深6英尺（约1.8米）的地方来回游动，背鳍一直浸在水中，试图搞清楚捕鲸船能否下肚。在这种深度的海面下，他们的样子清晰可辨，黑色的身体发出某种光泽，仿佛是从体内透射而出。如果鲨鱼决定浮出水面，他的尾巴会先露出水面，然后是背鳍，最后是他的头部。这三条鲨鱼不慌不忙地观察着我们，就像几个嬉皮士在星期六的晚上逛街寻找猎艳目标。他们潜到捕鲸船下方，撞击它，用尾巴拍打它。我站在船舷一侧往下看，试图捕捉他们的踪迹，一条鲨鱼像箭一样从下方直直地跃出来，迫使我正面迎上了他的身体，这就是他们冲向猎物的方式。我能够看见他的眼睛，还有那扭曲的，恶魔似的微笑。"我的天啊！"我说着，赶紧从舷边往后退去。

我旁边的彼得正将相机放入水中。"当大白鲨向你正面游来时，他们的脸上会露出大大的笑容，"他说，"很可爱。"

"他们真漂亮，不是吗？"斯科特说道，语气中带着一种自豪感，就像是父母为自己的孩子感到骄傲一样。

随后，我看到船头冒出一条异常巨大的尾巴。那看起来更像是一架"湾流"飞机①的机尾，而不是鱼尾。她的动作非常慵懒，带着沙沙的水声，仿佛T台上的时装模特。她的体型极为庞大，因此，尽管她的背部末尾紧贴着船，但我也无法看到她身体的前半部分。这条鲨鱼身上有着与众不同的气场，一定是条姐妹鲨。她的大尾巴闪闪发光，没有一点疤痕。她用某种不可思议的力量游动着，带着一种神秘的优雅，就像一辆谢尔曼坦克②迈着盛装舞步一样。当她消失在大海深处时，另一条鲨鱼又从黑暗中现身，在捕鲸船下快速地游了几个来回。

斯科特将身体探出去，以便看得更清楚。

"嘿，那是'断尾'！"他大声喊。

斯科特告诉我，"断尾"是一头大白鲨，今年已经是他连续第13年回到法拉隆群岛，这可是一项纪录。他脾气很坏，却广受欢迎，因为他是"领养一头大白鲨吧"活动的候选者之一，这个活动是募捐项目的一部分。那些"领养"了"断尾"的小女孩们经常寄来一封封热情的信，八岁的英格兰女孩佩吉·休姆就是其中一位典型。她在信中写道："亲爱的'断尾'，我要把一切都讲给你听！我真是太爱你了，好想见到你呀。你还记得你给我的那个钥匙圈吗？它现在就挂在我的笔袋上。我的朋友们觉得你很吓人（没办法，他们就是这么幼稚）。我真的很爱你，我对你的爱将比世上任何人的生命都长久。另外：你可以给我回信吗？"

许多鲨鱼接连不断地游来，至少有五条，或许更多，在我们船边游荡。

---

① 湾流公司所生产的系列飞机，一种大型豪华公务机。——译者注
② 美国的一种中型坦克。——译者注

午后的时光缓缓消磨，我也仿佛忘记了时间，只是蹲在船头下凹的位置，不断在两边栏杆之间来回移动，看着巨大的鱼类像潜水艇一样从我们船下游过。如果可以，我真希望能永远停留在这一刻。我有着满腹疑惑，他们认出了这条船吗？能认得彼此吗？他们抬起脑袋浮出水面的时候，能看到我们吗？我想知道有哪些鲨鱼是我们之前见过的，但仅从上面观察往往很难区分。晚些时候，彼得和斯科特会仔细观看视频，来辨认哪些鲨鱼曾在船旁逗留。有些时候他们注意到，从上面看到的鲨鱼下方还有着更多的鲨鱼，摄像机捕捉到的景象如同幽灵显现，影影绰绰地潜藏在晦暗的海水中。斯科特不明白为何今天下午鲨鱼会如此青睐我们的船，水里并没有血，不知道为什么他们会围着我们不停游弋，表现出一副饥饿的样子。

大多数时候，人们看到的大白鲨都是在猎食，其他时候这些动物则老练而狡猾地藏在暗处。但即便他只是在安静地伺察，从外围偷偷潜近时，他的存在感也极其强烈。你能感觉到他们，研究员、冲浪者和潜水员——任何人，但凡曾花过大量时间待在水里并与鲨鱼打过交道，都承认有过那种特别的感觉。比起大白鲨的真正出现，在他的背鳍划破水面的前一刻，这种先兆式的感觉愈发强烈。因为你知道，他要来了。我曾听说有冲浪者将这种"第六感"形容为"鲨鱼症"和"毛骨悚然"，而彼得却称其为"最佳状态"。显然，斯科特和他都已经培养出了这种直觉。

现在，数量庞大的鲨鱼群正聚集在捕鲸船的四周，他们的存在如热浪般袭人。我浮在鲨鱼群中，喝着健怡可乐，这里距联合广场的梅西百货只有30英里（约48千米）短程飞行的距离，眼前的一切让我感觉很不真实。

然而在200码（约183米）开外的地方发生着更为神奇的事，在"残尾"巢穴的正中间，那个你决不会想要踏入的地方，一艘船下锚了，一个男人刚从水里爬出来。彼得说，他的名字叫作罗恩·埃利奥特。罗恩是法拉隆群岛现有的最后一名商业潜水员，也是仅存的一位愿意留在这里冒险的人。他捡海胆，驾着他的船独自工作，那是一条洁净的铝合金捕蟹小船，船舷上缘有天蓝色的鲨鱼模印，船名叫"大白号"（GW），是"大白鲨（Great White）"的缩写。我看到甲板上立着一个穿着连帽潜水服的修长身影。"他这人很低调，"斯科特说，"连个水手都不带。"

"他的船干干净净的。"彼得赞赏地晃晃头说。

"干干净净。"斯科特重复。

显然，他们都很尊敬这个男人。当我亲眼看到生活在这片水域里的生物后，我也对他肃然起敬。彼得用对讲机联系"大白号"，看我们是不是能过去打个招呼，这在法拉隆群岛就相当于顺便拜访你的邻居。

◇ ◆ ◇

罗恩·埃利奥特并非一直都"独享"法拉隆群岛。尽管这片水域就像闹鬼的地下室那样阴冷黑暗，没有鲨鱼也足够令人生畏，但在人们对这片水域有更深的了解之前，曾有数不清的潜水员，为了捕捞鲍鱼、海胆，甚至做一些运动，来到这里。举个例子，就在1962年1月14日的这个星期天，超过100个潜水员抵达了法拉隆群岛，来参加一场潜水叉鱼的竞赛。

上午约十点半，一位名叫弗洛易德·佩尔的猎鱼者刚刚探出水面，就被什么东西从下方袭击了，当时他离海岸约100码（约91米）。他疑惑地低头，看到一头长14英尺（约4.3米）的鲨鱼，嘴里正咬着自己的右腿，这条鲨鱼晃着脑袋，想从他的大腿上扯下一大块肉。佩尔不停地用鱼枪重击着这条鲨鱼，同时大声呼救，后来这条鲨鱼朝着其他潜水员的方向游走了。直到所有人都安全回到船上，紧急直升机也被召唤来，他还一直在水面徘徊着。弗洛易德·佩尔最终活了下来，但身上留下了"严重的锯齿状撕裂伤口"，离股动脉不到1厘米。

同年晚些时候，旧金山高级浮潜俱乐部的人乘船来到了中部法拉隆礁——

那是一小片独立的礁石群，位于东南法拉隆岛北面，两地相隔3英里（约4.8千米）。那天是11月11号，正处于鲨鱼季高峰期，然而那些俱乐部的人对此浑然不知。当时有种新运动——水肺潜水开始流行起来。潜水员都喜欢潜到小岛周围的大陆架附近，去拍摄生活在那里的岩鱼和章鱼。那些鱼五颜六色的，看着很漂亮，要是离得近些，也许还能捉到一两只。当时去那里的俱乐部成员共有三十名，带领他们的是两名资深的潜水员——勒罗伊·弗伦齐和艾尔·吉丁斯。

第一次潜水结束时，吉丁斯站在甲板上点人数，确认是否每个潜水员都回到了船上，结果发现少了一个人——弗伦齐不见了。吉丁斯一转身，就看到一头巨大的鲨鱼在海面上猛烈地摆动着身体。那条鲨鱼至少有16英尺（约4.9米）长，而勒罗伊·弗伦齐就在他的嘴里。鲨鱼抬起他巨大的尾巴，"砰砰"地拍打水面，俱乐部成员们惊恐地看着他将弗伦齐拽入水下。吉丁斯英勇地跳下船，游到同伴被拖下水的地点。几秒钟后，弗伦齐的救生衣鼓了起来，他猛地冒出了水面，大声尖叫，拼命扑腾着。在另一位潜水员唐纳德·乔斯林的帮助下，吉丁斯将他救回到船上。之后人们用直升机将弗伦齐送往旧金山海港急救医院。鲨鱼咬了他三次，从他的前臂、小腿和臀部咬掉了大块的血肉。医生给他缝了480针才把他的伤口缝合好。七年之后，这种残忍的巧合又发生了。唐纳德·乔斯林在塔玛利岬潜水采集鲍鱼的时候，也遭到了大白鲨的袭击，那里是"血三角"的一个角尖。经过数小时的手术，缝了上百针之后，他也活了下来。

在随后的60、70和80年代，类似事故不断发生。越来越多的人在吃过苦头后明白过来，法拉隆群岛并不是理想的潜水地。水肺潜水俱乐部都转移到了别处，潜水叉鱼者也随之离开，但捕捞鲍鱼和海胆的潜水员仍在此待了一段时间。东南法拉隆岛的水域水产极为富饶，这些人不会轻易被吓退。但在那几十年里，随着海豹数量不断上升，觅食的鲨鱼也更加频繁地在法拉隆群岛附近露面。那期间发生了好几起近乎致命的鲨鱼袭击事件，还有许多次类似险情。于是，后来人们在法拉隆群岛附近潜水时，都会携带一种9毫米口径的手枪，那是一种经过特别改装的格洛克①手枪，能在水下射击。一些潜水员甚至会背着一种构造复杂的方格铁架下水，那些铁架跟笼子差不多，背在背上就像海龟的壳。但是这些笼子不仅会拖慢游速，还会严重妨碍潜水员爬回船上去，而且那些枪在实际潜水中也起不了多大作用。就这样，潜水员们逐渐沮丧地放弃了。

很快，这里只剩下罗恩一个潜水捕捞员。起先彼得和斯科特都觉得他是在做某种自杀性任务。他们注意到罗恩在选择自己的潜水地时，有一套与别人截然不同的方法，他会把船停在刚发生过鲨鱼袭击的区域。两人都担心哪天会捡到罗恩的尸体，但是多少年过去了，他们一直都能看见罗恩在这附近潜水捕捞。在一天结束的时候，罗恩常会用对讲机告诉他们一些关于鲨鱼行为的观察结果——这些观察结果颇有价值，只有实地深潜的人才有机会看到。就这样，这三个男人成为了朋友。

今天，"大白号"停泊在舒布里克海岬的一个海蚀洞前方，这个海蚀洞叫大海鸦洞穴，如同一座壮丽的大教堂。洞的开口处是一条200英尺（约61米）高的垂直裂缝，仿佛岛屿被劈了一刀后留下的一道致命伤口。

这里是姐妹鲨的王国，我们靠岸停下。罗恩套着潜水服站在甲板上，那是一件用工业橡胶制成的厚重的工作服，散发着常年的劳作和慵懒的海豹留下的双重气味。他五十出头，留着清爽的寸头，眼神温和而敏锐。我们向他打招呼，彼得介绍了一下我，然后话题很快转到了鲨鱼身上。斯科特提到我们曾开船经过马鞍礁附近。

"嗯，我亲眼见过一条鲨鱼。"罗恩带着加州口音，语速缓慢地说道。我问他在法拉隆群岛潜水的时候遇到过多少次鲨鱼。他想了一下，挠了挠脖子。

---

① 指奥地利格洛克有限公司（Glock GmbH）研制生产的系列自动手枪。——译者注

"我真的没数过，但是，呃，至少……有那么三四百次吧。"

一段时间后，我渐渐明白了罗恩对待鲨鱼的态度。他并没有对鲨鱼投入感情。在他看来，鲨鱼们和他一样，只是在做各自的本职工作。为了完成自己的工作，他还常常得躲着这些家伙，有时躲在岩石下面，有时用装海胆的篮子把自己遮住，或者用眼神逼退他们——这一切对他来说司空见惯，仿佛不过是办公室里的日常工作。

事实上，就在一周之前，他跳入水中时，正好落在一头姐妹鲨的身上。她先游开一段距离，然后转回身，怀着明白无误的企图，张开血盆大口向他扑来。

"她想给我身上留个吻痕，"罗恩说，"我用装海胆的篮子撞向她的鼻子，她一个翻身，朝篮子发起袭击，把它震到我头顶的位置，我的胳膊猛地一弯，连人带篮子在水里漂出去很远。"混战中，罗恩潜水服的兜帽被她从头上扯了下来，潜水面镜掉到脖子处，鼻子也撞出了血。然后鲨鱼转身用她的尾巴猛击他。"我觉得她把我的脸打烂了，"他说，"她一直围着我转，跟着我。她不是那种仅凭虚张声势就能吓跑的鲨鱼。"

当鲨鱼们从下方与他偶遇时，他们清楚地知道眼前的生物是什么，这一点罗恩十分确定。通常情况下，鲨鱼会从不同的方向接近他，在他身边来回游动，试图找出最巧妙的进攻路线——他们最擅长的就是从背后偷袭。然而，就算鲨鱼在罗恩背后，他也能察觉到。

这片海里还有蜇人的水母和海葵需要对付，海狮们也像抢劫团伙似的在海里巡游，指不定就会突然停下来，给他的后颈来上一口。但罗恩并不介意在此处潜水会遇到的危险，事实上，他因此更加喜欢这里——危险意味着其他人会远离。20世纪70年代时，罗恩开始在南加州水域潜水采集海胆。后来他和他的妻子卡罗尔北上，搬到了雷耶斯岬居住。罗恩留意到，法拉隆群岛离他们的位置只有两个小时的航程，那里盛产海胆，是个捕捞海胆的好去处。他得去那里潜水看看。结果在1989年时,他第一次在那片水域潜水,就遇到了一头17英尺(约5.2米)长的鲨鱼。

当罗恩小心翼翼地卷空气管时,我问他,卡罗尔对他的工作地点怎么看。"她觉得还好,"他回答说,然后顿了一下,"呃,也许她已经有那么一点点厌倦了。但她知道,如果有一天我注定遭遇不测,我会宁愿死在海里,而不是死于一场车祸。"

暮色降临,我们已经在海上待了五个小时,是时候离开了。光线慢慢变得模糊,海水如同涂了沥青一般漆黑凝重。我们从"大白号"上下来,离开这里时,我转身朝向彼得和斯科特,脸上明明白白地写着疑问:怎么会有人以此谋生呢?

"罗恩全凭自己的能力。"彼得说。斯科特表示赞同,并赞叹罗恩的勇敢。"其他人如果在冲浪的时候见到一个鲨鱼的背鳍,肯定会在晚间新闻上大声嚷嚷,"他说,"而罗恩这家伙呢,一整天都和鲨鱼打交道,却不想要告诉任何人。"

很难想象世上有什么技能,可以保证潜水员在这样的水域里安然无恙。在这里,只要在海面上扔一张冲浪板,几分钟,甚至几秒钟之内,就会有大白鲨闻风赶来。罗恩的技能、沉着冷静和运气能维持多久?在这里下水而不带任何后援,就好像用一把装了5颗子弹的左轮手枪来玩俄罗斯轮盘赌①一样。现在我明白了彼得和斯科特的心情:他们既感到敬佩,又不无担忧。没有人愿意看到某一天发生意外。

返回东登陆点的路上,我用手挨个指着眼前的景物——海鸥,海面上倒映的阴影,并没有什么特别的东西能让我错认为是条鲨鱼。"鲨鱼已经在你的脑

---

① 俄罗斯轮盘赌(Russian Roulette),一种源自俄罗斯的残忍赌博游戏。多名参与者在左轮手枪的六个弹槽中放入一颗(有时也超过一颗)子弹,将转轮任意旋转之后关上,然后轮流对准自己的头部扣动扳机。——译者注

海里了，"斯科特说，"早就在了。你一旦靠近一只那样的生物，就不可能不受他的影响。你会不由自主地想象出他们的体型，还有他们在你身边徘徊游动的样子。"他瞥了一眼渐渐被夜色笼罩的海洋，说："你会看见他们的眼睛，而且知道他们在注视着你。"

◇ ◆ ◇

　　按照计划，今天轮到斯科特做晚餐。我们回到住处后，他就进了厨房。彼得、布朗和娜塔一起去外边忙鸟类研究的事，我摊开四肢，躺倒在客厅沙发上，整整一天我都处于兴奋状态，此刻则感觉到了无边的疲倦。房间用生物主题装饰，十分醒目，里面杂乱地摆满了东西。房间里摆放着许多头骨，其中一具头骨特别大，戴着一个可爱灵动的金冠，别问我那是什么动物。还有和鲨鱼有关的书籍、鲨鱼的牙齿、照片和一台摩托罗拉收音机，都有着不同程度的损坏。还有鸟类标本、天气测量仪、鲸鱼骨头以及一把旧吉他。紧挨着窗户处，有一块旧的墨西哥风情毛毯搭在一张扶手椅的靠背上，椅子有些年头了，想来见证过那些美好的往昔。木制桌子上放着一部航海用无线收音机，用来播报天气，并传出阵阵静电。无线收音机上方是一艘充气式橡皮艇的残存物，悬挂在墙上像一件艺术品。橡皮艇在被一条名为"凯迪拉克"的鲨鱼咬过后，一部分沉入了海里，残存的另一部分被挂在墙上，上面留着一排牙印。这象征着一份荣耀，因为只有体宽达到2英尺（约0.6米）的大白鲨才能留下那样的咬痕。

　　我正迷迷糊糊要睡着的时候，彼得打开前门大喊："快出来！你们一定得看看绿光①！"虽然不清楚绿光是什么，但我还是起来了。法拉隆群岛现有的全部人口——我们五人，全部聚集在屋前的台阶上。落日西下，沉沉地悬在天

----

　　① 绿光（Green Flash）是一种天文学现象，指日升或日落之际，有时太阳顶端边缘会出现一抹绿光。——译者注

际，像是即落的水珠，下一瞬就要坠入海里消失不见。刹那间，一个小小的、呈新月形的翡翠绿光斑，电闪雷鸣般迸裂开来。哪怕一个眨眼，你都会错过不少。稍后我得知绿光是极其罕见的，常被看作一个神话传说或骗人的噱头，但它其实是一种很好解释的视觉现象。（如果你恰巧对光学物理有一定的了解，就不难弄懂折射和散射的原理。）能够亲眼看见绿光的概率极为渺茫，必须同时满足一系列的条件：日落或日出的瞬间；万里无云的晴空；绝对平直的地平线；毫无遮挡的开阔视野；恰到好处的温度与湿度。

大家纷纷惊叹于这美妙的绿光，后来突然刮起了一阵寒风，我们便回到了屋内。晚餐是一份即兴的大师级佳肴，斯科特将所剩不多的番茄罐头和只剩半盒的意大利面拌在一起，厨房里满是欢乐的氛围。我终于见到了鲨鱼（这段时间里，喀布尔已经陷落，塔利班执掌了阿富汗政权，但远在东南法拉隆岛的我们还未获悉。战争、恐怖主义都仿佛是另一个世界的事情）。斯科特明确宣称，今天傍晚见到的绿光仍然无法与全程观看鲨鱼袭击相提并论。我则沉浸在刚才目睹的奇景之中，无心加入讨论。

"开始写日志吧？"彼得一边说，一边从餐桌后面的书架上取出两个厚厚的活页本，上面记录着法拉隆群岛日志。自1968年起，从最血腥的鲨鱼攻击到发现一种前所未见的小飞虫，发生在法拉隆群岛的每一件事都被仔细地记录在案。每年年底，这些日志会被送上岸并制作成精装书，然后送回这里保存。未来的某天里，如果有人需要知道是否有一只罕见的红尾伯劳在1984年9月20日这天落在岛上，或者1973年的新年前夕，晴雨表上的读数是多少，又或是2000年的鲨鱼季，一条名为"白斩"的姐妹鲨具体是在哪天杀了五头海豹，他们都能从中找到答案。每晚晚餐后，大家都会写航海日志——这几乎是群岛上最接近宗教卷宗的东西。

娜塔、布朗和斯科特都从他们的口袋里掏出黄色的实地观测笔记本。彼得先说了一遍刚刚观察到的鸟类："潜鸟和鹛鹩？燕子、五十雀、啄木鸟和鹟鹩？鹡鸰、太平鸟、伯劳鸟和椋鸟？绿鹃和莺？"他又提出了一些鸟类的名称，然后说："鲸鱼？海豚？老鼠？蝙蝠？蝴蝶？鲨鱼？"

"我们在早上看到了一次鲨鱼，"斯科特说，"下午又在船上看到几次。他们都聚在象海豹湾，'断尾'也在那里。"彼得记下这条信息，又补充了一些自己的注释。我注意到，他的日记比其他人的更长、更富有诗意，也更加细致。在看过这些航行日志后，我也见识到了众多的写作风格以及记录质量的参差不齐。同一件事，有人是这样记的："磷虾事件，东区"。彼得却会这样写："在水深8英尺（约2.4米）的海下，成群的红色磷虾吸引了座头鲸前来，月亮冉冉升起，座头鲸竞相跃出海面。"

◇ ◆ ◇

这晚，我又做了一场关于大海的梦，但这次，梦中的景象更为清晰。我认得那些游动着的鲨鱼："残尾""断尾"以及一条陌生的姐妹鲨，全都长着巨大的鱼尾。但这一次，这个梦境并不使我感到怪异。在这里梦到鲨鱼是极为常见的，梦境也极为生动，航海日志中有一部分专门用来描述这些梦境。斯科特承认说，直到现在，他还是每晚都会梦到鲨鱼。在我的梦境里，天色黑沉，我独自一人，驾着小船在水上漂荡。再次低头时，我看到有朦胧的暗影在下方游动，其轮廓在月光下依稀可见。整个夜晚，庞大而可怕的鱼群在简·方达卧室中游动，画面静谧无声，仿佛处在另一个世界。

◇ **问候恶魔** ◇

第二章

地狱之岛

我们不再孤独——鲨鱼来了。

——法拉隆岛航海日志，1994年9月10日

（鲨鱼季的第一天）

2001年11月17日

在法拉隆群岛的最高处，矗立着一座古老的灯塔，人们把它叫作"灯塔山"。可有谁能想到，这个文雅的名字背后隐藏着险恶的地势呢？自从1855年人们点亮法拉隆岛的第一盏灯开始，一个一级菲涅耳透镜、一颗从法国运来的光学宝石以及一队热忱的操作员便随之进驻此处。法拉隆岛上曾有一头服役的骡子，名叫杰克，经常拖着一袋满满的抹香鲸油[①]行走在蜿蜒曲折的山径上。（就算按照骡子的标准来看，这活儿也够重的。所以，当20年后杰克退休时，他的皮毛已经完全变白了。）1972年，18英尺（约5.5米）高的菲涅耳透镜被一对自动化的信号灯取代，岛上最后一位灯塔守护者也乘着海岸警卫队的快艇离去了。

如今，灯塔已然破败，那里老鼠肆虐，鸟粪堆积，青苔丛生。然而，如果你想要观察鲨鱼袭击，那儿便如同一间天然的豪华包厢。通常情况下，在一个晴朗的早晨，观察者可以在灯塔中清晰地捕捉到10英里（约16千米）以内的事物，还可以360度环视整个南方群岛：向西可凝望蒙泰湾；向北可鸟瞰渔人湾与甜面包岛；向东可眺望塔瓦岬与舒布里克岬，也可远眺东登陆点与马鞍礁；向南则可清晰地看到如地毯般向外延伸的象海豹湾。西面7英里（约11千米）开外，北法拉隆群岛肃然耸立；向西北望去3英里（约5千米），中部法拉隆礁

[①]抹香鲸油（the Whale Oil），18世纪到19世纪期间曾是重要的照明和工业用油脂。——译者注

从海面上拱起，仿佛路面上的一条减速带。灯塔本身是一座两层楼高的混凝土建筑，它有一个窄小的矩形入口，里面却没有多少躲避狂风的地方。人在观望台上行走时，必须有一只手时刻扶在护栏上。

1987年，斯科特开创了一项"探鲨行动"，这里便成了进行这项行动的最佳场所。在鲨鱼季来临时，每天日间，斯科特、彼得、布朗、娜塔，或是已经干完船务工作的实习人员都会驻守在这里，对水域进行严密的监视，以发现鲨鱼袭击的线索。斯科特从一开始就担任起首席观察员的职责，在过去的14个年头里，每年九月至十一月，只要他待在岛上，他准会沿着陡峭的山路蜿蜒前行，登上海拔348英尺（约106米）的山顶，从清晨八点开始他的值守工作。

斯科特的观察细致入微，水面上的任何动静都逃不过他的眼睛。当然，这并不是说法拉隆群岛上的鲨鱼袭击不易观察。象海豹的血液因为含氧量极高而呈现猩红色，所以只要海面上出现一大滩这样的血泊，人们一眼就能看到，进而推测那里发生了鲨鱼袭击事件。然而，最显眼的线索通常却出现在天空之中，因为发生了鲨鱼袭击的地方，瞬间就会聚集起大群海鸥，争着盘旋在上空等待抢食，看上去颇有希区柯克的风格。有时在灯塔上能够看到更多的细节：正下方是姐妹鲨群的巢穴；再向东望去，当一条姐妹鲨在夕阳的余晖中离穴觅食时，你便可将海面的血泊、遭到袭击的海豹以及鲨鱼的身形尽收眼底。

"探鲨行动"有一套简单的运行规则：一旦斯科特发现海上有血迹，或天上有海鸥聚集，他就会用对讲机通知彼得。他会用一种经纬测量仪器标记出发生袭击的位置，然后冲下山去，在东登陆点与大伙会合，然后尽快乘着捕鲸船，开往鲨鱼袭击处拍摄录像。随后，他们会把所见所闻一字不漏地记录在现场报告里，其中包括鲨鱼的种类，甚至还有标示出海豹身体残缺部位的示意图。

但是，为了观察鲨鱼袭击而从灯塔山上飞驰而下，实在不是一个明智的做法。因为灯塔山的山体本身就很陡峭，坡度在30~50度之间，路面又松动不稳，人走在上面很容易丧命。灯塔山的小路上铺着松散的黄岗岩，覆盖着鸟儿腐烂的尸体以及滑溜溜的石子。你的脚踩在上面，就像穿上旱冰鞋溜冰一样。最近，斯科特为了加快下山的速度，还特地弄来了一辆女式香蕉座自行车①。这辆自行车是专门为身高3英尺半（约1米）的人量身定做的，它有着亮闪闪的粉红座垫，花纹凸起交错的轮胎，车身上还系着紫色的飘带。

不过当时我更关心的还是如何爬上这处陡崖。尽管我每天都在泳池里锻炼两个小时，但一路上还是停下来休息了两次。最终，当我气喘吁吁地走完最后一节山路，登上山顶，向斯科特走去时，他已经在那里观察海面近一个小时了。我朝他那边望去，只见狭长的混凝土护墙环绕着灯塔，斯科特站在强风之中，双臂环抱，仿佛在电影院里一样轻松随意。此时，古典乐的曲调从某个音箱里飘来，头顶是令人眼花缭乱的天空，底下是从四面八方汹涌而至的波涛。在遥远的天际线上，地球的曲线依稀可见。

之前的一路上，我始终置身于弥漫的雾霭之中；到达灯塔后，广阔无垠的视野立即震撼了我，无可名状的悲凉油然而生。这原始的壮丽反衬着人类的渺小，可怕的孤独感席卷而来。

斯科特转过身来，朝我飞快地瞥了一眼，草草挥手示意了一下，马上又转过身去监测海洋动态。我问他是否发现了鲨鱼出没的踪迹，他说："还没呢，不过快到涨潮的时间了。"大多数鲨鱼袭击都发生在涨潮期，个中原因也是法拉隆群岛的未解谜题之一。说起来，要不是有人长期蹲守在固定地点，对鲨鱼袭击进行观测，人们连这个规律都不可能总结出来。要得出这一结论，你需要连续不断地做一些事情，从发现一条大白鲨开始，你就要记录下他所处的位置，然后连续半小时追踪监测他。如果幸运的话，研究人员或许还可以分辨出鲨鱼的性别，但那需要仔细观察鲨鱼的腹鳍内侧——雄性鲨鱼有两只长鳍脚

---

① 香蕉座自行车（Banana-seat Bike），是一种有高高的弯把、香蕉形的车座，还装配了竞赛用的无齿轮胎，外表美观的自行车，多为女用。——译者注

（你可以想象，这的确不是一件容易的事）。

如果你对鲨鱼有足够的了解，那事情就更加有趣了。比如说，你偶然间发现一条歪嘴露齿的大白鲨，给他起名叫作"点子"，然后连续几个鲨鱼季追踪他之后，你就可以得出以下结论："点子"已经连续11年来往法拉隆群岛，而且几乎每次都是与"断尾"一同前来。而后你可以进一步提出问题：他们一直都结伴而行吗？或者他们只是凑巧进入同一个地盘？斯科特和彼得希望把卫星标牌安在这两条鲨鱼身上，以便在下一个鲨鱼季找出答案。这将是一个重大的发现。如果这两条鲨鱼十年来一直形影不离，人们又怎能把大白鲨看成是流浪的刺客，海洋中的杀戮机器呢？相反，那恰恰证明他们是拥有较高智力的动物，懂得选择自己的朋友，并与之亲近。

探索大白鲨并不是一件容易的事情，它需要一套严格的制度，其中甚至涉及人们的着装规范。因其恶劣的气候环境，法拉隆群岛对人们的着装向来不怎么友好，这种气候环境使得衣服上总是布满了泥泞、血渍及鸟粪，并且常年浸泡在海水与雨雾之中。岛上的每个人都穿着厚重的工装裤，脚上套着一双足以穿越刚果丛林的鞋子。为了方便工作，斯科特还特意加上了一件夹克和一件连帽衫，为了在室外工作时用兜帽把脑袋罩住。除此之外，他还为自己配了一副能够遮住半张脸的偏光太阳镜，遮住了如激光般凌厉的冰蓝色双眸。

我俯瞰着山峰的背面。峰底满是尖细的岩石，在山间行走时，往任何方向走错一步都会使你死无葬身之地。这座岛屿上的岩石简直不止是三维，而是足有六个维度：数以百万计的细小缝隙和裂痕呈条纹状，就像是舞厅里的迪斯科球在不同方向上映射出的无数投影。这里的岩石仿佛立体主义画家笔下的仙人掌，澎湃的海水和肆虐的风雨在上面刻画出千沟万壑。整个山峰密密麻麻地布满了岩穴、凹洞以及纵横交错的羊肠小道。每当风暴袭来时，整座岩岛都会颤抖着，发出低沉的哀鸣。这种诡异的声音使到访者惊恐不安，将其称之为"鬼啼"。

◇ ◆ ◇

在斯科特刚来这儿的几年里，他在"探鲨行动"的值班时间一般长达12个小时。此外，他还为这项行动自费买来了一大堆的监控设备，并在灯塔上装了许多远景摄像头。当海水泛起波浪之时，发动"餐盘号"①是一件极其危险的事，更何况水面几乎总是波涛汹涌的。因此，在1992年他们得到一条更大尺寸14英尺（约4.3米）的船只之前，灯塔一直都是他们观测鲨鱼袭击的最佳去处。斯科特时常会在灯光之下，花一整天站在坚硬的混凝土上，任凭风吹雨打，也毫不动摇，这不仅是对他双腿的挑战，也是对他精神状态的挑战。但是，斯科特彻夜不眠的付出终究还是得到了回报。

在等待鲨鱼袭击出现的时间里，我们总能看到一些奇观，比如能看到海豚结伴游过，一群群鲸鱼跃出海面或喷射水柱。有的时候还能看到一些十分稀有的鸟儿，他们随心随性地脱离了迁移的鸟群。法拉隆群岛也因这些奇特景象闻名遐迩。这些有趣的景象每年循环往复，尤其在秋天最为常见。那些本该飞往北极上空或掠过塞伦盖蒂草原的鸟儿会飞到灯塔或是飞到岛屿上的三棵小树上稍作休整。红胁蓝尾鸲、赤颈鸭、白腹海雀——这些鸟儿都在这里出现过。记得有一次，斯科特看见一只非洲粉红背鹈鹕俯冲到褐鹈鹕群里，那看起来就像是一个满富异国风情的实体玩偶从天空上倏然掉下一样。

长久以来独自观察着神奇的景象，迎接各种任务的挑战，这一切对斯科特来说再适合不过了。他不是夸夸其谈的人，对于每日重复的工作也乐在其中。尽管他和大伙相处得其乐融融，但有时还是喜欢一个人独处。斯科特由衷地希望，一切商业社会的繁华喧嚣、疯狂纷扰以及文书工作都能够远离他的视线，更别说令他陷身其中了。

---

①"餐盘号"（Dinner Plate）为一艘船的名字。——译者注

斯科特从小就对鱼类很是痴迷。他经常到蒂伯龙海岸花数小时看别人钓鱼，希望能一睹那些鱼的风采。曾经有人在那里看见了一条鱼在水中盈盈闪光，转瞬而逝，就如同发现了一笔隐藏的宝藏一样神奇。有一天，当斯科特乘渔船出海之时，有人捕获了一条未成年的豹鲨。小豹鲨满身闪烁着青铜色与银白色的光泽，长着一张与猫相似的脸，身体上斑点完美对称，姿态灵动优雅。它的美丽瞬间震撼了斯科特。这条小豹鲨没有在惊恐中四处翻滚，而是径直移向甲板外侧，像一条短吻鳄一样沉着冷静。这幅场景在他的脑海中久久挥之不去。

从那时起，他就知道研究鲨鱼才是他真正想做的事情。然而，更重要的是，他想在他们自由生活的生存环境中去研究他们。因为在他看来，那是唯一能够了解鲨鱼的途径。他摒弃一味地坐在办公桌旁编写应用程序，或是完全依赖电脑图表来标记数字的研究方式。他认为那些试图通过死盯电脑屏幕来探索动物都是徒劳无功的。他曾经在当地的渔船上做过一段时间的普通水手，这份工作虽然很适合观察海洋生物，但却不足以使他成为一个真正的生物学家。后来，斯科特很快就意识到，想要进一步研究鲨鱼，他至少得需要一个大学文凭。但是，他曾经刻苦学习也没能取得较好的成绩，这使他一度担心自己是否患有阅读障碍症。最终，斯科特发现了一所名为"西方世界大学"的学校，该学校富有探索与创新精神。因此，斯科特在一面吸取这所大学的新式方法的同时，一面在附近的马林学院学习海洋生物学课程。在那里，他结识了一位天赋秉然的老师——戈登·陈，并跟随他一起学习研究，这也是他第一次真正地爱上了学习。

斯科特的专业学习延伸到了调查阿拉斯加州的鸟类以及东京的筑地鱼市①，而后他又在尼泊尔首都加德满都进行了六个月的实地考察。在那里，他住在一

---

① "东京筑地鱼市"（Tsukiji Fish Market in Tokyo）地处日本东京中央区黄金地段，是全球最大的海鲜市场。——译者注

户尼泊尔人家里，并学会了尼泊尔语。回到马林，他的任务还包括拦截在雷耶斯岬街区巡游的渔民平板车，拦下那些正洋洋得意的渔民，因为他们正拖拽着已经在比目鱼渔网中死去的大白鲨尸体向前行进。每当发现有鲨鱼被屠杀，斯科特就会向渔民讨要部分尸骸，然后和戈登·陈一起进行解剖，并试图找出鲨鱼身体器官协调运作的奥秘。

在研究鲨鱼的过程中，斯科特的好奇心、灵敏的思维能力以及非科班出身的科学背景使他迸发出许多新奇的创意，如：投放诱饵、使用带杆的摄像机、布置录像板等。而且，他还决意想出更新、更有效的方法来监测这片区域的鲨鱼。在此期间，许多其他优秀的鲨鱼研究者也在法拉隆群岛上来来往往，他们会进行一些有趣的研究工作，但是都不会在岛上待太长时间。毕竟，并不是每个人都能适应这太平洋岛上的孤独生活。要想在岛上长期生活，研究者们必须身体强健，精神饱满，适应能力强，并且对海洋心存敬意。斯科特恰恰具备了以上所有的品质。除此之外，令其他人所望尘莫及的是，他似乎能够像鲨鱼一样思考。

像这样的事情，库斯托团队的那些人是永远做不到的。1986年10月，约翰·米希尔·库斯托和他的队员们乘坐着103英尺（约31米）长的"金牛号"进入法拉隆群岛。为了能引诱鲨鱼来到这里，他们毫不迟疑地将动物的鲜血和内脏洒满了这片海域，然后在东登陆点停留了几天。在这之前，彼得早就收到了来自美国鱼类及野生动物管理局的指示，要求他尽可能地配合他们。于是他一直待在东南法拉隆岛上，等待着与他们取得联系，但对方始终音讯全无。就在库托斯团队来到法拉隆群岛的第三天，彼得在岸边看到了两场血腥的鲨鱼袭击，它们正发生在离"金牛号"不到100码（约91米）的地方。他决定开动"餐盘号"去通知他们不要错过这一精彩的瞬间。在靠近他们的船后，彼得把船停靠下来，并向他们大声呼喊，但是却没得到任何回应。从"餐盘号"上望过去，连个鬼影子也看不见，于是他驶到对方船尾附近，伸头朝甲板上一探究竟。那是个阳光明媚的秋日，所有的库斯托船员们都穿着比基尼三角裤沐浴着日光，他们不耐烦地从太阳反射镜中看过来。其中一个人远远地向彼得挥手，叫他先离开，并不耐烦地说："知道啦，知道啦。我们等会儿联系你。"

后来，在一本叫作《库斯托的大白鲨》的书中，约翰·米希尔极为不满地讲述了他在岛上的时光："我们准备了相机和防鲨笼①……可是我们却连一条鲨鱼的背鳍都没能看到。所以，在法拉隆群岛的考察过程中，当大量的鱼和动物的鲜血都无法引诱到鲨鱼时，我们——库斯托团队——就开始怀疑了：这片海域是不是真的有那么多鲨鱼？"

暂且不论库斯托的事儿，不管这些岛屿周围有多少鲨鱼，与鲨鱼相关的研究领域中确实存在残酷的竞争。法拉隆群岛上没有足够的工作岗位供给，也没有足够的资金或信贷支持，显然更没有足够的研究对象可供学习。斯科特曾在南非的海豹岛②和巴哈附近的瓜达卢佩岛拜访过大白鲨的集中区域，但是和法拉隆群岛相比，它们各有缺陷。在海豹岛周围的水域中，大白鲨相当活跃，但是鲨鱼们在水域中的活动范围很大，研究的难度也因此大大增加。而且，这里的雌性姐妹鲨更是少得可怜。同样地，在墨西哥的瓜达卢佩岛，鲨鱼的活动范围虽然相对较小，但这样却让人更加头疼。因为瓜达卢佩岛对任何人都免费开放，包括岛上通往鲨鱼海域的高速公路也都畅通无阻，而且，他们也不限制"鲨笼潜水"活动。在斯科特看来，这里的鲨鱼早已习惯了游客们的来访，因为他们只要一听到船只下锚的声音，就会立即游向船边，盼求可以得到食物。而在澳大利亚，有一个地方曾以盛产大白鲨而著称，尽管如今它们处在珍稀动物之列，但它们的数量仍在急剧下降。

---

① 防鲨笼（Anti-shark Cage），一种广泛用于各种海场中的工具，可防止大型、危险性鱼类的攻击。——译者注

② 海豹岛（Seal Island）是南非一座位于豪特湾（Hout Bay）上的小岛，因岛上为数众多的海豹与海鸥而闻名。另有鄂霍次克海豹岛。——译者注

你可以用手指在世界地图上探索，找出所有能够发现大白鲨的地方，但它们全都无法与法拉隆群岛相媲美，无法像后者那样提供近乎完美的研究条件。斯科特和彼得拥有，也理应拥有最好的研究场所，因为他们俩在那儿投入了大量的时间与精力。

当我站在正被狂风和砂砾摧残的灯塔旁时，我不禁怀疑，我是否也要在这里投入同样多的时间和精力。"探鲨行动"需要投入大量的时间与精力，而对于我来说，12小时的轮班已超出了我的职责范围，那几乎已经是"献身"的表现了。我对斯科特说出了我的想法，他点了点头，继续监测着水面动态，说："探索大白鲨要有耐心，彼得和我都受得了。"话音刚落，他的眼神瞬间变得严肃起来，他打开对讲机，特意压低嗓子说："他来了。"过了一会儿，我以为他正在和彼得探讨鲨鱼，但随后，我顺着他凝视的方向望去，在旧金山的东边，我看见一艘小船慢慢浮现在海平面上，朝着我们缓缓驶来。虽然它看起来只有斑点大小，就算通过双筒望远镜，我也只能看清楚那艘小船甲板的大致外形，但是斯科特却准确地辨认出了它的身份。它代表着来自另一个世界的入侵者。

◇ ◆ ◇

2002年10月，男性期刊杂志的头条热闻大力宣扬了"鲨笼潜水"①，书中曾吹嘘："看这里！喜欢刺激的家伙们！全世界最好的鲨鱼潜水点就在渔人码头旁，只需几分钟就可到达！"迟早有人会企图利用法拉隆的鲨鱼来牟利。36岁的劳伦斯·格罗斯就是这样的人。他是"探鲨公司"的创始人兼董事长，该

---

① "鲨笼潜水"（Shark Cage Diving），即人待在笼子里潜入海洋，进行笼中观鲨活动。——译者注

公司专营鲨鱼探险活动。据格罗斯的个人网站称，是他在法拉隆群岛创办了全世界首例"鲨笼潜水"活动，在不使用任何诱饵的情况下，成功率高达86%。在每个天气适宜的鲨鱼季清晨，"探鲨公司"都会安排六个人到此进行鲨鱼探险活动，每人需要为此支付775美元。

经济效益的刺激是显而易见的。格罗斯一伙人每天早上在这里进行探鲨活动，这倒不怎么让我惊讶；我最惊讶的是，竟然没有大量的跟风者乘着更大的船只陆续赶来。不过，"鲨笼潜水"未能在法拉隆群岛流行起来是有原因的。正如前面提到的，法拉隆群岛上的气候十分恶劣，海水的温度在11℃左右，水下能见度在天气晴朗时也不足15英尺（约4.6米）。这和巴哈或开普敦温暖清澈的水域相比就差远了。所以通常情况下，潜水者会被随机投放到海中的任意一个位置，就像掷骰子一样充满不确定性。

这些年来，数不清的"鲨笼潜水"组织在法拉隆群岛上进行探鲨尝试，其中许多都以失败告终。而实际上，就没有人能够坚持超过一周或者两周。只有格罗斯，那个留着厚厚胡子、身体结实强壮的家伙挺了过来。他有毅力，也更有耐心，而且他比之前的任何一个人都要富有。因为格罗斯在加利福尼亚州的海沃德长大，从小就听说过很多关于法拉隆群岛鲨鱼的故事。1998年，他终于得偿所愿，亲眼看到一只鲨鱼在离船很近的位置跃起，溅起来的海水使得船上的每个人都成了落汤鸡。从此，他就彻底对鲨鱼着了迷。

1999年，格罗斯的事业开始起步。刚一开始，他就干了一件大事。他购买了一艘长达32英尺（约9.7米）的潜水艇，为其取名为"爱国者号"，然后采购了一些用最先进技术制成的铝质笼子，同时还雇用了一群经验丰富的船员。曾有一名新闻记者问格罗斯，为什么那么多人都已放弃了"鲨笼潜水"，他却愿意投资十多万美元，在这片海域打造这种活动。他回答说："因为我想亲眼看看大白鲨，而且我认为其他人也应该看看它们。大白鲨是一种不可思议的生物，它就生活在我们的'后花园'里。"

一直以来，格罗斯都致力于强化"鲨笼潜水"的生意运营、改造升级船只、增加"鲨笼潜水"次数。他曾在《鲨鱼潜水员》这类杂志上利用广告来宣传"鲨笼潜水"，也曾投资制作一个设计精良的网站，还在新闻媒体上宣传他的"探鲨公司"。市场的需求往往是巨大的，而且，在这动乱的世道下，他想要找到一个愿意尝试"鲨笼潜水"的顾客也相当容易。因此，在他的"鲨笼潜水"活动推出后，世界各地的人们纷至沓来，其中最远的来自日本。

　　然而，大自然从不会遵循人的计划行事。有段时间，鲨笼潜水员们可以看到一些令人十分难忘的场景，例如鲨鱼在他们船的周围猎捕食物，或者是破水而出，溅起巨浪。不过这些景象并不常见。一般来说，在天气特殊时，如果水中没有过多的浮游生物，且能见度不错，那么付了较高价格，观摩位置更佳的顾客或许能看到鲨鱼从鲨笼旁游过的模糊影像。另外有些时候，鲨鱼们则潜藏着不肯露面。遇到这种时候，那些兴奋得发抖的鲨笼潜水员们从鲨笼中看到的，也就只有幽暗的海水了。

　　"爱国者号"经常选择停泊在象海豹湾，或是东登陆点附近的海域。这些都是无可置疑的鲨鱼聚集区，然而停泊在那里时，东南法拉隆岛周围至少有三分之二的水域是看不见的。一大群鲨鱼可能正在岛屿的西北侧、甜面包岛海岸、印第安黑德、渔人湾、群岛西端，或是蒙泰湾之类的区域嬉闹不休，"爱国者号"上的乘员却将对此一无所知。这样一来，格罗斯就迫切地希望和斯科特、彼得一起合作，因为相比其他的方式，与他们密切联系意味着能够在第一时间获悉灯塔传来鲨鱼袭击的消息。而显然，这将是观看鲨鱼的一个有利条件。

　　但问题是，斯科特和彼得并不想和格罗斯他们合作。斯科特的"鲨鱼计划"与格罗斯的"探鲨公司"之间一开始就相互冲突，后来关系进一步恶化。当彼得第一次与"爱国者号"不期而遇时，格罗斯正在用鱼饵引诱鲨鱼，把捣碎的鱼肉和鱼血混合在一起，放在船后引诱鲨鱼。然而在法拉隆群岛上，撒饵会引起当地人的严重不满，这种行为的恶劣程度就好比在肺气肿患者面前吸烟。因此，在看到这一幕后，彼得就立即开动捕鲸船去阻止他撒饵。然而对于彼得的行为，格罗斯却递出了一封出自于华盛顿律师的信函，以此来声明他们在这片岛上所拥有的，包括撒饵权在内的合法权益。

此后不久，格罗斯就停止了撒饵。虽然他承认，这种行为在生物学家们面前确实不讨喜，但真正改变他停止撒饵想法的，却是其他原因。2000年9月，他在接受《旧金山纪事报》记者采访时曾指出："撒饵没有成效，因为它根本引诱不了鲨鱼。"所以，在那时，格罗斯与他的伙伴们就向彼得和斯科特提议：只要彼得二人肯提供有关鲨鱼下落的信息，那么作为交换，他将允许他们使用"爱国者号"来潜水，以免他们使用其他灵敏度较低的防鲨笼而遭受伤害。然而，在斯科特和彼得看来，这无疑是敲诈。因此，他们拒绝了格罗斯的提议。

2000年，鲨鱼季临近尾声时，法拉隆群岛的海面上笼罩着冰霜般的死寂。当"爱国者号"拖曳着海豹状的诱饵在海上航行时，生物学家们纷纷指责格罗斯的不是，说他用"沉重的木材"制作的诱饵会咯坏鲨鱼的牙齿。出于反击，格罗斯指控斯科特和彼得出售入岛通行证以及驾着捕鲸船给鲨鱼喂食。他还将据说含有相关证据的录像发送给了当地的电视台记者。

对方的手段开始变得肮脏。为了促使政府出面制止法拉隆群岛海域的这种"娱乐活动"，在雷耶斯岬鸟类观测组织的帮助下，彼得开始奔走游说。在当时，旅游船队可以随时随地嚣张地带着半打啤酒和冲浪板乘船上岛，还可以挑逗鲨鱼，引诱鲨鱼露面。可是，法拉隆群岛上根本就没有任何成文的法规可以制止他们。彼得曾在一封写给法拉隆湾国家海洋保护区主任的信中，言简意赅地说："为了避免法拉隆群岛的观鲨活动失控（这样的事早在澳大利亚和南非就发生过，其他研究场所的研究也因此毁坏殆尽），我们请求制定规章的修正案，不仅让法拉隆群岛的鲨鱼能够得到法律的保护，也让鲨鱼研究活动能够继续有效开展。"

为此，格罗斯大发雷霆，他认为彼得的行为是在限制贸易往来，是一种非法的商业干预行为。但还是有人提出了诉讼，控告格罗斯是在恶意诽谤。2001年9月，格罗斯最后一次向岛上的生物学家们抛出了"橄榄枝"，力劝他们接受他提出的合作协议。

　　2001年5月，斯科特在接受一家报社采访时曾说："他们尽会添乱！"例如，在2000年鲨鱼季期间，斯科特就觉得那些鲨笼潜水员们完全打乱了他们"鲨鱼计划"的工作安排，因为在同时进行的7组鲨鱼进食活动中，他们能惊跑其中3组的鲨鱼。但格罗斯却有不同的想法，他把"爱国者号"设想为一个卫星观测基地，通过观测，他们将获得更多有关鲨鱼的数据信息。而且他还声称，他们已经建造了一个远程操作的录像平台，可以用于远距离拍摄鲨鱼进食。他把这项装置称为"GEO"，即"格罗斯生态观测系统"。在他看来，此项装置完全可以投入到实证研究与应用之中。

　　就目前而言，生物学家们经过长达十余年的研究后，并没有发现与格罗斯一起合作的前景有多么吸引人。不过对于旅行用品商来说，将科学研究（不管是真研究还是假研究），与商业化的"鲨笼潜水"结合起来，却是非常普遍的做法，这可以给很容易沦为娱乐闹剧的商业潜水增加严肃性。并且，这无疑也能使得顾客们放下心来，因为他们会认为他们面对的是一群了解鲨鱼的人。然而，对商业活动来说有价值的东西，却未必会对科研或者鲨鱼本身有益。

　　让斯科特非常担心的是，每天从早到晚投放诱饵会使鲨鱼在捕食上变得不积极。毕竟，鲨鱼天生就是自然界最为敏锐的适应型肉食动物。一直在海上投放诱饵，我们能期望他们继续上当受骗多久呢？难道他们会一直把玻璃纤维当成猎物，继续撕咬下去吗？斯科特研究鲨鱼时，总是小心翼翼地变换着诱饵的投放位置、投放时间以及诱饵的形状，并且他会在鲨鱼发现诱饵之后，把它拿走至少三小时。然后，他会再在那儿偷偷地放上另一个形状完全不同的诱饵。为了不影响鲨鱼自然捕食的习性，每个季节，斯科特都会把投放诱饵的时间控制在20个小时以内；但在2000年的秋天，"爱国者号"在海上投放诱饵的时间却已接近100个小时。到十一月中旬时，斯科特能够明显感到他们的工作效率已经大大降低了。虽然这些船只仍会引起鲨鱼的注意，但却不会再遭受到鲨鱼的袭击，因为鲨鱼们用了不到两个月的时间就对他们在海上的活动了如指掌。

尽管如此，2000年是一个非常有利于鲨鱼观测的年份，可以说是有史以来最好的一年。在某些日子里，甚至会发生多达四次的鲨鱼捕食活动。格罗斯投放诱饵的成功率极高，他不会轻易认输，也少有失败，因此他比以往更有干劲。在这期间，生态旅游开始在法拉隆群岛上流行起来，而且在短时间内，热度不会消退。来这里旅游的人们一直都渴望能够亲眼看到这些鲨鱼，当然，他们也确实实看到了。因此，格罗斯在这方面的努力实际上也是一种进步，毕竟除了利用"鲨笼潜水"，人们只有在大白鲨捕食的时候才能看到他们。

◇ ◆ ◇

全世界的水族馆里收集了许多种类的鲨鱼，包括油翅鲨、哈那鲨、双髻鲨、虎鲨、白边真鲨、护士鲨、礁鲨、扁鲨、斑马鲨、锯鲛鲨、角鲨、豹纹鲨以及罕见的白化杰克逊港鲨鱼等。值得注意的是，我们在水族馆里看不见大白鲨的身影，因为人们试尽了办法，也不能使他们在水族馆中存活。

大白鲨是为数不多适合在较冷水域中生活的恒温鲨类。人们以前并没有意识到这一点，这导致许多大白鲨曾在人们举办的热带鱼展览期间丧命——大部分是因为拒绝进食。此外在运输方面也存在着巨大的挑战，大白鲨们不仅满嘴利牙，还重达2 000磅（约900千克），所以要把他们活着运到水族馆绝不是一件容易的事。为了使大白鲨能够自由呼吸，水必须要漫过他们的腮。而且一旦他们不能在车厢里动弹，水照样无法进入他们的鳃，没有了水中的氧气，鲨鱼就会窒息而死。通常当一条大白鲨被渔网紧紧地捆绑起来，再送到水族馆时，也就只剩下半条命了。同样，当一条身长12英尺（约3.7米）的鲨鱼被装运在一辆平板货车的后厢，在通往太平洋海底世界①的"1号公路"上一路颠簸时，如何才能保证这条12英尺（约3.7米）长的庞然大物能够在如此少的水里自由活动呢？这项工程想必复杂无比。

但是，随着电影《大白鲨》在二十世纪七八十年代被人们所熟知，其通过展出一条活生生的庞然大物所能赚取的巨大利益，使得众多的商人垂涎欲滴，都想要投资这个项目。其中，许多水族馆不断尝试展出一些鲨鱼，冀望有一天能从中获益。然而在他们的尝试过程中，至少有37条大白鲨无辜丧命。在1976—1980年期间，人们前仆后继地进行了一系列尝试，单单是圣地亚哥海洋世界②就尝试了五次。根据以往的经验，在一般情况下，大多数鲨鱼在水族馆里都活不过24个小时，然而圣地亚哥海洋世界却让鲨鱼存活了16天，创下了历史上最长的纪录。不过这项纪录应该加个星号，因为曾经差一点能诞生更长的纪录。1968年，澳大利亚的悉尼曼利海洋世界展出了一条约8英尺（约2.4米）长的雄性大白鲨。这条大白鲨在人工圈养条件下显得生龙活虎——但也正因如此，他最后在众目睽睽之下死去。悉尼曼利海洋世界的这条大白鲨突破重重困难活了下来。在人们把他拖上岸之前，他被钩子和网线缠住，在水中挣扎了好几个小时。等水族馆工作人员到来后，他又被拖到海滩上，装进了一辆货车中未经滤清的水箱里。随后长达45分钟的时间里，货车载着他一路颠簸。在抵达水族馆后，人们放出了车箱里的水，把他装在担架里，拖拽上了几段楼梯。最后，他被安放在一个简陋的水族箱里供人们观赏，箱子里同时还挤满了海龟、护士鲨以及许多其他的鱼类。在这样的情况下，绝大多数鲨鱼早就已经一命呜呼了。

---

① 太平洋海洋世界（Marineland of the Pacific）是一个公共水族馆和旅游胜地，位于美国加利福尼亚半岛海岸。——译者注

② 圣地亚哥海洋世界（Sea World San Diego）位于美国的加利福尼亚州，是世界上最大的海洋主题公园。——译者注

出人意料的是，他不仅活了下来，还悠哉地在水族箱里来回游动，甚至没有表现出一点迷失方向或将要死去的迹象。在到达水族馆的第三天，他就开始进食，且充满活力。但是，他从不吃水族馆的潜水员喂给他的死鱼，却要吃水族箱里的"伙伴"。一周后，潜水员惴惴不安地看着他吃掉了甲鱼。之后，他对潜水员们好像又表现出了极大的"兴趣"，这使得他们十分害怕。最后，在水族馆潜水员们不断的要求下，他不得不被送走。

但是要怎么处置他呢？曼利海洋世界压根儿就没有能力去圈养这条大白鲨，再加上把他从水族箱里取出来也并非易事，唯一的解决方法就是近距离开枪把他杀死。而且他们还卖票给前来参观这一场面的人——为什么要浪费赚钱的机会呢？归根到底，那是在环保意识尚未觉醒的20世纪60年代。于是在鲨鱼被运进水族馆的第十天，水族馆被人们挤得水泄不通，一群潜水员们拿着名为"爆炸棒"①的水下枪械潜入水族箱里，接连开了七枪，将这条负隅顽抗的"小混蛋"给射杀了。几分钟过后，在人们震耳欲聋的欢呼声中，鲨鱼的尸体缓缓坠入箱底。澳大利亚邮报的头条新闻报道了这次事件，新闻的标题是：《大白鲨发了疯……必须在他吃光整个水族馆之前杀死他》。

尽管以野蛮的屠杀收尾，但这次事件却足以证明，只有用正确的方法圈养大白鲨，才可能从中获利。如果你是美国的一位水族馆负责人，那么你一定知道加利福尼亚是个猎捕鲨鱼的好地方。在禁止使用刺网之前，渔民经常在西马林县沿岸一带猎捕大白鲨，而且有时侯，一天之内会发生好几次猎捕鲨鱼事件。在当地，圣地亚哥海洋世界并不是捕鲨活动的唯一参与者，旧金山的斯坦哈特水族馆也参与其中，他们同样想得到大白鲨。两家水族馆之间竞争激烈，还掀起了一场争夺健康幼鲨的竞标战。当地渔民曾联系过斯坦哈特水族馆的工

---

① 爆炸棒（Bang Stick）是一种专门用于与目标直接接触的水下发射火器，和其他不能够直接接触目标的水下火器具有明显的差别，常用于捕捉鱼类、对抗鲨鱼、防御鳄鱼等用途。——译者注

作人员，声称他们找到了一种可以养活的鲨鱼，随后他们就收到了"特种大队"的回复。（斯坦哈特水族馆是收购各种大白鲨的团队，简称特种大队。）而圣地亚哥海洋世界这边也早有安排。他们一早就准备好了一辆货运卡车，在海湾地区随时等候着，只要看到有渔民捉到鲨鱼，他们就会立马冲过去，将鲨鱼装到卡车上的温控集装箱里。这种集装箱的水中溶解了大量的化学镇定剂，还装有力度不大，能使液体轻缓流过鱼鳃的增氧管。斯坦哈特水族馆不甘示弱，他们发明了一辆货运车，名叫"鱼类维生运输车"，上面有一个精制的活水运输箱，专门用来装载鲨鱼。另一方面，圣地亚哥海洋世界又推出高价悬赏令——他们愿意用5 000美元买一条健康的大白鲨。

迈克·麦克亨利是当地的一个渔民，他不仅对大白鲨的活动区域了如指掌，同时他还知道如何捕获大白鲨。自20世纪50年代起，他就开始在法拉隆群岛捕捉鲑鱼和黑鳕鱼，并且每当他拉扯着鱼线时，鲨鱼经常会突然地出现，然后疯狂撕咬鱼钩上的鱼。一天，他发现一条巨大的姐妹鲨正向他的渔船靠近，他估摸着这条鲨鱼得有两吨半重，因为他从未见过这样的庞然大物。她长得非常吓人，任何人看到她都会胆战心惊，就算经历过海上风浪洗礼的人也不例外。所以当麦克亨利看见她时，他急忙向她头上开了几枪，但等他看到这条大鱼沉入海底，马上就后悔了。

他心想："我靠，这他妈是我做过的最蠢的事！"想到不断上涨的大白鲨价格以及野生猛兽展出的入场票价格，他后悔不迭："那条鲨鱼也许能卖上4000美元。"

几年后的1982年，麦克亨利成功捕获了四条大白鲨：其中三条是雄性鲨鱼，一条是雌性鲨鱼。那天他把船停在了东登陆点，随后在一根半英寸（约1.3厘米）长的线上系了诱饵，就成功捕获了那四条鲨鱼。（很多人曾推测，他是用刚被射杀的海狮尸体作为诱饵，但麦克亨利矢口否认。）他很惊讶能轻而易举地捕获这些鲨鱼，而除了那条雌性鲨鱼做了一些挣扎，其余的捕获都很顺利。他说："我们必须要半打开船尾的夹板才能拖住鲨鱼，让他们的速度慢下来，然后就可以把他们拉到船的侧面了。在那个位置，只要用猎枪打几发铅弹就能把他们干掉。"

所以，当麦克亨利听到关于捕获鲨鱼的悬赏时，他马上转身对着船员们说："走，咱们去捉一条回来。"

而且他真的做到了。他在马鞍礁的背风处又捕捉到了一条雌性鲨鱼。这条鲨鱼长15英尺（约4.6米），虽然体型比姐妹鲨要小，但仍然远远大于任何一个水族箱。因此，斯坦哈特水族馆的负责人——约翰·麦科斯克——拒绝收购麦克亨利的这条鲨鱼。当这条鲨鱼死后，麦克亨利把她送给了加州科学馆，以便学者们研究。当他们带走鲨鱼时，他抱怨说："该死，我的钱又泡汤了。"

但是人们并没有停止捕捉鲨鱼。最终，他们还是在博德加湾捕获了一条体型正好可以在水族箱中生活的鲨鱼。她叫"珊迪"，是一条7英尺（约2米）长的雌鲨。渔民阿尔·威尔逊无意中捕获到了她，并用他女朋友的名字为她命名。随后，威尔逊以1 000美元的价格把她卖给了斯坦哈特水族馆。（而在这之前，为了卖得更高的价格，威尔逊曾试图联系圣地亚哥海洋世界驻派此地的工作人员，但是后者住的宾馆房间里没人接听电话——他们正巧都去洗衣间里洗衣服了。）

1980年8月12日，"珊迪"在斯坦哈特水族馆首次公开亮相。当时，她待在一个全新的、容量高达10万加仑（约379立方米）的环形水族箱里。自从"珊迪"亮相以来，短短4天时间里，就有4万人排队买票，想要一睹她的风采，另外还有更多的人只因为不愿苦等而未能参与。沃尔特·克朗凯特曾在全国性的新闻报道中公开宣扬，说"珊迪"是"旧金山的宠儿"。后来，连《生活杂志》也开专栏宣传她。在一篇新闻报道的照片上，约翰·麦科斯克在水族箱里和"珊迪"游在一起，下面附着一段说明性的文字："游在他身边的是一条4个月大、身长7英尺（约2米）、重达300磅（约136千克）的大白鲨。要知道，这种动物可是能够撕碎妇女的身体，一口吞掉一个小孩。"

当时斯科特才24岁，他看到展出"珊迪"的消息后，就立刻赶往水族馆，想要一睹她的风采。水族馆外，人山人海，排队的人从门口向外延伸，挤满了整条大街。斯科特足足排了一个小时的长队，才刚刚排到环形水族箱跟前。水族箱中，"珊迪"正"逆流而行"，她周围满是黄鳍金枪鱼、梭鱼和鳐鱼。每个参观者都只有十分钟的时间观看"珊迪"，他们前脚刚走，下一批队伍后脚就跟上来了。这是斯科特第一次亲眼看见活的大白鲨，而"珊迪"的体型远远大过他之前所见过的那些大白鲨，因此，斯科特记忆犹新。"珊迪"在水族箱里漫无目的地游着，但并未显得踟蹰。虽然她还只是条幼鲨，你也能感受到她的强大。

然而，"珊迪"已经不再是人们心中那个不可战胜的捕食者了。她什么也不吃，甚至连像剥了皮的鲟鱼这样的美食也吸引不了她。她好像很害怕黑暗，所以需要24小时一直开着灯。但最令人担忧的是，水族箱动力系统所产生的一股微弱电流，总是驱使她的身体不停地撞击箱壁。这样的动作虽然让鲨鱼迷们兴奋不已，却令水族馆的负责人麦科斯克感到痛心。他随后解释说："我们不知道自己要做什么，但如果我们什么也不做，她可能活不过一周。"

他们很快就做出了决定。在8月17日，也就是在"珊迪"被运到斯坦哈特水族馆的第五天后，他们又把她送走了。"珊迪"再一次被装进了精心装饰过的"鱼类维生运输车"中，在全副武装的护送下，顺利穿过了金门大桥。当随行人员抵达索萨利托港时，工作人员们小心翼翼地用船旁边的吊索把"珊迪"捆绑好，因为这艘船将载着"珊迪"去往法拉隆群岛。当船在波涛汹涌的海面上缓慢前行时，为了确保"珊迪"固定在吊索中不受伤害，这次旅程也变得困难重重。即使是那些闹腾着要记录下这次放生之旅的新闻记者，也被数小时的晕船折磨得痛苦不堪。当人们把"珊迪"放到海里，看到她快速地游走，并表现出从未在水族箱中展现出的生命力时，他们知道他们所做的这一切都是正确的。

◇ ◆ ◇

　　与此同时，对于大白鲨难以养活的问题，以捕捞海胆为生的潜水员乔·伯克给出了他的办法——展出一条死的大白鲨。自20世纪80年代以来，伯克就一直在法拉隆群岛附近的海域里潜水，对他来说，与鲨鱼碰面早已是家常便饭。大多数时候，大白鲨只是在伯克潜水的上方缓慢游过，当然，有时侯他们也会好好地观察一下身下这个家伙。如果有一条大白鲨上下打量着你，我想你绝对无法保持淡定。所以，对于这种突如其来的邂逅，伯克总会感到十分紧张（他和罗恩·埃利奥特可不一样）。但是火热的日本市场使海胆捕捞有利可图，就像伯克说的那样，"只要随便下海游一会儿，就能赚上几百美元。"更何况，他们还没有去法拉隆群岛海底的珊瑚礁和暗礁捕捞海胆，那里遍地都是海胆，潜水员们只需要弄一批带有挖掘功能的布林克斯卡车到海底，就能守着"大金矿"搞开采啦。

　　一天，当伯克在海底采摘海胆时，他遇见了一条体型异常庞大的雌鲨。单单是她的体型就让伯克惊讶不已，除此之外，她的背鳍部居然还缺了一块。她一圈又一圈地围着他游动，猛摆着尾巴向他逼近，不断缩小进攻范围。伯克急中生智，躲到了礁石下面。他觉得这样应该能避开鲨鱼。当他藏好之后，鲨鱼却突然消失了。伯克抓住机会，正要逃跑，但他刚从"避难所"里出来，鲨鱼就又现身了，他不得不再次躲回礁石下面。伯克在"藏"与"逃"之间疲于奔命，而那条鲨鱼就像猫捉老鼠一般，朝他反复进攻，双方僵持不下。最后，伯克孤注一掷，他跳进了海胆篮里，并向船上的水手发出求救信号。水手唐纳德在接到伯克发出的求救信号后，就立即转动绞盘将他拉上船来。当伯克像猎物一样卷在铁丝网里被唐纳德拉出水面时，那条鲨鱼依然不怀好意地在他周围盘旋，仿佛是在计算最佳的攻击角度，随时准备进攻。伯克在那种危急关头都能安全逃脱，简直就是奇迹啊！

与鲨鱼的那次偶遇令伯克终生难忘，而那条鲨鱼独特的个性和不懈的攻击更使伯克震惊不已。但是，伯克觉得鲨鱼不仅仅是人们所了解的那样。所以，在这种好奇心的驱使下，他开始做起了一些有关鲨鱼的研究。

他打算让人拖着一条死去的大白鲨在水族箱里来回游弋，然后向前来观看的人们收取门票费。但和其他水族馆不一样的是，他不想要一条中等体型的大白鲨，而是想要一条成年姐妹鲨，一头海中巨兽，自然界的奇观。说到底，他就是想要那条发了疯似地将他追赶出海面的鲨鱼。他想要所有人都知道那条鲨鱼的真正长度以及她那令人难以置信的身围。他希望人们能够看到她那双黑色的眼睛，那双仿佛能看穿一切的眼睛。

但问题也随之而来。如果不将鲨鱼保存在液体之中，鲨鱼就会很快腐烂掉。然而，即便是一个便携式玻璃水族箱能够装得下一条身长18英尺（约5.5米）的姐妹鲨，它也会在液体的重压下崩塌，而这些液体恰恰是用来保存鲨鱼的。当然，伯克准备了后备计划，即建造一个带有舷窗的金属水族箱。但这个计划也行不通，因为建造这样一个金属水族箱不仅成本消耗巨大，还需要有一辆18轮大货车来运送。

然后就是捕捉鲨鱼的问题了。悄无声息地在海底采摘海胆与从海面上捕捉一条两吨重的大鱼完全不是一回事，这二者就像打太极和踢足球一样毫无共同点。伯克和唐纳德在东登陆点四处摸索，但对于如何捕捉一条姐妹鲨，他们也只有一个模糊的想法。他们一次又一次地尝试，最终在法拉隆群岛海域四周洒满了羊的尸体和上百份冷冻鸡肉。在10月的某天，天气炎热，斯科特和彼得在岛上看见了伯克和唐纳德，只见两人正费力地将两个巨大的纸板罐桶拖到船的甲板上。那两个巨大的纸板罐桶就是所谓的"热压罐"，由他俩从屠宰场的地板上一路滚过来，罐里装着丰富的新型诱饵：烂泥一般的牛羊内脏。在午后的烈日下，这些诱饵在甲板上开始发酵、腐烂。当唐纳德用刀捅开其中一个罐桶时，只听轰隆一声爆响，好似下了一场血肉的骤雨；他俩同时尖叫起来，满身都是肉浆。短短几秒间，空气中就弥漫着一股高浓度的恶臭，相比之下，岛上那两万五千只西部海鸥就如同香水一般芬芳。

伯克在法拉隆群岛的捕鲨大计从未成功过。在向加利福尼亚海岸的渔民做了广泛的宣传后，伯克用一万美元买了一条长达17英尺（约5米）的雌性鲨鱼，当然她已经在渔民的剑鱼网中死去。但当渔民送来这条鲨鱼时，伯克的心都要碎了，因为他看到的是一条面目狰狞、满口龅牙的鲨鱼。而且一旦鲨鱼死后，其颌部的位置就会固定，无法再进行调整。因此，他开始讨厌那条鲨鱼，讨厌她那恶心瘆人的样子。故事的最后，伯克用电锯肢解了她，放弃了他的展览计划，随后搬家到了新西兰。

但船只仍在群岛上不断来往。在二十世纪七八十年代，甚至到九十年代初，法律对岛上鲨鱼的保护毫无力度可言。群岛本身被划为野生动物保护区，因此是法定安全区域，但只要离开陆地到了海上，人们就可以为所欲为。渔民可以用高性能的步枪射杀海豹，也可以开着小船、拖着"延绳钓"①游遍象海豹湾。他们每个人都希望能捕获到一条大白鲨。一些垂钓用品商甚至向顾客们提出：只要他们能成功捉到鲨鱼，就可以获得1 000美元的奖励。

对此，生物学家们只能眼睁睁地看着，无能为力。他们在岛上的航海日志中表达了自己的挫败感以及对现况的痛苦妥协，日志中曾提到："1988年10月7日，'括特弗拉西号'整天都在象海豹湾撒饵，但效果却不明显。他们现在正受到大风的袭击，风速超过25节（约46.3千米/小时）。啊，真该死！"在同一周的稍晚些时候，日志中又说，"'兄弟姐妹号'再次停靠在东登陆点，正慢慢地向海里注入50加仑（约0.2立方米）的马血来吸引鲨鱼"。1990年9月7

---

① "延绳钓"（Long-lines）是捕鱼业中最常见的一类钓具，也指相应作业方式。其基本结构是在一根干线上系结许多等距离的支线，末端结有钓钩和饵料，然后通过浮标和浮子将干线敷设于表、中层，继而控制浮标绳的长度和沉降力的配备，将钓具沉降至所需的水层。延绳钓渔船（Long-liners）作业时随流漂动，一般适用于渔场广阔、潮流较缓的海区。——译者注

日，日志中写道，"昨天和今天，那两艘捕鲸船都没能成功捕捉到鲨鱼……我们找到了'五月花号'的船长，跟他聊了好一阵子。他去年被鲨鱼咬伤了。并且我们还说服，或者说请求他们，如果非要捕捉鲨鱼的话，只捕捉一条。他们不仅答应了，还允许我们检查他们捕获的鲨鱼，甚至拍照记录。他们似乎对我们的工作非常感兴趣。"

从这点上可以看出，生物学家们已经开始明白，他们很难观察到人们捕杀这些动物的过程。最近，他们特别关注了一条名叫"半鳍"的大白鲨。虽然他可能不是岛上最聪明的鲨鱼，看上去也有些傻里傻气，但他却活得无忧无虑。生物学家们很容易就能认出他来，因为他的背鳍中部被水平地截去了一半。而且，他还总是四处游动。一旦有冲浪板掉到水中，他就会一下子从海底窜上来，就像猎犬准确地接住主人扔出去的木棍一样。和其他的大白鲨不一样，他从来没有意识到诱饵并不是真正的食物，这一点让斯科特和彼得非常惊讶。看上去，"半鳍"很容易被渔船抓住；如果有大白鲨会被人关进水族馆里，那多半也非"半鳍"莫属。

可是这样的捕鲨活动什么时候才能结束？难道要等到所有的鲨鱼都被杀光了吗？鲨鱼的数量显然是有限的。大自然不会让处于食物链顶端的捕食者，像鸽子这样的被捕食者一样，以同样的速度增长，不然生态就会失去平衡。与老虎和狮子一样，大白鲨属于胎生动物，繁殖速度缓慢。因为个体差异，她们的妊娠期不是固定的，但一般都在18个月左右。然而，即使她们熬过了漫长的妊娠期，她们最后也只能产下几只幼仔。就在最近几个月，世界野生动物协会把大白鲨列入了"最需要保护的物种"名单之中。这份名单包括10种最有可能灭绝的动物，他们解释说："由于不可持续贸易和消费需求的日益高涨，这些动物的繁衍面临着巨大的威胁。"

所以在1993年3月，雷耶斯岬鸟类观测组织、美国海洋保护中心、美国自然资源保护委员会、野生动物保护组织、地球岛屿研究所、冲浪者联合会，还包括许多其他加利福尼亚州的环境保护组织，联名提出了一份关于保护美国大白鲨的议案。令他们意想不到的是，迈克·麦克亨利居然成为了他们的拥护者，因为在此之前，他就已经认识到了捕杀这些动物是不对的。当回忆起捕杀鲨鱼的那段日子时，麦克亨利说："把他们杀害之后，我非常后悔。他们是如此的庞大且令人生畏，但同时又是如此的脆弱，因为如果你想要杀死他们，你在两天之内就能把他们全部杀光。"在议案的听证会上，他还站起来代表渔民支持这项运动，他说："我们不能再残害他们了。"

渔民支持这项议案并不是因为他们大公无私，而是他们已经清醒地认识到：海洋不是取之不尽，用之不竭的。许多他们所赖以生存的鱼类都已经消亡了，而这都要"归功"于他们在海洋上的"肆意妄为"。对于某些物种来说，比如大西洋鳕鱼和鲟鱼，人们的屠杀是如此的迅速和彻底，以至于渔业加工厂里面几乎摆满了他们的头颅。这给人的感觉是，人们好像要用尽千方百计来消灭地球上的某些海洋生物。肆意破坏大自然的平衡简直愚蠢至极，因为消灭了那些处于食物链顶端的生物，那些处于食物链底端的生物就容易大量繁殖，同时一些动物会趁机而入（例如以鱼类为食的海狮），占据主导地位，肆意发展壮大。这样一来，蠕虫、病毒、寄生虫等也会不断在海水中滋生繁衍。没有鲨鱼的海洋将会变得乌烟瘴气，而这还只是负面影响中最常见的一种。考虑到我们掌握的水生环境知识有限，如果生态系统被人们以如此激烈的方式有意颠覆，大概没有人能够预料接下来会发生什么。但有一件事是确定的，那就是不管发生什么，都不可能对渔民的捕捞有利。

为了能继续展览大白鲨（以此安抚水族馆），政府部门相应地颁布了一些条款，也因此，保护大白鲨的第552号议案能够得到全体一致通过，并且在1999年开始永久生效。这也就意味着，在加利福尼亚州，人们将不能再捕杀大白鲨，至少不能再故意伤害他们了。

◇ ◆ ◇

2001年，鲨鱼季的最后一天到来了。还记得那天清晨，天空中夹杂着一丝阴沉和灰暗，而我满心不舍地准备离去。曲终人散的无奈和茕茕孑立的孤寂同时涌上心头，令人黯然神伤。我已经完成了我的报告，斯科特和彼得也已经解答了我所有的疑问，甚至还帮我解决了一些其他问题。随后，我也见到了罗恩。从目前来看，我要写的文章其实也差不多完成了，只是还不够完整。怎么说呢，我就好像拿到了一张私人展览的门票，展览内容是大自然悉心守护的秘密——你不可能从这样一场展览中随意退场，放弃探索鲨鱼，放弃观看"绿光"，放弃明天见证更伟大一幕的可能性。那些我还没有见到过的动物使我魂牵梦绕，但这座小岛并不欢迎那些独来独往、随意出入的不速之客。我想通过一种特殊的方式待在这儿，当然，我知道那是不可能的。但是同样地，让我转身回到那没有鲨鱼的城市生活也是不可能的，因为回到那平淡无奇的生活会令我万分惶恐。

昨晚，当我们正在看流星雨时，彼得对我说，重新融入城市生活会有一些困难。他还说，他通常要花数周的时间才能重新适应现代文明社会的生活。他向我说起了他第一次离开法拉隆群岛返回城市的经历，那次，仅仅只是过了8周，他就如同行尸走肉一样，完全不能处理一些基本的内陆生活问题，比如：交通出行、社交通信，甚至是在拥挤的超市里购物穿行等等。

吃过早餐之后，大家都开始去忙各自的事了。我独自一人坐在厨房里，享受着这屋子带给我的那种身处大家庭般的温暖。然而，待在室内并不是一个明智的选择，我想要去找海豹石，所以我就拿上一个对讲机，别在我的夹克上，然后出门前去寻找。我漫步在海岸阶地①上，寻找着海豹石——那些石头被毛

---

① 海岸阶地（The marine terrace），是指由海蚀作用形成的海蚀平台（包括其后方的海蚀崖），或由海积作用形成的海滩，以及因海平面的相对升降而被抬升或下沉后的海蚀平台和海滩。——译者注

皮海豹吞食，然后随海豹一起来到法拉隆群岛。我在客厅里看见过几次这种石头，人们常称它为"胃石"。现在法拉隆群岛只有少量的毛皮海豹幸存了下来，这种石头也因此非常稀有，但是人们偶尔还是可以发现一些。在岛上的片状花岗岩中，海豹石十分显眼，它们表面圆润平滑，好像是经过了打磨一般，而且它们质地稠密，就像是把一块很大的岩石压缩成了鹅卵石。没有人能说清楚为什么海豹要将石头吞进肚子里，可能是为了平衡身体的重量，或者是帮助消化吸收，又或是为了充饥，再或者就像布朗先生在他的日志中写的那样，"单纯就是这些海豹的怪异行径"。有时，一只海豹甚至会吞下10磅（约4.5千克）重的岩石。

突然之间，我意识到：能够在岛上的某一个地方找到一块海豹石，并且将它带回来，这是眼下最重要的事。我一边走，一边紧盯着地面。风卷起细碎的砂砾，刮擦着我的皮肤。偶尔，我还能看到一只海鸥挥动着翅膀，快速地掠过海面，然后愤怒地嘶吼着。我站在海岸线附近，向那狭窄的深沟望去，只见几十头流浪的象海豹聚集在一起，无所事事地徘徊着。当我走近他们时，他们就会发出猫一样的嘶叫声。

短短两周时间，冬季船员们全都到达了法拉隆群岛。冬季是法拉隆群岛最为猛恶凄苦的季节，恶劣的天气考验着象海豹的繁殖与生存能力。鲨鱼袭击在接下来的六周时间里仍会不时发生，到1月份才逐渐消失。当然，在冬季或春季，或是在初夏时分，鲨鱼袭击也偶有发生，但却不常见，因为大多数鲨鱼都游走了。而且每当到了12月份，鲨鱼们就会像社会名流奔赴圣巴特岛①度假一样离开法拉隆群岛，没人知道他们究竟去了哪儿。

至少目前为止没有人知道。在过去的两个季节里，彼得和斯科特曾使用像

----

① 圣巴特岛（Saint Barthelemy，又名Saint Barth和St. Barts）是位于加勒比海的一个法属小岛，全球名人和富豪的度假胜地。——译者注

捕鲸叉一样的长杆，给十多条鲨鱼安上卫星标牌，当然，其中大多数都是大白鲨。那标牌是一种精致的新型卫星发射器，它能追寻鲨鱼的踪迹，收集鲨鱼的游行信息。不管鲨鱼游到哪里，只要在预设的时间内——少至两个星期，多至九个月——贴附在鲨鱼背鳍部及腰部以下地方的卫星标牌都会收集大量的数据信息，随后传送至"阿哥斯卫星通信系统"，然后，那些所收集到的信息将用于测算鲨鱼游行路线的经纬度、鲨鱼潜游的深度以及他们每日的游行进度。这种堪称科技奇迹的卫星标牌为鲨鱼研究带来一线光明，它意味着人们将有希望揭开一系列错综复杂的大白鲨之谜，而且，更多的人还呼吁将它用于其他海洋生物的研究。但是每一个卫星标牌都相当于一台微型电脑，造价高达3 500美元。然而在每个鲨鱼季，"鲨鱼计划"1万美元左右的经费是有限的，彼得和斯科特常常还得自掏腰包，这是一大棘手问题。因此，在鲨鱼淡季的时候，彼得的任务之一就是为来年的卫星标牌费用招募赞助商。然而，筹集赞助资金需要一个更新颖、更长远的策略。想靠几个小孩子的捐助来解决"断尾"的研究经费，那是远远不够的。

可是彼得讨厌筹款，因为一些觥筹交错的鸡尾酒会也会随之而来。而且，在晚会期间，人们大多都在闲聊，说的完全和鲨鱼研究扯不上半点关系，时间也就这样浪费了，但是考虑到追踪鲨鱼的重要性，彼得不得不默默地忍受着。知道鲨鱼的行踪是保护他们的关键，特别是当他们在国际海域中游动时，知道他们的位置显得尤为重要。因为这些国际海域一望无垠，又没有专门的法律加以管理，所以海上到处都是渔场，并且渔场的范围延伸得像个小城市一样，里面有着成堆的用来捕鱼的大网以及挂在延绳钓上的数以百万计的鱼钩。渔民大肆捕鲨，其压榨海洋的行为与阶级剥削无异。达尔豪斯大学[①]曾做过一项长达10年的研究，他们发现，全球90%的大型捕食性鱼类都已在过去的50年里销声

----

① 达尔豪斯大学（Dalhousie University），加拿大顶级大学之一。——译者注

匿迹了。如果这还不算太糟糕，那么还有更糟糕的，那就是可恨且非法的"鱼翅"交易使鲨鱼的生存受到了巨大的威胁。通常情况下，人们一旦捕获到鲨鱼，就会把鲨鱼的鳍切下，然后把奄奄一息的他们抛到甲板上。干制的鲨鱼鳍在亚洲市场上和犀牛角（被割下来碾碎制成所谓的"壮阳药"）、虎鞭（另一种壮阳药）、鹿茸（也是一种壮阳药），以及熊胆（每盎司①价格比可卡因还要贵）同列为珍稀商品，因为它们是鱼翅羹的主料。

彼得沿着小路走了下来，示意我们该走了。那时已经11点半了，是时候该收拾一下我的行李，准备上船出发。彼得为我安排了"超鱼号"，当初我乘着它来，现在又将乘着它回到旧金山。"超鱼号"的船长米克·蒙格兹是我的朋友，他并不介意我这次"搭便车"回旧金山会干扰到他的"观鲸之旅"。"超鱼号"大概在中午的时候会到。把我送走之后，彼得就会捎上斯科特，驾驶捕鲸船前往波利纳斯，然后在那里的海港靠岸，直到明年夏天才出航。

我走回屋里，向布朗和娜塔道了别。当时布朗正忙着把一只金冠带鹀从雾网里引诱出来，给他套上鸟带，以便后期识别跟踪，娜塔也忙着到灯塔去接替斯科特。当我和彼得把我们的物品拖到台阶前时，我看到"爱国者号"已经返航，正在象海豹湾附近逗留。因为靠近海岸，所以我还能看到船上的一些情况：一个水手正在帮助两名穿着带帽潜水服的船员进入防鲨笼，还有一个人，他穿着一身红色大衣，醒目得好似一辆消防车，还戴着一顶棒球帽，我猜应该是格罗斯，他正站在上层甲板的船长控制台上，在他身旁，另一个全身裹得严严实实的人正拿着一杯啤酒。随后，"爱国者号"抛了锚，停在了前两天所有鲨鱼包围我们的地方。

彼得的对讲机在振动。那是米克，他正在不远处呼叫彼得。我们顺着行车路线前往东登陆点，途中凑巧碰见了骑着香蕉座自行车下山的斯科特，于是

① 1盎司=28.35克。——译者注

和他一路同行。到达东登陆点后，我把行李包放到了捕鲸船上。在船的旁边，一个用合成橡胶制成的真人尺寸诱饵平躺在地上，呈V字形，它就是"假人鲍勃"，肚子的大部分已经被扯掉了，残缺得就像被狗咬在嘴里玩坏了的骨头玩具。我看见它，却不由得想起萦绕在心底的某些东西。我向斯科特说了一声再见，然后他就在船边探着身子，目送我们离去。

"超鱼号"在舒布里克岬前方逗留，一直在那里等候着我们。这一次我要跳过，或者说是横跨过两艘剧烈摇晃的船，它们之间相距约有6英尺（约1.8米）。米克靠在一边，准备着随时帮助我上船。他身材高大，留着一头浅棕色的头发，长着一副万人迷的英俊面孔，性格开朗大方，是那种经常与人们打交道挣钱的类型。他的乘客们总是围着他转。

米克忽然对彼得大声说："就是这条鲨鱼！那群鲨鱼中的一条！他正跟在那群鲨鱼后面四处游动！"听到这句话后，五十个好奇的脑袋不约而同地从戈尔特斯牌① 外套中伸了出来。彼得也借机向大家暗示了一些有关"鲨鱼计划"的事情，让人们意识到，大白鲨此时很可能正从我们的船下游过。彼得和斯科特一般会避免告诉人们鲨鱼的存在，但当和米克在一起时，他们则会尝试为公众普及相关知识。米克总是愿意极尽所能地帮助他们，源源不断地为他们提供人力和物力；通常当米克面对鲨鱼时，他也冷静得令人钦佩。所以可以肯定，当"疤头""凯拉""T先生"这类鲨鱼出现在"超鱼号"附近时，对于他们的工作是相当有益的。

乘客们目瞪口呆，而彼得一边滔滔不绝地讲解着一个关于鲨鱼研究的小册子，一边把我的物品朝上递给了米克。没有人会这么干吧？我心想，然后感觉到捕鲸船上的每个人都在注视着我们的一举一动。现在，该告别了。船在海浪

---

① 戈尔特斯（Gore-Tex），美国面料品牌。用该面料制成的衣服适用于多种户外运动。——译者注

中剧烈地摇晃着，好像在催促着我离去，已经到了我纵身一跃的时候。彼得深深地拥抱了我一下，好像老朋友道别一样，然后我站在捕鲸船的栏杆前，深吸一口气，抓紧了米克的手。他把我猛地一抛，我顺势一蹬脚，离开捕鲸船，飞跃在两条船之间，接着稳稳地落在了"超鱼号"上。在船上呆站了一会儿后，我开始试着不让自己表现出内心的茫然失措。大家都过来慰问我，就好像我是刚从另一个星球降落到这里一样。我想对我来说也差不多了。

◇ ◆ ◇

"超鱼号"缓缓离岸，在象海豹湾足足航行了30分钟，好让每个人都能仔细欣赏那参差不齐的石拱、古老别致的建筑，以及岸边阴暗的海豹栖息地。随后，当我们驶过马鞍礁时，我死死地盯着那里。我想把它永远留在脑海里，以便我能随时随地唤起，那记忆里满是熟悉的气味和声音，还有鲨鱼游动的画面，这一切就像是恐怖的想法在脑海中不断闪现般，色彩斑斓、画面感十足。不久后，彼得、斯科特、布朗三人动身上岸，收拾好了诱饵和摄像设备，然后把一些装备和废弃物品装载上船运走。而在这期间，"超鱼号"已经环绕四个南方岛屿游行了一大圈，它游遍了东南法拉隆岛、甜面包岛、群岛西端以及马鞍礁。接着，为了寻找鲸鱼，"超鱼号"起航前往万米之外的北法拉隆群岛。我靠在船尾，看着彼得和斯科特并排站在捕鲸船的控制台上，把船从东登陆点转向波利纳斯。

观鲸者们对岛上的生活充满了好奇，"岛上真的那么无聊吗？""你们在岛上有电视看吗？""你们吃些什么呢？"一个个问题脱口而出，但我一个也不想回答，转身就向船舱走去。船舱里，几个人围着桌子挤成了一团，看上去好像很冷的样子。其中有个肥壮的女人，她显然对这次旅程的信息产生了一些误解，因为她的身上只穿了一件短裤和一件纯棉T恤衫，脚上穿的还是人字拖。另外，还有一个满脸胡须的男人，他和他的卷发女友挤在一个角落里。他们穿着一整套能够抵御恶劣天气的工作服，享受着面前成堆的袋装零食。对于他们来说，这显然是一场浪漫的旅行，因为那个男人的双手一直在幸福地忙碌着，一会儿对他的女友动手动脚，一会儿又捧回一堆坚果和她分享。但对于其他人来说却不是这样，因为当船在14英尺（约4.3米）高的巨浪中上下晃动时，一边看着那个男人帮他的女友按摩着大腿，一边呼吸着空气中弥漫的浓浓甜花生味，船舱里的人晕船就晕得更加厉害了，所以他们都跌跌撞撞地走了出去。幸运的是，从法拉隆群岛出发时，我就随身携带了晕海宁①，在岛上我像吃维生素一样每天服用它。但其他人就不像我这么幸运了。我看到六个人齐刷刷地趴在船尾的栏杆上，脸色苍白，显得疲惫异常、痛苦不堪。还有几个更严重的，他们双腿发软，紧靠在船边。尽管如此，当我们到北法拉隆群岛时，即使是那群晕船最厉害的乘客们，也都纷纷惊奇地抬起了头，沉醉在眼前的壮丽景观之中。

北法拉隆群岛地势高耸，山峦林立（相比之下，南法拉隆群岛就显得友好多了）。远远望去，五座直插云霄的岩石尖峰紧密相望，围成尖峰石阵，看上去就像是忽然从海里伸出来的利爪一样。急湍沿着"爪缝"奔涌而下。海豹和海狮攀爬到陡峭的斜坡，沉浸在阴郁之中，不断嘶吼着，那声音像极了赛贝罗斯合唱团。鲨鱼们当然也会在这片海域游动，他们会恐吓潜水员，有时还会发起进攻。因此也就不难理解这里为什么人迹罕至了。我曾经向彼得询问过一些关于北法拉隆群岛的情况，他曾用"惊悚"一词来描述那里的一切。甚至连罗恩都承认，在这片海域潜水极具挑战，因为这里的水流诡异多变且强劲汹涌，有些小岛甚至会骤然下沉到水下洞穴。在那里，狼鳗鱼、银鲛以及巨型章鱼等海洋生物随处可见。然而，罗恩根本不在意那里的一切，因为那里的海胆质量

---

① 晕海宁（Dramamine），抗组织胺药，一种防眩晕药剂。——译者注

极差。他曾说："东南法拉隆岛是整个群岛的母体。"不知道为什么，这句话总让我想起电影《异形》里面的场景。所以，当"超鱼号"慢慢靠近北法拉隆群岛时，我不由自主地紧紧抓住了栏杆。

我们绕过那些岛屿，然后继续往西走了几千米，直到我们将要跨越大陆架的边缘。那时，在"超鱼号"的一边是人们可想而知的，深达100英尺（约30.5米）的浅海；而另一边呢，则是让人难以想象的，无边无际且令人眩晕的深渊，左右有2英里（约3.2千米）的落差。那些晕船的人没有意识到这一点，或许还是一件好事，因为如果让他们知道了事实，他们肯定会崩溃的。狂风无情地抽打着海洋，卷起阵阵巨浪。突然间，我觉得浑身发冷，于是我就走进了驾驶室，与米克坐在一起。但即使我离得远了，或就算是悬在大陆架上，我也没有看到任何鲸鱼游过。对此，米克曾向我说，那是因为鲸鱼季节已经过去两个星期了。尽管如此，船上仍有一位过分热情的女自然学家，每当有海豚独自游过船边时，她会带头起哄，让人们一起鼓掌欢呼，甚至还会拿着座头鲸的塑胶模型在甲板上蹦来蹦去。

在回旧金山的旅途中，海浪更是汹涌澎湃，而且当"超鱼号"到达航行通道中的一个浅水点——"马铃薯浅湾"时，那里流出的海水与涌入的海浪相互碰撞，猛烈冲击，竟形成了一座座奇异的浪头山。因此，米克不得不回拉油门，才能使得船头不被海浪淹没。最终，当我们驶进旧金山梅森堡码头时，天空漆黑一片，几乎每个人都挤在船舱里。

码头里人头攒动、拥挤不堪，到处都是匆忙赶路的人。这里充满着现代文明的喧嚣：有低沉的车流声，金属器械运行的噪声，一刻不休的嘈杂说话声，各种手机铃声，还有摔门的声音。大街上，车辆排成无穷无尽的长队，焦躁地寻找着根本不存在的空闲停车位。我的目光越过四条被堵得水泄不通的车道，远眺着繁华喧闹的购物中心，心里突然想到，像法拉隆群岛那样原始的地方该怎么才能养活七百万人呢？想来想去，我觉得大概是养不活的。

◇ ◆ ◇

回到曼哈顿，一切就不像岛上那样平淡了。虽然"9·11恐怖袭击事件"已经过去两个月，但这座城市仍然笼罩在恐怖袭击的阴影之中。整个城市被恐惧所吞噬，处处显得呆板麻木，大街上随处可见以泪洗面的行人。全市都在警备当中，例如我在洛克菲勒中心^①的办公室，那里四周站满了警卫，市区地铁上也满是手持自动化武器的巡逻士兵。几乎每天，第五大道^②都封锁着，不允许任何车辆通行，因为圣帕特里克大教堂^③那里正在举行隆重的追悼仪式。虽然城市的创伤正在慢慢愈合，这里的生活却似乎变得更加阴郁和脆弱，让人难以忍受。我不禁回想起那天我们站在捕鲸船上，所有鲨鱼都向我们游来的景象。现在看来，他们就像是在强烈的光影对比下，来自另一个星球的访客。

◇ 地狱之岛 ◇

① 洛克菲勒中心（Rockefeller Center）是一个由19栋商业大楼组成的建筑群，各大楼底层是相通的。其中最大的是奇异电器大楼，高259米，共69层。中心总占地22英亩，1939年完成全部建筑，位于曼哈顿中心。——译者注

② 第五大道（Fifth Avenue）是美国纽约市曼哈顿一条重要的南北向干道。——译者注

③ 圣帕特里克大教堂（St. Patrick's Cathedral）位于纽约市最繁华的第五大道（Fifth Avenue）上，是纽约市最大、最华丽的教堂，每年圣诞节都会举办隆重的弥撒仪式。——译者注

第三章

群岛史卷

我从未见过如此荒烟蔓草、与世隔绝的地方，这里的人们看上去几乎不像是人类。

——查尔斯·诺德霍夫，《法拉隆群岛》

1874年，《哈珀斯新月刊》

2003年1月10日

雷耶斯岬的空气中弥漫着皮革、桉树、苔藓、木材和烟雾混在一起的味道。我把租来的车停在主干道上，去找一个名叫车站之家的小餐馆。我知道肯定不难找，因为整个商业区只有十几幢建筑。这座海滨城镇位于加州北部，道路崎岖，烧木柴的火炉、粗大的管道和手工奶酪在此地随处可见。它坐落在沿海丘陵的低洼处，紧临一片细狭的海域——塔玛莉湾。塔玛莉湾的入口处是塔玛利岬，是冲浪、划皮划艇和潜水采鲍的好地方，不过和其他地方相比，这里的大白鲨袭击事件发生得更加频繁。法拉隆群岛离这儿只有20英里（约32千米）。

2002年的鲨鱼季刚结束，我来这里了解过去那段时间的工作概况。在刚刚过去的这个秋天，我本打算和罗恩一起去岛上旅行一两天，但杂志社的工作使我在曼哈顿脱不开身。我不知道鲨鱼计划的进展如何：有哪些人回来了，又有哪些不辞而别？已经给多少动物安置了追踪标牌？此外有什么新发现？彼得在电子邮件里暗示情况不妙——他们和搞鲨笼潜水项目的人发生了冲突，工作处处受到影响。我想知道那里的所有情况。拿斯科特的话来说，我脑子里全是鲨鱼。

现在，我差不多算是半个大白鲨专家了，一谈到相关话题就滔滔不绝。

我发现自己在游泳练习的间歇中也惦记着那些鲨鱼，他们霸占着我的梦境，甚至使我在梦中惊醒。鲨鱼不像其他回忆（即使是最美好的回忆）那样容易被淡忘，而是深深烙印在我的脑海中。而且随着时间的推移，我对群岛本身的兴趣也在不断加深。一有时间，我就投入到对法拉隆群岛的研究中去。我的公寓里到处是裱在夹板上的19世纪剪报，标题为《迷失在法拉隆群岛》和《旧金山边缘的奇怪村落》等，还有一些沧桑的老照片。照片上面有曾在岛上生活过，并最后在那里死去的人们，有那些已经不复存在的建筑，还有饱经风霜后，颤颤巍巍屹立至今的两所房子。我发现了一些有价值的东西，它们环环相扣，组成一条条线索，推动着我的研究。当我捋清了所有线索，一段令人难忘的过去浮出了水面，而这一切可以追溯到16世纪以前。渐渐地，这段缺失的历史变得越来越清晰，却也越发扑朔迷离。

◇ ◆ ◇

从一开始，法拉隆群岛就给人留下了糟糕的印象。由于周围海域险象环生，岛屿地势险峻复杂，水手们称这些岛屿为"魔鬼的牙齿"。在一本19世纪的杂志里，法拉隆群岛被比作监狱。"这里已经被上帝遗忘。"一个早期到访者曾抱怨说。

1579年，弗朗西斯·德雷克爵士成为第一个踏上法拉隆群岛的欧洲人，但他停留的时间很短，只带回去一些海豹肉和海鸟肉。他将法拉隆群岛命名为"圣詹姆斯群岛"，不过这个名字并未被沿用，我知道原因是什么：就像称加利福尼亚州为"萨塞克斯"，管科罗拉多州叫"德文郡"一样，对崎岖险峻的雷耶斯岬来说，"新阿尔比恩[①]"太过花哨了。（德雷克也给群岛起过这个名

---

① "阿尔比恩"是"英格兰"或"不列颠"的诗意雅称。——译者注。

字，不过同样没被沿用。）17世纪时，沿海的米沃克印第安人称法拉隆为"死亡之岛"，他们视这里为海上地狱："被囚禁在苦涩盐海中央的岛屿，它寸草不生，荒芜又萧条，被海水腐蚀的岩石和闪着光的盐粒覆盖在地表，踩上去嘎吱作响，凛冽的阴风在呼啸……犯了罪的印第安人将被终生放逐在这个不毛之地。"

想发财的人也来到岛上。1807年，"奥该隐号"波士顿贸易船的船长——一个名叫乔纳森·温西普的美国皮草贩子——在东南法拉隆岛发现了"很多可以提供毛皮的海豹"，他开创了大规模利用岛上动物资源牟利的先河。三年后，他带领"奥该隐号"重返群岛，在两年内杀死了七万三千多只动物。温西普还和一群俄罗斯人创办了一家合资企业。这些俄罗斯人与中国人交易海豹、海獭毛皮，生意兴隆。他们还穿过白令海峡，沿着阿拉斯加南下，最后在旧金山以北100英里（约161千米）的罗斯堡建立了自己最南端的商业基地。这家美俄合资公司雇佣的猎手都是来自科迪亚克、阿留申和波莫的印第安人，其中一些还是因谋杀罪被遣送至此的奴隶。这项生意在法拉隆群岛做了将近30年，直到鸟羽、鸟蛋和鸟肉，海狮油、海狮肉和海豹皮，还有最值钱的海獭皮都被洗劫一空。

去抚摸一下海獭的毛皮吧，那绝妙的触感就是导致他们命运悲惨的原因。海獭的皮毛很珍贵，比白鼬皮更高档，比水貂皮更柔滑。早在19世纪初——通货膨胀前的中国，一张海獭皮就能卖上40美元。而毛皮海豹的皮则因其质地粗糙所以更为亲民，每张皮仅值两美元。不巧的是法拉隆群岛的海獭很少，海豹倒是又多又好抓。来自阿留申的精锐猎人团队乘着一种小巧灵活，叫作"比达卡"的皮划艇，穿梭在这片海域捕捉海獭。对于他们来说，捕捉海豹时无需使用任何技巧，只要手里拿根棍子就行。

岛上的生活条件让人难以忍受：缺少淡水，疾病丛生，与大陆之间交通不便，连遮风挡雨的地方都很少。极度潮湿引发的皮疹和溃疡迅速肆虐。船舶只会不定期地运来一些物资，而且时间间隔一般都很长，所以大部分时候只能吃海狮肉、鲍鱼和海鸟蛋。死亡的阴影无处不在。一个名叫扎卡哈·契钦诺夫的俄罗斯青年写过一本书——《1818—1828：加利福尼亚历险记》——与现实境况相比，书名可是委婉多了。他在书中曾这样描述在东南法拉隆岛度过的时间：

> 上岛约一个月后，坏血病暴发了。很快，除我以外的人都生病了。父亲和另外两个人还在坚持工作，我看着他们一天天虚弱下去。两个阿留申人在疾病暴发一个月后就死去了。我们在巨大的痛苦中艰难地度过了整个冬天。春天到来时，大家已经连捕杀海狮的力气都没有了，我们只能在峭壁周围游荡，找些鸟蛋直接吸食。那年（1820年）的6月1号，父亲伸手去够一颗鸟蛋时失去了平衡，跌入水中。他十分虚弱，无力游回近岸，最后淹死了。海水卷走了父亲的尸体，我再也没见过他。

到1830年末，连坚强的俄罗斯人都不再能够忍受这里严酷的生存条件。除此之外，这里的海豹也已经消失殆尽。三十年里，每季的海豹捕捉量从四万只降到了五十四只。1841年12月，俄罗斯人卷起铺盖离开了罗斯堡，离开了加州，再也没回来过。

随后，名副其实的淘金者来了。1848年，人们在亚美利加河的沙砾中发现了天然黄金，这直接导致旧金山的人口在一年内从八百膨胀到四万，而且还以每月4 000人的速度递增。拥挤的人群只能在帐篷和窝棚里蜗居。随着人口暴涨，混乱程度也与日俱增。基础设施停止运行，执法权被粗暴地掌握在志愿治安队手里。总的来说，要想生存，你就得把能碰到的任何东西都占为己有，甚至不惜使用暴力。在这个新生的城市最初那段混乱的日子里，所有物资都存在供应不足的问题。

其中，女人和食物尤为短缺。有个颇具商业眼光的女人叫伊莉莎·法纳姆，她用船从东方"进口"女性。这艘船有个时髦的名字，叫"伊莉莎·法纳姆的新娘号"。被运来的女人能得到她们想要的250美元和牧师开具的身份证明，这对她们来说是笔只赚不亏的交易。来自缅因州的道克·罗宾逊发现加利福尼亚的鸡禽很少，这意味着这里也没有多少鸡蛋。而没有鸡蛋就做不了蛋糕、馅饼、早餐卷和有煎蛋卷的早午餐。罗宾逊听闻传言说，金门湾外的一座岛屿上栖息着大量崖海鸦，他们和鸭子差不多大，黑白相间的毛色和企鹅相似，头部和潜鸟一样光滑——他们下的蛋和鸡蛋一样可以食用，而且有垒球那么大。

1849年春天，罗宾逊和他的连襟奥林·多尔曼包了一艘船，驶往法拉隆群岛。但他们马上就意识到，自己大大低估了这个岛上的鸟类数量。这里除了海鸟还是海鸟，密密麻麻地挤满了礁石上的空间。想要弄清楚这里的海鸟数量是不可能的，这简直就像试图数清沙滩上的沙粒或田野上的草叶一样。

放眼望去，到处都是鸟蛋。数百万只海鸦在这里下蛋，他们直接把蛋产在显眼的岩石上，根本没打算藏在巢里。这些鸟蛋的颜色从浅灰褐色、乳白色、浅绿色到青绿色不等。结实的蛋壳表面带着斑点，覆盖着不规则的斑纹，看上去就像海鸦的秘密文字。蛋的形状都像是为了适应地形而特意设计的：它的一头呈锥形，这使它在滚动时只会原地打转，而不容易滚走。

如果用作烘焙，人人都会称赞这些鸟蛋是完美的替代品，但是直接烹饪的话就少了一些吸引力。煎海鸦蛋的蛋黄是血红色的，蛋白透亮，吃到嘴里有股鱼腥似的怪味。据说如果吃到一个坏掉的蛋，那味道能在你嘴里停留三个月。

罗宾逊和多尔曼载着一船鸟蛋返回旧金山，却不幸遭遇了一场暴风雨。为了保持船只平衡，他们只好把鸟蛋扔掉一半。不过他们以每打一美元的价格卖掉了剩下的蛋，还是赚了3 000美元，那在当时可是笔不小的财富。罗宾逊开了一家滑稽剧院，这是继采蛋之后，又一种在加州新兴经济市场中大有前景的行业。那些发了财的人都没有再回过法拉隆群岛。但其他人就不一定了。在鸟蛋营销成功后的一周内，东南法拉隆岛就被蜂拥而至的采蛋者占领了。

为了跟上当时四处攫取领土的潮流，六个男人立即大胆地声明，基于"先到先得"的占领原则[①]，群岛已被他们占为己有。然后他们共同成立了法拉隆蛋业公司。采鸟蛋虽然很赚钱，却也是一种艰难的谋生方式。采蛋期在五月到七月之间，只有短短八周时间。在这段时间里，一方面人要与海鸦进行对抗，另一方面人和海鸦都要与海鸥进行对抗。采蛋者一边攀爬近乎垂直、崎岖不平的花岗岩壁，一边还要腾出一只手来，用棍棒挡开攻击的鸟类，同时找机会捡起鸟蛋，塞进一种特别设计的"鸟蛋衬衫"里——那看起来就是一个缀着许多小口袋的大麻袋。干这一行，头皮受伤是家常便饭。

一天下来，每个采蛋者的"衬衫"里都会装将近100个蛋。因此，采蛋者们只能蹒跚前行，就像一群醉酒的圣诞老人在笨拙地挪动身躯。鸟粪和海雾使岩石变得很光滑，采蛋者们非常容易滑倒。即使穿了绳底钉鞋来增加与地面的摩擦力，也可能因为脚下一滑或岩石松落就受伤或死亡。在采蛋的季节，大约有25个人为蛋类公司工作。有时，在一天的采蛋工作结束时，记录表中就会新添一个采蛋者的名字，旁边注上简单的两个字："失踪"。

◇ ◆ ◇

1851年，法拉隆蛋业公司在岛上竖起了自己的旗帜，这时的太平洋海岸没有灯塔。随着附近航线上的船舶交通日益繁忙，来自世界各地的船长都在抱怨

[①] 15世纪，欧洲法学家圣弗朗西斯塞·维多利亚（Franciscus de Victoria）提出了无主土地原则（Doctrine of Terra Nullius），文明国家可以基于先占或发现取得对无主土地的主权，这是20世纪前国际法学界的主流观点。——译者注。

美国这片无人管辖的西部边境海域。后来联邦政府意识到，对于长达2 000英里（约3 218千米）的海岸线不进行任何勘测和标记是非常危险的，于是开始着手在圣地亚哥至西雅图的航线上建造灯塔。这可是一项浩大的工程，最后建成的灯塔共有16座。此外，因为法拉隆群岛是这条航线上最臭名昭著的障碍物，所以这里是最先建好灯塔的地方之一。

1855年12月，法拉隆灯塔射出的光第一次划过海面。其实要不是建筑师测量失误，导致原计划采用的透镜装不上，灯塔在两年前就能投入使用了。错误被发现时闹得很不愉快，因为整个建筑都要被推倒重建。就岛上的条件来说，这可不是一件容易的事。因为无法运载沉重的建材，两次建塔所用的石头都只能直接从岛上开采。工人们不得不爬上灯塔山的山坡，靠人力把石料一点点背到工地上。这样干了几天后，工人们一声不吭，坚决地罢了工。几天后，政府派人送来了一头骡子。

不久，蛋业公司和灯塔建筑工人之间发生了冲突。尽管政府并不承认蛋业公司对法拉隆群岛拥有占有权，但与其去关心岛上的鸟蛋，还不如去处理其他更值得忧虑的事务，所以只要蛋业公司的活动还在其掌控之中，政府就不干涉他们的生意。然而公司的所有者坚定地认为，他们就是岛的主人，不关政府的事，况且他们也几乎没怎么受过政府的管制。从这之后，岛上就围绕抢蛋上演了一出恩怨纠葛的大戏，一演就是三十年。

政府派了四名管理员长驻在灯塔那里，他们在灯塔山脚下建起一所简陋的石头房子，在里面搭了个可以睡觉的小阁楼——紧挨着蛋业公司于19世纪50年代修建的两处住宅。即使那帮黑社会一样的蛋贩子不找麻烦，看守法拉隆的灯塔也绝非易事。他们孤独地生活在岛上，与世隔绝。恶劣天气带来的风雨冲击和海雾包围使状况变得更糟。而且每到海鸟产卵季，纠纷还会招致意外伤害。总有蛋贩子为了获得采蛋权和蛋业公司进行无休止的争斗；政府曾多次派军队来这里平息事态。纠纷常常持续数周，在这期间，包括恐吓、斗殴、设障以及使用轻武器等种种暴力手段都会被用上。归咎于岛上发生的这些插曲，旧金山又会再度陷入蛋荒。一些遭到驱赶的蛋商还会先把蛋藏到海蚀洞里，而不直接运回旧金山，等到蛋业公司的人放松警惕就再"补些货"。曾有一伙执着的蛋商把船驶进大海鸦洞穴，在那里逗留了两天，"享受"了整整两天的鸟粪雨，洞内积累的氨气还造成几个人中毒身亡。而且，就算采集到了足够多的蛋，归途上也是危险重重，因为往大陆运输鸟蛋的船会不时遭到劫持。

　　四个灯塔管理员不但要忍耐这个窃贼公行、海盗猖獗的世界，还要被困于这个世界的纷争中。而微薄的薪酬又是最让人难以接受的。这些管理员们忽然发觉，他们也应该从岛上的采蛋活动中捞点好处。于是他们开始涉足这一领域，适当地采些蛋，然后阻止外来者登陆，进而从蛋业公司拿回扣。然而，没有哪位管理员能让蛋业公司受其约束，就连尝试去约束的心思都没有。直到1858年，一位名叫阿莫斯·克里夫特的新管理员来到岛上，这一情况才有所改变。

　　克里夫特从即任起就表明，自己之所以来法拉隆群岛受苦是因为要打击这里的采蛋业。他这个人酷爱写信，还写得一手漂亮的钢笔字。在他和兄弟霍拉斯的通信中，随处可见写法优美的"S"、华丽的"P"，还有各种潇洒的连笔。这些信件收存在旧金山公共图书馆，当我读到它们时，克里夫特的模样呼之欲出——他坐在灯塔里，手里握着一只长管钢笔，桌上摆着一瓶墨水，俯身在一张纸上写信，身边的门被狂风吹得吱嘎作响。

　　旁边还有一瓶50度的酒。几乎每封信都有好几页，这些信的开头都字迹优雅，令人印象深刻，但越往后越潦草，直到末尾已变成一团团涂鸦。随着笔迹的凌乱，克里夫特对自己岗位的抱怨也与日俱增，同时也能看出他垄断的野心在膨胀。在一封于1859年11月30日写给霍拉斯的信中，他讲述了这里的情况："在我来这之前，这个蛋业公司习惯了用他们自己的方式做事……但我到了这里之后情况开始有所转变。他们也发现了，我没那么好唬弄……我想现在事情已经解决了，蛋业公司也撤离了岛屿。但我不会有一丝松懈。而且如果能达到目的，我也没准能从中渔利。"对克里夫特来说，他将平生第一次接触到这么多的财富："采蛋季在五六月份，除去所有成本费用，公司每年的净收益约为五六千美元。这的确是一条赚钱的好路子。如果这个岛是国有的，那么岛上的蛋就是公共财产——我也有利用它们的权利。所以我一定要为这个计划拼一拼。"等克里夫特真的发了财，他又写道，"现在就算是政府的人都得给我舔鞋。"

同一个月，旧金山的《阿尔塔日报》上，一篇文章报道了蛋业公司在东南法拉隆岛的恶劣行径："阻塞公路"，还有"划清地界，并且张贴告示警告灯塔的管理员——要是不想死就离远点"。随着春天的到来，海鸦也被划入到贸易范围之中，另外三名灯塔管理员发现自己在一场残酷的权力斗争中站错了队伍。"现在正是采蛋旺季"，克里夫特于1860年6月14日写道"蛋业公司和灯塔管理员正处在交战状态"。这是记载中的他的最后一封信。在那之后不久，《阿尔塔日报》有报道说，一伙武装的蛋贩子企图强迫那些灯塔管理者离开岛屿。之后的7月，一个管理员助理还遭到了攻击。美国灯塔勤务处对当时的情况记录道，阿莫斯·克里夫特在那个夏天被调离了岗位，一些关键词暴露了他遭贬的原因："过分的……计划垄断……有利可图的采蛋特权"。

甚至在克里夫特离开之后，这场战争还在继续。1863年6月4日，夺蛋大战发展到一个可怕的高潮。27个全副武装的意大利渔民乘着三艘船驶入渔人湾，后来又起锚离开。当时两边的人喝了一晚上的酒，还隔着一片水域互相喊话，威胁对方。黎明的时候，意大利人划着小船来到岸边。当他们接近北登陆点时，蛋业公司开了火。经过二十分钟的枪战，一个叫爱德华·珀金斯的公司员工倒地而亡，还有另外几人也被子弹击中。小船上也至少有五人受了重伤。最后意大利人撤退了。两天后，《阿尔塔日报》将此事作为头条刊登——《法拉隆群岛发生枪战——缉捕暴徒》。

政府在这时意识到，是时候通过官方出面，来制止每年都要发生的、令人厌倦的夺蛋纠纷了。于是他们授予了蛋业公司一直追求的垄断特权。这样一来，夺蛋纠纷大概是减少了，但采蛋活动本身也只持续到1881年5月。摆在采蛋者面前的是一个更棘手的问题：鸟蛋资源正在变得匮乏。到目前为止，他们已经采了约一千万个蛋，然而海鸦和大部分海鸟一样，每年只能下一两个蛋。由于采蛋者从未考虑过要保护鸟蛋资源，海鸦的数量急剧减少。之前的季采集量在一百万左右，到了1875年已经下降了至少四分之三。而且，因为大陆上鸡禽的数量赶超了人口，所以鸟蛋的价格在跌至26美分一打后还在迅速下跌。

出于典型暴发户式的狂妄自大，蛋业公司开始拓展在法拉隆群岛的经营范围。他们于1879年开始出售海豹、海狮脂肪炼油许可证。使用海兽脂肪炼油会产生有毒物质，而且熔炉、巨型储罐和成堆剥了皮的恶臭尸体也会造成困扰。阵阵恶臭飘向岛上的住宅区，乌黑油腻的浓烟四处弥漫，遮蔽了灯塔射出的光线。公司和灯塔管理员之间的冲突再次爆发。当采蛋者们把一个叫亨利·赫斯的管理员推倒在海堤上，并且要求他每吃一个蛋都要缴纳费用时，政府终于忍无可忍。

1881年5月23日，21个士兵和一个美国法警乘着"曼萨尼塔号"小艇来到岛上，强行驱逐所有采蛋者。只有一个人做出了反抗——他做了14年的看门人，已经把这里当成了委身之地。而其他人都激动万分。就像其中一个人写的："风化的礁石、呼啸的洞穴、翻腾的波浪和可怕的峡谷……我们的身影不会再出现在这些地方了。我们高兴地驶过波光粼粼的海面，随着法拉隆群岛淡出在视线里，海面变得美丽起来。士兵们礼貌地把我们护送到城市的码头，然后和我们告了别，让我们自由行动。就这样，对'弗里斯科'采蛋者们最后的围攻结束了。"

◇ ◆ ◇

采蛋者们被驱离了岛屿，但管理员们还面临另一个同等严峻的挑战，那就是在这个偏远的边境建设自己的小社会。无情的风、雾以及腐蚀性的海水都在图谋摧毁所有的人造设施，人们必须尽力维持自己的一席之地。维修设施和维持生命就是他们的全职工作。尽管岛上看起来并不适合家庭生活，但在19世纪末期，灯塔勤务处开始鼓励管理员们携带妻儿。可能是因为一群没有家人陪伴的男人在岛上太寂寞了，也可能是在仿效阿莫斯·克里夫特——为了让男人们体内的睾酮素保持在正常水平。

为了在岛上过家庭生活，管理员们在沿海地带建了两栋一模一样的房子，它们现在仍伫立在那里。房子是复式结构，每栋可容纳两个家庭。然后妻子们就带着孩子来了，她们选择了这里非主流的生活——没有娱乐设施，没有社会关系，干什么都不方便。而27英里（约43.4千米）外的人们就在享受城市带来的舒适生活。最让她们感到激动的事也不过是"马卓罗号"补给船的到来。如果天气允许，这艘船会每三个月来一次，它驶进渔人湾，给这里的人们运来邮件、新闻、油、物资、药品，偶尔还有玩具。

到1887年，已经有17个孩子生活在东南法拉隆岛上。四个家庭筹集了为数不多的钱，打算着手建一所学校。他们把第一任灯塔管理员住过的石头房子布置了一下——添了些课桌和书，还有一块黑板。而这一切只是为了能让这里看起来像点样，帮助说服一些年轻的老师放弃热闹的旧金山，选择这里的微薄薪水和与世隔绝的生活。《旧金山之声报》在帮忙对这份教师工作进行简要介绍时，称法拉隆群岛是"美国最奇特的学区"："这个奇特的学区需要一名老师……如果你敬畏海洋永恒的壮阔，如果你渴求一个静谧之所去阅读和思考，这儿有一个机会等着你。"虽然至少有四名老师被文章的描述吸引——三名女性和一名男性，但结局并不美好。第一个登岸假之后，所有的老师都拒绝再回到岛上，还要求岛上的人用下一趟补给船把自己的行李都捎回旧金山。

对于灯塔管理员的家庭来说，还有远比为孩子提供小学教育更值得操心的事情。那就是让他们活下去，然而这对成年人来说都尚且艰难，更别说对孩子们了。1890年，一个孩子在北登陆点上船的时候，不慎溺死在冰冷的海水里。两年后，一艘补给船在同一地点倾覆，险些使灯塔管理员托马斯·温特的妻子和两个孩子丧命。1897年10月2日，6岁的男孩塞西尔·卡因被海浪卷下岸淹死。卡因一家共有三个孩子命丧法拉隆群岛——塞西尔的两个哥哥在1901年死于白喉病（岛上另一家的孩子也死于这种疾病）。还有几个孩子也差点没能逃脱厄运，东边房子的客厅被改成了临时病房，孩子们就在那里躺了好几个星期，管理员们发射危急求救信号，希望过往的船只可以提供医疗援助，而恶劣的天气使一切船只都远远绕行。当补给船终于如期而至，船员们却因得知岛上正在暴发白喉病而拒绝登陆，直接调头返回了旧金山，再来的时候带来了一个医生和一个护士。

卡因家的表亲——比曼家发生的悲剧更富戏剧性，而且广为人知。灯塔管理员威廉·比曼的儿子——十一岁的罗伊尔在1898年的圣诞节一病不起，一场从南方刮来的风暴在岛上肆虐，久久不肯停歇。时间一天天过去，小罗伊的病情日益恶化。所有船只都无望也无意靠岸。到了12月29日，天气仍然恶劣，比曼家明白，如果再不立刻送男孩去医院，他就会死掉。

他们只有一个渺茫的机会，那就是靠岛上的一条平底小船送孩子去大陆。这条船不大，只有14英尺（约4.3米）长，通常用来捕鱼或者在风平浪静的日子里闲荡。我见识过法拉隆海域的惊涛骇浪，即使在天气好时也平静不到哪去，所以当我在旧剪报上读到这些时，我感到十分震惊：威廉·比曼和他的妻子威廉敏娜（米妮），还有助理管理员路易斯·恩格尔布雷希特把裹在油布里的罗伊尔放在船底的垫子上，临时给船配备了一个帆，就驶进了暴风雨里，他们孤注一掷，向旧金山船形灯光航标——一个安置在金门海峡入口处的浮标行进。这意味着这条超载的小船要在没有助航设备，甚至连无线电也没有的情况下，在狂风中穿越14英里（约23千米）的广阔海域，走一段为水手们所熟知的最恐怖的海路。同行的还有伊莎贝尔·比曼，她才两个月大，还在哺乳期，所以米妮没有把她留在岛上。

不可思议的是，他们只用了8个小时就到达了目的地，航标的引航船载着罗伊尔向旧金山急速行进。大陆人都被这个戏剧性的故事迷住，米妮·比曼也变成了当地的英雄。1898年12月31日，《旧金山考察家报》在头版刊登了一篇名为《她向世人证明母爱无与伦比》的文章。"美国有两种女人，"文章写道，"浅薄的那种，是从生到死都肆意虚度，而比曼太太则是另外的一种……她坚强、正直、活跃，得益于海上空气的浸润，她的皮肤十分光洁，她眼神平静，面庞甜美却坚毅，给人以平静、温顺和满足之感。她不善言谈，只是淡淡地讲述了自己如何带着怀中两个月大的婴儿和船底需要照顾的病重男孩，乘着一艘14英尺（约4.3米）长的小船来大陆救儿子的故事。"

四天后，《旧金山考察家报》的一个角落里，一篇短文报道了令人遗憾的结局，标题为《死神索走了罗伊尔·比曼的生命：母亲的爱无力与之对抗》。"法拉隆群岛的小上校去世了，"文章里写道，"医疗人员已竭尽所能，但回天无力，死神还是带走了他。"报纸再一次强调了那次横渡的风险，引用米妮的话说："我根本没考虑那么多，我当然知道那很危险——但是我们不得不那样做。"在她和丈夫看来，他们没有其他选择，"如果我们只是在家等船来，那罗伊尔早就死过十几次了。

◇ ◆ ◇

后来，军队来了。1905年，海军电台总部在东登陆点附近驻扎——在第一次世界大战期间，法拉隆群岛的信号是太平洋海域最强的。1916年，政府计划将这片群岛打造成保护旧金山的第一道防线，当旧金山遭遇敌击时，这里会在第一时间进行防御。《考察家报》上的一篇文章题为《岛上威猛的枪炮能扫荡方圆数英里的海域》。在一份报告中，政府表示对东南法拉隆岛的开发潜力很感兴趣：军事方面，平整地面后就能得到超过100英亩（约0.4平方千米）的可用土地，这能为航空活动提供充足的空间，同时还有余地修筑一座全副武装的现代堡垒。而且岛屿的改造价值不只局限于陆地上，曲折的海岸线非常适合修建潜艇和鱼雷艇用的港口。报告的结尾还提出，可以给整座岛屿装备16英寸（约41厘米）长的步枪。我眼前浮现出这样的画面：鸬鹚的巢后架着火箭发射筒，装甲运兵车隆隆地爬上灯塔山的山坡。

幸运的是，法拉隆群岛并未被夷平，也没有进行铺砌或武装。（它还勉强躲过了其他荒诞的命运，比如成为阿尔卡特拉斯岛监狱的新址，或过往油轮的加油站。）但军方仍对这里抱有兴趣。他们布设了更多的战争设施：无线电发报机、应答器、林立的天线，还有一台保密的雷达信标装置。到1942年时，这一隅之地上已建起了二十多栋房屋，附近还有一个人口近百的小镇，居民们称那里为法拉隆城。这些居民的生活轻松得多——补给船现在每周都来——他们还想办法找乐子，像是举办电影之夜、舞会和鸡尾酒会，甚至还发行了一份报纸——《法拉隆雾角报》。战争结束后，岛上的人口减少了，不过也是在意料之中。当灯塔终于实现了自动化，海岸警卫队将最后的灯塔管理员也送回了大陆。

1969年，这里终于重新回到了大自然的怀抱。整座群岛都被划为国家野生动物保护区，PRBO还与政府签订协议，负责修复这里遭受的破坏。可是该从何入手呢？需要处理的问题太多了。到60年代时，岛上只有六千只海鸦栖息（原有五十万只），其他海鸟的数量也同时剧减。如今毛皮海豹只存在于遥远的记忆中，所有的象海豹加在一起也不过二十只左右，北海狮已经完全消失，斑海豹也只有偶尔才能瞥到一眼。能肯定的是鲨鱼还在水里徘徊，但没有海豹的话，他们也不会待太久。（这并不是因为鲨鱼的适应能力不强，否则他们也不会存活了四亿年。）环境方面，过去的无知加上现在的愚昧，导致这里的生态变得十分脆弱。油轮经常在岛屿附近泵排压载水，这杀死了数以千计的海鸟。大概是为了射击练习，军用飞机向中部法拉隆礁发射过四次火箭。渔民使用刺网滥捕滥杀，缠死海鸟，诱捕遇到的所有动物。渔民投放炸药来捕鱼，船只驶到海上，然后用高性能的步枪射杀沿岸的野生动物。

　　残存在东南法拉隆岛上的基础设施都已废弃、生锈，疏于保养。到处都是垃圾；猫和兔子威胁着海鸟的生存；生锈的冰箱、洗衣机和杂七杂八的管子堆满了东登陆点。坦白说，这里简直破败不堪。只有PRBO能修复这里。他们没有被困难吓倒，派出了以大卫·艾因里为首的全明星生物学家阵容。渐渐地，小岛重归自然状态。建筑都被拆除，覆盖混凝土的地面龟裂开来，变成了小海雀和海燕筑巢的地方。整片区域都禁止人类涉足，防止弄坏鸟巢或惊到鸟儿。最后，还残留的文明印迹就只剩下两座房子、东登陆点的一台起重机、一些水箱、几栋用于储藏的小房子，还有北登陆点附近一块破碎的石砌地基，据说地基上曾经是采蛋者的住所。当然，灯塔也还在。

　　象海豹、毛皮海豹、斑海豹和北海狮又出现在了海岸上，开始还只有几只，但过了些年就成群聚集了。海鸦、鸬鹚、海鸽、海燕、小海雀、海鹦、海鸥、管鼻藋、鹱鹋、黑凫、鹈鹕、燕鸥和潜鸟，甚至零零散散的信天翁都陆续回来了。21世纪初时，那里已经生活有十万只海鸦。意料之中的，海鸥也强势归来。

◇ ◆ ◇

　　车站之家是个看起来服务不错的餐馆，墙面被漆成了暗红色，还装有时髦的手绘招牌，整体洋溢着西部味道。我把车停在店前的车位上，旁边的敞篷小皮卡里载着两条皮毛光亮的猎犬。这时已是下午六点，天色已暗。我走下车，深深地吸了一口气，空气里弥漫着清爽的海洋气息。奇怪的是街上空空荡荡，旁边的托比饲料店大门紧闭，街角的雷耶斯岬"巨鲸"熟食店也没开，附近连个鬼影都没有。我透过窗户向餐馆里张望，然后发现了原因：几乎整个镇的人都聚在这里。刚一开门，鼎沸的人声就扑面而来，一个女服务员端着一打摇摇晃晃的安克斯蒂姆牌啤酒从我身旁经过。我在角落里找了一张空桌子坐下。

几分钟后，彼得从他的丰田卡车上走下来，紧跟着大众货车里走出的斯科特。我们已经14个月未见，但他俩看起来都没什么变化：彼得添了几根白发，斯科特剃掉了胡子，骨子里面还是原来那两个野外探险家。他们衣着破旧，却在不经意间显得完美无缺；他们神态慵懒，其中却蕴含着引人注目的自信。

女服务员递上菜单时，我正向他俩求证在当地报纸上读到的一则消息，因为我对其内容有所怀疑。报纸上说，在刚过去的这个十月，一船人出于好意，选择来法拉隆群岛放生两只海狮，因为他们觉得这里是最合适的地方。他们照料了那对受伤的动物，使他们恢复了健康，还给他们分别取名为"斯维西"和"电子狗"。这些人从旧金山驶出，停在东登陆点的浮标处。接受了几个星期的康复治疗和悉心照料后，两只海狮最后一次享受了人们的爱抚，然后被小心翼翼地放回了大海。他们欢快地游来游去，他们的救命恩人给他们拍照，一直拍了差不多30秒。

当"斯维西"围着船游第二圈时，一条鲨鱼咬住了他，几乎一口就把他撕成了两半。船上的人都发出了尖叫，一个女人甚至当场哭了出来。海面上溅起水花，鲨鱼衔着"斯维西"的下半身潜下去了。"斯维西"的小脑袋浮动了几下，消失不见。

我不敢相信：这是真的吗？彼得慢慢地点了点头。斯科特皱着眉头说："真是糟透了。"

"他们脑子里在想什么啊？"我问。这就好像你收留了一个腿部受伤的人，经过悉心照料使他康复之后，又把他从悬崖上推了下去。一周后，那船好心人回到了大陆上，一个自称是当事人的人给彼得寄来了一些"斯维西"遇袭时的照片。快门恰巧捕捉到了袭击发生的瞬间，这是彼得看过的最好的鲨鱼袭击照片。

后来我也亲眼看到了那些照片，的确很震撼。一条重达两吨，体长16英尺（约4.9米）的雄性鲨鱼在距镜头仅几英尺处浮出水面。这条鲨鱼名叫"深痕"，因为他第一次在法拉隆群岛露面时，脑袋上有三道船只推进器划出的伤口，伤口很深，还血肉模糊的，就像生的汉堡肉饼一样。在另一张照片上，还能看到"深痕"的左嘴角处挂着一个小鳍足。

在餐馆的嘈杂声中，他们向我简要地讲述了过去一年的情况。斯科特重新当回了他的公园管理员，负责维护国家海滨的健行步道，彼得则一门心思写他关于鸟类的新书，这本书详细地论述了鸟羽与换羽的课题。但他并没有把鲨鱼抛在脑后，而是开始撰写十七篇关于鲨鱼的科技论文。

2002年的鲨鱼季还算平静；9月到11月间只监测到了56起鲨鱼袭击事件，和去年差不多，但相比2000年的77起还是有所下降的。不过从表面上看，状况还是很混乱。"爱国者号"时不时地出现，搞鲨笼潜水项目，他们的门票都被抢购一空。仅三个月内，他们引诱鲨鱼的时间就长达200小时。此外还来了另外六艘船，他们有时用冲浪板引诱鲨鱼，有时则用撒饵的方式。鲨鱼观光造成的影响越来越坏，政府出台了新的限制规定，并大力推动实行，如禁止通过拖拽诱饵引诱鲨鱼，以及至少要距进食中的大白鲨150英尺（约45.7米）。可想而知，鲨笼潜水员们对此很抵触，所以这个冬天里，一场可怕的战争迫在眉睫。冲突的局势使大家感到紧张。彼得花费大把的时间处理放射性粉尘、参加委员会议、安抚官员们，还要尽力维护鲨鱼计划不成为政治的牺牲品。当彼得和斯科特描述紧张的局势时，我在他们的声音中听出了疲倦。我能看出他们已经对此感到厌烦，希望回到从前那段全身心投入到岛屿和鲨鱼身上的日子。

那么，鲨鱼的情况怎样呢?

"好的，让我们来看看，"斯科特说，"'贝蒂'和'爱玛'回来了，

'卡尔·裂鳍'回来了，我们的老朋友"伤疤头"也回来了——他头上又添了几道伤口。'点子'也回来了，还是和"断尾"一起露的面，他们回来的时间还是晚了一些。"他转向彼得。"我们需要注意一点，会不会随着鲨鱼年龄的增长，他们抵达的时间也越来越晚？我觉得有可能。"

彼得点点头，"或者他们学会了等到象海豹出没的高峰期再回来，也有可能他们是在花更多的时间交配。"

我开始意识到，研究大白鲨并不只是冲去看他们那么简单。为追求短暂的心理满足则另当别论。找出事物的规律，使猜想得到证实，拼好每一块拼图——这些都需要数十年的时间来完成，而且更有可能竹篮打水一场空。科学，从定义上来讲是具有利他属性的。你也许能从自己多年收集的信息中获益，也可能不会。你甚至有可能为此送命，别人则拿着你的资料去获诺贝尔奖。

不过这一季还是取得了一个重大突破：卫星追踪标牌反馈回了大量的信息。和我们设想中的一样，法拉隆的鲨鱼大部分时候都在宽广的海洋里畅游，而不是徘徊在海岸附近。当他们离开岛屿，游过大陆架的边缘后，就会潜入水面700米下的海域。对于在水面捕食的动物来说，这是前所未闻的行为。追踪记录显示，鲨鱼每天能游上60英里（约97千米），而这种效率是带有目的性的。好像他们某个约会要迟到了，所以在拼命赶赴。他们还发现，彼得在2000年10月标记（2001年10月再一次标记）过的一条名叫"尖鳍"的大白鲨用37天游了2 300英里（约3 701千米），跑到了夏威夷。他在毛伊岛附近停留了至少4个月，然后才在10月掉头返回法拉隆群岛。没人知道大白鲨原来是环球旅行者。斯科特说："这就好像看见猫头鹰离开森林，向平原飞去一样不可思议。"

然而，在众多被标记的鲨鱼中，只有"尖鳍"往西迁徙得最远。其他装有追踪标牌的鲨鱼在离开法拉隆群岛后，都游向西南，去往一片距墨西哥恩塞纳达港约1 500英里（约2 414千米）的海域。他们在那里停留的时间长达八个月，因此可以推断，他们生命中很长一段时光都会在那个遥远的地方度过。尽管这个聚集地没有海山或岛屿，也没有任何其他特别之处，但鲨鱼们游来这里绝非偶然，这种行为一定有其意义所在，而且也不光是法拉隆附近的鲨鱼会这样。在瓜达卢佩岛和加利福尼亚的其他地方标记的大白鲨也会直奔这一海域。

斯科特一直怀疑在他们离开法拉隆期间有不同寻常的事情发生。他发现在十二月份的迁徙期来临前，鲨鱼们都会试图将自己喂肥，但等到秋季回来的时候却更瘦了，有时甚至会瘦到认不出来。他们的身上通常都有鲫鱼吸附，那是一种在更南部水域里发现的小型引水鱼。标牌帮助我们描绘出了一幅史诗般的旅行线路图，我们知道了哪里是旅程的终点，但仍有一个谜团未能解开：为什么是那里？

"问题就在这儿，"斯科特斜倚着身子，扬了扬眉毛说，"他们到底在那搞什么鬼？"

很明显，鲨鱼不会无缘无故跑到那么远的地方去浪费力气。是去捕食吗？还是去产崽？都有可能，但又都讲不通。在开放水域中追捕海豹无益于保存体力；而且大量雄性白鲨的存在降低了那里被当作幼仔养育场所的可能性。斯科特和彼得萌生了一个新的猜想，它虽然还无法被证实但却非常迷人：那里可能是大白鲨自古以来的交配之地，这一蕴含着古老意义的终点是深植在他们DNA里的。

不管那片海域受鲨鱼欢迎的原因究竟是什么，标牌都可说是派上了大用场。因为如果想要保护那片区域，首先就得弄清它的位置。最近，权威刊物《自然》刊登了追踪鲨鱼得到的发现，彼得和斯科特也在文章的署名作者之列。这一系列发现的核心研究人员是海洋科学家巴巴拉·布洛克。布洛克获得过麦克阿瑟天才奖，还被誉为自然卫士。她参与开发自动脱落式卫星电子追踪标牌，并计划在鲨鱼、海龟、鱿鱼、信天翁、象海豹、鲸鱼以及金枪鱼等掠食性鱼类身上安置4 000个标牌和其他各种设备。她是太平洋水域生物标记项目的领导者之一，那是一个投入2 000万美元的项目，研究海洋动物如何在太平洋中洄游，去哪里觅食，交配和繁殖。这些动物一生都在大海中疾速游行，游过秘密的路线、偏僻小道和海底平原，大多数鲨鱼只有在冒险游至岸边时才能被人类瞥见一眼。

太平洋水域生物标记项目，同时也是海洋生物普查计划的一部分，该计划的项目投资达十亿美元，旨在用未来十年的时间，探明地球的海洋里究竟有哪些生物生存，并根据当前发展趋势，推断未来会有哪些新的生物出现。这项普查计划雄心勃勃，但同时面临惊人的挑战——不过早就该启动它了。布洛克曾在她的网站中指出："我们用来探索这颗星球的时间还不够。"

能力强、资金充足、有政府支持而且享誉全球，这些优势使布洛克和她的团队成为鲨鱼计划的理想合作者。当布洛克得知，我们在法拉隆群岛仅用了4个鲨鱼季就给22条大白鲨安置了追踪标牌，而且多数动物的履历（和性别）都已知时，她感到很受鼓舞。她计划在接下来的9月安置二十几个追踪标牌。2003年鲨鱼季的一个主要工作目标就是标记一些姐妹鲨，并且对她们和另外两条标记过的大白鲨进行观测。

能给那么多的鲨鱼安置追踪标牌，看得出来斯科特和彼得都对此感到激动，但我也隐隐担心他们如何才能做到。尤其是在现在的情况下——好像每个人都想来分法拉隆的一杯羹；来自媒体的访问请求如潮水般涌来。最近的一个还提议，要让传言中被大白鲨所吸引的布拉德·皮特来主持一档关于野生动物的特别节目。（鱼类及野生动物管理局立即否决了这个想法。）

在我们吃东西时，一个酒保从吧台后面冒了出来，走到我们桌前。他长了一头黑发，身材魁梧，身上系着条围裙，还端了瓶黑比诺葡萄酒，而且他肯定也看了那部使我着迷的BBC纪录片。他指着斯科特说："你就是和'残尾'在一起的那个人！"

斯科特点点头，他已经习惯被这样问了。"嗯，是我。"然后指了指彼得说："他是另一个。"

酒保给我们每人倒了杯免费的酒，问道："'残尾'怎样了？"

"唉，我们有一阵没见她了，"斯科特说。"我们很难过。"

我在想，到底哪一点更让他痛恨：是他最喜欢的一条鲨鱼莫名其妙地不见了呢，还是不得不向酒保这样的人承认她不见了？对这类无关的人来说，"残尾"只是一个虚幻的神话，只是一个以鲨鱼身份出现的，民间传说中的英雄。

谁料，那酒保有一段自己与鲨鱼的故事。他解释说自己是一个冲浪手，最近还在波利纳斯海峡附近遇到了"身穿银灰色套装的大家伙"。"那天早上只有我自己在那，所有的海鸟都不见了，周围死一般的沉寂。我四处张望，突然，一条鲨鱼向我袭来。"

斯科特会意一笑，"看来你大难不死……"

"我飞快地逃离了那儿，直到撞上了沙滩都还在拼命划水。"

彼得的想法和酒保不一样。"我倒是希望能在冲浪的时候碰到一条鲨鱼。不过我只想认认他是哪条。"我想象着他坐在冲浪板上努力辨认鲨鱼身上疤痕的场景——是道锯齿状的伤口？还是两道划痕？——而这时他身边的其他冲浪者都在仓皇逃命。

斯科特摇了摇头，笑了。他探过身来，故意用大家能听到的声音对我小声说："彼得真是疯了。"然后停顿了一下。餐厅里传来带着醉意的歌声，有一桌人在唱"生日快乐歌"。斯科特凝视着杯底，接着说："不过要是能再见到那个短截尾巴的小姑娘就太好了。"

眷恋——不论是眷恋一个人，一个地方，还是在这种情况下，眷恋一条鲨鱼，我都多少能理解。这种感情会击打着你，带来一波又一波真实的、肉体上的痛感。它让你感到如鲠在喉，或者如有重负在身，它像磁铁一样吸在你的身上，甩都甩不掉。在听了几个小时的法拉隆的新闻、鲨鱼的最新消息和下一鲨鱼季的宏伟计划以及所有我缺席期间进行的行动后，我想和这些事情联系得更紧密一些。当然，这是很贪婪的想法；我已经去过那里两次了，而其他人可能一次都没去过。为什么我还是不满足呢？

也许原因就是如此简单：在法拉隆群岛，发生稀罕的事情——甚至是奇迹——都是正常的。你会感觉一切皆有可能，即使是那些根本没有理由去期待的可能。什么事情都有可能发生。这是一个颠倒的世界，一切正常的假设都会受到挑战，这是现实世界的平行宇宙，彼得、斯科特和"残尾"都成了大明星，而布拉德·皮特则被告知要待在家里。

不知是从航程中的哪一刻起，我开始迫切地渴望着回归。我对自己这种迫切的渴望感到惊奇，尽管并不完全理解它产生的原因。我还没有准备好正式提出申请，但是当我坐在餐馆里，膝盖上摊着那些斯科特带来的照片时，心里已经在暗暗发誓：我要回去。

◇ **群岛史卷** ◇

第四章

————————

初次拜访

可以肯定的是，这只海鸥遇到任何活物时，只会问自己两个问题。

问题一："我饿不饿？"

答："饿。"

问题二："能吃到嘴吗？"

答："尽量吧。"

——威廉·利昂·道森，《加利福尼亚的鸟》，1923年

2003年8月3日—7日

黎明时分，"首领号"停泊在索萨利托港澄澈的水面上，上下轻轻浮动着。她外形美观，让我一见钟情。船体长37英尺（约11.3米），船身涂着鲜绿色的油漆，甲板熠熠生光，有的地方还闪烁着黄铜的光泽，所有部件组合成一个完美的整体。"首领号"的船长名叫托尼·巴杰，他身形高大，衣冠整洁，银发上戴着一顶黑色贝雷帽。他的妻子玛格丽特身形娇小，肤色浅黑。我推着一车杂货走下码头，正看见他俩站在甲板上迎接我。我知道航海领域内是有明确的航海术语来称呼"首领号"这类船的，可我一时想不起来是哪个词了。管它呢，反正再过大约五个小时，我就能回到法拉隆群岛了。

这次去法拉隆群岛是公务出行。我打算写一系列关于这个群岛的文章，篇幅比之前的长一些。我已和乔尔·布法就此事谈了很久。她是美国鱼类和野生动物避难所的经理，精明干练，不仅是这个地方忠诚的守护者，也是一名专门研究鸟类的在职生物学家。当岛上遇到发电机爆炸、停电，或者管道需要彻底替换这类问题，又或者已经为群岛送了40年饮用水的海岸警卫队突然决定罢工时，布法就会临危受命，前来解决问题。娱乐游客不是她的首要任务，而且

这里长期发生野生动物袭击人类的事件，所以她冷淡地拒绝一切登岛申请也在情理之中。但当我开始试着联络她时，她并没有直接拒绝，于是我乘飞机前往她在帕洛阿尔托①附近的办公室，与她面谈。她穿着挺括的制服，身材娇小，精明干练，有一种英气逼人的美感。她的眼睛是迷人的翡翠色，虹膜中泛出浅褐的光泽，在她盯着我看时，那眼神就像海关检测仪发出的X射线一样。我好说歹说，软磨硬泡，终于让她松口，给了我有史以来发放的第一张单周登岛许可。但不出所料，她提出了很多附加条件，头一个就是：我只能在非鲨鱼季登岛。

这一点我早已预料到。过去两年里，由于权力斗争和监管扯皮，导致鲨鱼计划引起了媒体的过度关注，其中不乏负面报道。格罗斯曾在报纸杂志和电视报道中公开指控彼得和斯科特，指责他俩将法拉隆群岛的水域据为"私人游乐场"，企图阻止公众前往。他完全无视事实的真相——只需预订"超鱼号"一日游，任何人都能前去法拉隆群岛参观游玩。不过，游客不能游遍整座岛，能否在这一个小时的环岛参观中碰到鲨鱼也全凭运气。但媒体的报道听上去却很有煽动性：这些傲慢的科学家是谁，竟敢将美国纳税人排挤出法拉隆群岛，试图把大白鲨据为己有？随后爆发了长期的争论，越来越多的媒体争先恐后地涌入，提出登岛请求。对此，布法只能无情地拒绝：抱歉，鲨鱼季期间的单日登岛许可数量有限，且已发放完毕，不能再额外发放。

于是，彼得的工作受到了制约。法拉隆群岛禁止非官方人士来访，但大白鲨研究工作也因此而暂停。摆在我面前的选择只有两个：要么去研究卡森海雀的交配习惯，要么待在纽约。

我选择了前者。

彼得是个乐天派，他告诉我，这次我将看到东南法拉隆岛的另一面：所有

....
　　① 帕洛阿尔托（Palo Alto），美国旧金山附近城市。——译者注

繁殖的海鸟都住在那里，几十万只鸟占据着几个街区大的地盘，那是一个完全不同的地方。在我旅行期间，他将外出几天，为鲨鱼季的到来做准备。他也很想念鲨鱼。出发的前一天晚上，我们约在波利纳斯镇一起喝酒。

"到时候我们要出海，开船四处走走，"彼得说，"八月的时候，那里发生了几起血腥惨重的袭击事件。"他喝了一大口啤酒，然后狡猾地看了我一眼，说道："我们会遇到'老熟人'。"

◇ ◆ ◇

巴杰船长一家都是法拉隆巡逻船队的成员，该船队拥有30多艘船只，从1972年开始，船队就一直往返于法拉隆群岛和大陆之间，为岛上运送人员、补给和杂货。它拥有各种型号和样式的汽艇和帆船，船上有足够的空间在夜航时给船员们提供住宿。每隔两周，巡逻队就会派出一艘船去输送物资——这些船的角色就像灯塔时代的"马卓罗号"那样重要，但这些活动都是无偿的。法拉隆的船长们加入这支船队，不仅是因为热爱冒险，也是为了在同行中树立威望。（参加的船员都堪称精英，因为只有资深水手才能顺利完成这样的航行任务。）经过了这么多年，船长们都对这个群岛感到很亲切。

埃德·凯利是船队的一员。2001年，他的妻子患癌去世了。在一次进行补给的航程中，他把妻子的骨灰撒在了船周围的水域。就在他撒完骨灰后不久，彼得发现舒布里克岬附近发生了一起鲨鱼袭击，于是赶紧说服凯利和他一起，开动捕鲸船靠近查看。那是一条巨型姐妹鲨，头上有个半月形的疤痕，从捕鲸船底径直游过时，庞大的身躯衬得船格外渺小，像是来探视我们的小船。她刷新了我们对"优雅"一词的理解，你也许不敢相信世上竟然存在这样的生物。彼得相信，如果再遇到这条姐妹鲨，他一定能认出她来。他给她起名叫"简"，就是埃德·凯利妻子的名字。

·108·

彼得安排我与巴杰船长一家一同上路，这也是一次进行补给的航行，给岛上运去食物、邮件和丙烷。在给法拉隆群岛运送往来人员和补给的过程中，后勤工作非常复杂，常常要与掌管天气的神灵博弈。人们不仅要搞清楚谁在什么时间去了哪里，和谁一起，还要知道谁负责采购生活必需品，谁负责处理岛上的垃圾，谁又要在早上五点时，送新的发动机零件去埃默里维尔码头，诸如此类的琐事不胜枚举。做这些工作就像要解开错综复杂的线网一样麻烦，但彼得却得心应手。这项工作至关重要：你是不会希望看到有人连续13周被困在岛上的，这些想洗澡快想疯了的人，拎着五个行李袋，焦急地等在码头边的停船处，却根本没船送他们离开。你也不会忘记给那群困守的人送去物资，最后的几天里，他们或许会沦落到只能靠米饭和生菜度日了。

到达码头后，我与托尼、玛格丽特握手问候。他们把我介绍给了托尼的航海伙伴——约翰·博伊斯。约翰看起来十分干练，他身形健壮，精力充沛，一张棱角分明的方脸，是个典型的海员。和巴杰船长一样，他头上也歪戴着一顶黑色贝雷帽，我猜这是海员的标准穿戴。同行的还有巴杰船长家的女婿佩尔，和一个PRBO的实习生，名叫帕维纳。她当时正乘船在群岛中穿行，想要先睹为快。当巡逻船长的福利之一就是，在时间和天气允许的情况下可以上岸，但是"首领号"出航时经常遇到最恶劣的天气，所以巴杰一家每次去法拉隆群岛都没能上岸。

然而，这天早上风和日丽，看上去登岛一事不无可能。

开船前，托尼和约翰忙着检查仪表，摆弄绳索，做一些复杂的事情。船驶出码头时，托尼作了严厉而有爱的训话，告诫我们在"首领号"上禁止做哪些事：有些地方不许站人，不许沿着栏杆走，船上的哪些按钮不能碰。他的语气就像军事训练中的教官一样，约翰也会时不时地补充一些严厉的指令。显然，这不是他们第一次同大海"竞技"了。托尼告诉我，他的两个女儿就是在一条和这个船差不多尺寸的船上长大的。他们一家人驾船去过世界各地，简直就像是《海角乐园》①里的鲁滨逊一家。

　　船行到金门大桥下时，托尼和约翰都强调一定要密切关注周围行驶的船只。"如果我们这次出行要发生撞船事故的话，那一定就是在这里了。"托尼冷酷地说。这类事故似乎经常发生，我可以想象当时的情景：海面上笼罩着一层浓雾，尽管天还很早，就已经有各种渔船鸣着汽笛，从各个方向交驰而过，而且它们大多数都没有安装雷达。每年都有成千上万的集装箱船往来于这个港口，每一艘都有三个足球场那么大，它们以肉眼难以捕捉的速度从雾气中冲出来，像失控的火车头一样朝较小的船只碾压过去。

　　"旧金山湾是美国西海岸最危险的一片水域。"约翰说。他解释说，这个海峡的某些地方深度仅有50英尺（约15.2米），浪潮阵阵袭来，以6节（约11千米/小时）的速度迅猛地进退，涌动的激流搅碎了浪花，像湍急的江河一样奔腾而去。身处于这样的涌浪间，效果类似于有人拿一把勺子在浅碗里用力地搅动。浪头一个接着一个，翻滚着将海水卷到海深处，巨大的冲力下，海面像弹簧床一样剧烈震荡，使情况变得极其危险，令人不安。

　　"他们一年大约要在这里损失三艘船。"托尼补充说。当船从桥下通过时，我向外看向那片水域。20分钟前那个平静的海港已不复存在，取而代之的是一片漆黑动荡的海洋，巨浪奔涌其间，浪峰上是一层层白色的泡沫。

　　前往法拉隆群岛的27英里（约43.4千米）路途往往会吓退不少来人，不仅如此，这段路程中暗藏的危险也让人们颇为忌惮。托尼说要保持警惕是正确的，那些不够谨慎的人都已为此付出了代价。这段航途中曾发生过无数次的事故，而在即将抵达目的地时，发生的事故更多。翻船、撞船、弃船、淹船、船只触礁碎裂……在法拉隆群岛水域失事的船只不计其数。变幻莫测的海洋，加

---

　　① 动画片《海角乐园》（Swiss Family Robinson）讲述瑞士一家人在海上航行触礁，来到一个荒无人烟的小岛，在自然环境中融洽生活、安居乐业，并打败来犯海盗的故事。——译者注

上突如其来的恶劣天气，共同导致了无数次紧急事态，即使是最有经验的船长也可能会被困其中。20世纪80年代时，在一次双人环岛竞赛中，一艘双体船通过无线电向外求救，在那艘船发出的最后一条求救广播中，只听到一声尖叫："浪头打到船舱里来了！"之后，人们再也没找到那些船员。

这些年来，海岸警卫队经常通过船用无线电，号召科学家们提高警惕，留心那些失踪的船只。他们也多次进行救援工作。在11月一个狂风大作的早上，大约凌晨六点钟，彼得刚下楼就听到有人在敲前门。当时岛上其他的人都在楼上熟睡着，会是谁呢？彼得打开门，眼前是两个穿便装的越南人，他们一边拼命打手势，一边喊着："船！船！船！"他们只会说这一个英语单词，但看得出来非常着急。随后他们带着彼得来到渔人湾，在那里，24英尺（约7.3米）的小艇看起来就像火柴棍一样，任由咆哮的东南风推挤着它，一下一下地撞向奥隆岩。奥隆岩的高峰呈乳头状，因此又被称为乳头峰。在乳头峰顶部，另外两名男子蹲在一个小小的背风处，其中一个年纪大的家伙把自己裹在一件橙色浴袍里。

还有一次，人们发现了一艘长20英尺（约6米）的汽艇，但上面一个人都没有。驾驶这艘船的本来是萨克拉门托①的一个五口之家，他们驾船出海，打算花费一天时间捕鱼。岛上的生物学家接到指令后，在岛屿周边寻找了好几天，也没找能到一具尸体。

在秋季，这类事故最常发生。因为此时人们最容易疏忽大意：大陆上的情况看起来很不错，所以船员们觉得去法拉隆群岛捕上几条鲑鱼，消遣一下也没什么。遇上旧金山天晴的时候，人们甚至在岸上就可以看到那些岛屿——驾船走上这么一个来回，能出什么事呢？他们根本意识不到自己即将面临的遭遇。这些人通常不会携带指南针、照明信号弹、备用的水和收音机之类的东西。等

---

① 萨克拉门托（Sacramento），美国加利福尼亚州中部城市。——译者注

到天气张牙舞爪地发狂时，他们才会发现，自己究竟陷入了多么可怕的境地。

这附近经常发生商业船舶与岩石、远洋快艇、帆船和货船相撞的事故，加起来都足够让你写一本书了。在长距离导航、GPS和紧急无线电示位标发明之前，法拉隆群岛附近发生了十几次严重的沉船事故。最早的一次可以追溯到1858年：凌晨两点多时，一艘载有200人，装备完善的"卢卡斯号"撞上了马鞍礁，23名乘客命丧于象海豹湾冰冷的海水中，而这个地方离岸边不到50码（约45.7米）。自那次事件起，每隔几年，类似的悲剧就会再次上演，造成大量人员遇难，这些年失事的船包括："正午号""晨光号""安妮塞丝号""尚普兰号""法兰克尼亚号""不来梅号""美国男孩号""路易斯号"和"巴兹敦维多利亚号"。一艘又一艘的船撞向这些岛屿，而罪魁祸首只有一个：天气。

即便现在，丢弃在这里的废船仍然像警钟一样，时时在人们心中鸣响。罗恩·埃利奥特曾告诉我，他经常发现大块的船只碎片嵌在海底；有一次，他在游泳时还碰上了一个9英尺（约2.7米）高的锚。他还在水下看到过古旧的六分仪①、罗盘箱、铜链、船首青铜部件的碎片、桅杆和船壳等物体，它们四分五裂地埋在海底沉淀物中。在北美，东南法拉隆岛周边海域是最臭名昭著的墓地之一。

今天，水面十分平静，"首领号"用了不到四个小时就抵达了法拉隆群岛。一座座岛屿涌入视野，令我心头澎湃万千。黑色的海水中凸显出尖尖的礁石和灯塔，这一切仍是熟悉的模样。但是，有些东西变了。我上一次登上东南法拉隆岛时，它看起来还是棕色的。而现在，它有些发白了。之后，当我们走近时，耳边回响的似乎是来自另一个世界的喧闹声——哀嚎、尖叫和疯狂咯咯

①六分仪（sextants），一种用来测量远方两个目标之间夹角的光学仪器。利用六分仪可以测量某一时刻太阳或其他天体与海平线或地平线的夹角，以便迅速得知海船或飞机所在位置的经纬度。——译者注

声混杂在一起。突然，小鸟们的头从岩石后面探了出来；他们全身润泽光亮，身体呈流线型，熙熙攘攘地挤满了这片区域，散落的羽毛在风中飘动着。似乎是这个岛在质问我们。之后，空气里突然弥漫着刺鼻气味：在"首领号"上方出现了一团由氨气构成的云朵，像帐篷一样笼罩在船的上方。巴杰船长一家人原本洋溢在脸上的喜悦，这时也突然变成了不安。

生物学家皮特·沃兹博克出来迎接我们。此时，他已经在岛上待了四个多月了，脸上蓄起的褐色胡须大概会让灰熊亚当斯①都感到嫉妒。当时他正驾驶着"餐盘号"。那是我第一次见它下水，它出乎意料地小。只有通过它表面覆盖着的厚厚一层海鸥粪，才能将它和内曼商城②里的圣诞节玩具区分开来。但它是这位鸟类生物学家拥有的唯一一艘船，也是彼得的鲨鱼船，只有在鲨鱼季时这艘船才会出现在岛上。

这次，我们不是待在船上用绞车运上岸，而是由一个叫作"比利·普"的奇妙装置吊上岸去的。没有人知道"比利·普"这个名字的由来，可能是有个叫"比利·普"的人发明了这个装置，或者是因为这名字背后有一个粗俗的轶事，又或者是该装置的发明者某天晚上喝多了马提尼酒③，心想随便取个鸟名得了。"比利·普"的外形就像一颗巨大的羽毛球，底端有一个厚重的金属盘。（我知道它很厚重是因为我第一次试着爬上去时，它砸到了我的腿。）绳网环绕着金属盘，聚于顶端，系在吊车上。我们两人一组，先从"餐盘号"爬到"比利·普"上，把手臂穿过绳网的孔隙，紧紧抓牢，然后被悬吊起来，运到岸上。

操纵吊车控制装置的是另外一个科学家，名叫拉斯·布拉德利。他不到

① 美剧《灰熊亚当斯的一生》中的人物，其原型为加利福尼亚著名的山地人，长了一脸长胡子。——译者注

② 内曼商城（Neiman Marcus）是美国以经营奢侈品为主的高端百货商店。——译者注

③ 马提尼酒（martini），一种鸡尾酒，又译马天尼、马丁尼等，由杜松子酒和苦艾酒调配而成。——译者注

三十岁，高大健壮，有一头卷曲的金发，戴着一副金丝眼镜。他套着一件全身雨衣，上面满是海鸥粪便的污痕，但看起来还是十分帅气。在我的耳朵适应了聒噪的鸟叫声后，我环顾四周，才发现到处都溅满了鸟粪。

我们在登陆点会合时，每个人都觉得很恶心。拉斯提醒我们，海鸥喜欢往人头上丢"炸弹"，所以最好是戴上帽子。还有，任何衣服，如果还想继续穿的话，就得脱下来收好，或者拿东西罩起来，当然最好还是留在家里。"海鸥的防御战略之一就是，让你知道他们有多么不想让你待在这里，"拉斯说，"于是送给你一大堆这种礼物。"他指的是正顺着他来克流下的鸟粪。

这时，旁边有个东西吸引了我的注意。在3英尺（约0.9米）外的一块平岩上，一只死海狮皱成一堆躺在那里。奇怪的是，他看起来异常干瘪，头部以一个诡异的角度向后扭着。拉斯顺着我的目光也看到了那只海狮，他解释说，这个时候岛上的海狮比平时要多，而且其中有一部分快饿死了。他一本正经地说着，就像在陈述一个再简单不过的事实。

我以为自己深知，法拉隆群岛上的一切都是非生即死的较量。但是在海鸟季，我亲眼见证的杀戮却以那样惊人的速度进行着，恐怕连达尔文见了都得大吃一惊。死亡在离你几厘米的范围内不断上演，海鸥就是熟练的暗杀者。全世界的西部海鸥加起来一共有5万只，而每年的四月到八月，有半数的西部海鸥都聚集在这座只有65英亩（约0.26平方千米）大的岛上。他们捕食自己的常规猎物——海鸦，遭殃的还有鸬鹚、小海雀和岛上其他的鸟类。除此之外，他们还有吃掉同类的嗜好。成年的鸟经常焦虑地站在新生雏鸟旁尖叫。这些雏鸟刚出生时只有装烈酒的小杯子那么大，看上去就像长满斑点的毛球，但只要六个星期，他们就会长得和父母一样大。小海鸥的特点是羽毛呈棕色，带有斑点和零星的绒毛。但令人困扰的是，他们长得实在太快了，就像电影里的快镜头，或是基因突变一样。这种感觉就像你上周刚生了一个孩子，今天他就穿上了你的衣服。

当皮特还待在东登陆点航标附近的"首领号"上时，拉斯已经快速地在岛上逛了一圈。显然，托尼、玛格丽特、约翰和佩尔已经迫不及待要出发了。我们距离灯塔还有一半的路程，一路上我们不但忍受着上方海鸟的骚扰，还经常踩在鸟的尸体上，一步一个趔趄。托尼转过身，他的贝雷帽被撞得歪向一边，上面斑斑点点地沾着白色的鸟粪。他用力大吼，试图盖过这铺天盖地的鸟叫声："你打算在这儿待多久？"

◇ ◆ ◇

除了拉斯和皮特，这个岛上还有三个实习生：珍、梅根和梅琳达。她们都是二十出头的年轻女孩，长得很漂亮。但是别看她们外表可爱，戴上安全帽，穿上工装服的时候，看起来还挺像回事的。她们把跳蚤圈紧套在脚踝上，以防这些鸟身上的寄生虫爬到身上。这些人已经在这里待了三个多月了，都在翘首盼望着物资补给。水面海浪汹涌，之前的几次登陆尝试都失败了，岛上的食物储量即将消耗殆尽。水果早没有了，仅剩的蔬菜是几个糠了的西葫芦，牛奶和奶酪吃完了，鸡蛋也没了。昨天晚上梅琳达还想做一个乳蛋饼，但她很快就打消了念头。这天的早餐只有干麦片。

除了食物，"首领号"还给他们运来了邮件和一些最近的报纸。拆开包裹后，他们就坐在厨房里，捧着手中的读物，如饥似渴地读了起来。这个团队就像一个亲密的家庭，是一个有趣的组合，好像是乌托邦的社会实验成功运用到了现实生活中。像彼得和斯科特一样，皮特和拉斯也是经验丰富的科学家，他们知道如何管理这座桀骜不驯的岛。拉斯曾在比法拉隆群岛还要偏远的地方追踪鸟类，在夏威夷群岛的极西部研究信天翁，还曾历经艰辛，向北穿过不列颠哥伦比亚省[①]，搜寻濒临灭绝的海雀。他在潮湿的帐篷里安身，睡在发霉的

....
① 不列颠哥伦比亚省（British Columbia），位于加拿大最西部，是加拿大四大省之一。——译者注

枕头上，还要在野外忍饥挨饿。这些遭遇都足够让他充分了解基本生活用品的意义——相比之下，法拉隆群岛上至少还有一座房子可供安身，而且大多数时候，食物都很充足。当拉斯开口说话时，他的语调会根据内心的情感而升降，随着喷薄而出的无尽热情而不时变化——或是低声惊叹，或是发怒似的叫喊，有时甚至重读每一个词，再在每个形容词前加上一连串精妙的修饰语："那只鸟美得令人难以置信！能一睹他的真容，我的幸运堪称不可思议。他们的翼展让人目眩神迷！"

皮特是个纽约人，他高大、健壮，一头红发。就像大多数从事他这类工作的人一样，他表面上看起来坚强、精干而多疑，但一旦了解你之后，就会对你露出害羞的微笑，展现出自己温暖的一面，以及俏皮的幽默感。在他28岁那年，皮特开始意识到自己不喜欢城市生活。不久前，当他离开这座岛返回大陆时，他的幽闭恐惧症严重地发作了一次。海鸟季结束后，他就要动身前往阿拉斯加了。

在这座岛上，人与人之间的感情很容易出问题。以前也确实发生过这类事情，爱侣之间歇斯底里，分分合合。而且根据彼得的说法，岛上发生过的四次离婚事件，都是因为没经受住这里严峻环境的考验。人们连续经历了八周的阴冷天气，眼巴巴地看着剩下为数不多的物资迅速消耗殆尽，还要忍受着一两个贪吃的室友，最郁闷的是天天都要看着动物们自相残杀，这些事都无形中使人变得神经衰弱。发火吵架和心理崩溃是常有的事。这里的风和雾可能就是严重影响人们情绪的罪魁祸首。这里经常发生下面这类奇葩的事：一对结伴来这里实习的情侣分手了，因为女方爱上了另一个生物学家，于是搬去了过道对面的卧室。（下一艘船要十天后才会来。）另一个实习生威胁说要提起诉讼，因为他在房子后面的台阶上摔了一跤。还有个人一拳打穿了墙壁。在意识到不能随便离开这里后，他们常常表现得非常恐慌。其中一人最终租了一架直升机，一走了之。还有一个对岛上生活不满的家伙（没人知道到底是谁）喜欢在墙上喷涂鲜红色的涂鸦，搞得海蚀洞的拱形顶壁上到处都是条纹和螺旋状的图案。

最近有一天晚上，拉斯和皮特坐在海岸警卫室里，看《幸存者》^①。一位参赛者正在那发牢骚。他刚剃了胡须看上去很清爽，但他的内心却快要崩溃了。"已经28天了。"他悲叹着。拉斯和皮特面面相觑，他们已经几周没有修剪过头发和胡须了，面部的毛发肆意生长。"已经78天了！"拉斯对着屏幕大叫。

即便如此，他们五个人还是热爱这里的时光。为了跟紧这些鸟，他们得一口气工作14个小时，但他们对此丝毫不介意。简单来说，他们乐在其中。这里的年轻专家都不是那种野心勃勃，焦躁不安，一味追求高等地位的人。他们选择了一个无关金钱的职业，而这只是因为他们仍然像孩子一样，拥有对自然的好奇心。我感觉他们简历中的"职业目标"一栏会写这么一句："尽量远离办公室小隔间。"

傍晚，我坐在客厅前窗的书桌前，翻阅旧的航海日志。海面上风平浪静。在能见范围的最远处，大约10英里（约16千米）外，我看到座头鲸们跃出海面，还有一艘艘开往亚洲的货船，看起来就像铁质桌面上滚来滚去的小玩具。

我当时正在阅读那些关于大白鲨行为的记录、报告和故事，它们都是在过去25年间，由不同的人在鲨鱼季期间潦草记下的。斯科特的字迹非常清晰，架构颇有章法；他写的记录都十分简洁，也异常枯燥。相反，有些人能文思泉涌，一下子写出好几页感叹号云集的"史诗"——在性格热情的人笔下，一次鲨鱼攻击会被记录得支离破碎，叙述者沉浸在分分秒秒的沉思之中——而斯科特写的鲨鱼项目报告却省略了详细的观察内容，他撰写的岛上日志读起来像电报一样：

> "跃出水面1次，2次击水、扭动。'半鳍'回来了。"
> "多次对鲨鱼进行引诱。他们来了，非常饥饿。"

---

①《幸存者》（Survivor），美国真人秀节目，节目参与者被限定在一个特定地环境下依靠有限的工具维持生存，并参与竞赛。——译者注

"2次攻击，加上几次试探。斯·安（SA）和皮·派（PP）^①看到‘残尾’在东登陆点逮住一只象海豹，抓拍到了一些特写。"

　　在审计八月份的鲨鱼行动时，我的发现让我深受鼓舞：平均来看，这里似乎每周都会发生一两次袭击事件。（到了十月，每天都会有伤亡的报道。）当我从头一年8月的日志看到下一年八月时，我偶然看到一个条目，上面写着，"一只16英尺（约4.9米）的雌性鲨鱼挑衅地向罗恩·埃利奥特靠近。"文字旁还附有一幅图画，画中罗恩正竭力摆脱一条鲨鱼，并大喊道："滚开！你这条臭白鲨！我还要去捞海胆呢！"这本航海日志让人读起来欲罢不能，当我终于依依不舍地合上书本时，已经过去好几个小时了，其他人都睡着了。这次旅行中，我与珍同睡在一间大卧室里，就在简·方达卧室的对面，中间隔着过道。我挺满意这样的安排。两天前的晚上，在因弗内斯小镇的一家饭店里，彼得和斯科特告诉我，简·方达卧室是众所周知的鬼屋。"那里有一只鬼。"喝过几杯啤酒之后，彼得一本正经地说，"还是只女鬼。"

　　"在房子里吗？"我不明白自己为什么会感到惊讶。如果有个地方活该闹鬼的话，那一定就是法拉隆群岛。

　　"在这个岛上，人们曾在某个山洞中发现一具尸体。"他解释说，一个世纪以前，人们在兔子洞中发现一具保存完好的女性骨架，就在东登陆点的附近，靠近原来俄罗斯聚集区的旧址。许多人认为死者是阿留申人^②的奴隶，因为这符合他们埋葬死者的习俗。但还有人认为死者是高加索人，他们声称检验她

---

　　① 斯·安（SA）和皮·派（PP），SA和PP为两人的名字缩写，SA=Scot Anderson（斯科特·安德森），PP=Peter Pyle（彼得·派尔）。——译者注

　　② 阿留申人（Aleut），美洲、亚洲北部少数民族，属蒙古人种。自称"尤南干"。约5 500人（1978年数据），主要分布在阿留申群岛和阿拉斯加半岛；另有部分人于19世纪初移居到俄罗斯科曼多尔群岛，是苏联最小的民族之一。——译者注

的牙齿就能证实这一点。然而事实是，没有人真的知道她是谁，也没有任何相关死亡记录。她的尸骨依旧留在岛上，埋在山洞入口附近。

这里传出诡异事件已经有好几年了，比如岛上的人们经常感到呼吸困难，后背发凉，还听到窃窃私语的声音，或是在马路上看见一闪而过的模糊身影，听到脚步声，夜里还听到"砰"的关门声。在这令人毛骨悚然的岛上，有那么几个人相信鬼魂或许很正常；但是对于一整队全由科学家组成的人来说，这又是另外一回事了：他们大多数人无论如何也不愿相信超自然现象的存在。尽管他们都很理性，但是在法拉隆群岛，那些无法解释的事确实让他们困惑不安，担惊受怕。

彼得告诉我，20世纪80年代中期的某一天，一名生物学家最后一个返回屋子。当时他在路上，透过薄雾看到一个黑色长发、身穿轻薄白色长裙的女人站在海岸阶地上。那个女人穿得很奇怪，不过他想也许是岛上两个女生物学家中的一个，所以他继续往前走——等他回到屋里，却看见那两个女生物学家就坐在客厅的沙发上。他立马转身跑回去看，但那个身穿白裙的女人已经消失了。那里真的没地方可以藏身，除非她跳进了海里。"他还是个科学家呢！是那种喜欢做重建无线电发射机那类事的人。"彼得偷笑着说，"他说那件事让他都开始相信世界上有鬼了。"

还有一次，一位来访的植物学家半夜梦游，一边走出前门，一边大喊着："不！我不要到那上面去！"人们拽住他的胳膊拦住他，把他叫醒。后来他解释说，有一个黑发女人想要引诱他一起爬上灯塔。

"那你们呢？"我问他们，"你们亲眼见过鬼吗？"他俩都用力地点了点头。

"噢，我就有过可怕的经历，"斯科特说，"那感觉就像是有什么东西在你身边，让你浑身起鸡皮疙瘩。特别是晚上，你一个人的时候，那种感觉就来了。"

彼得也说了一件让他印象深刻的事：有一次，他被一阵咚咚的脚步声吵醒，是楼梯上传来的，随后前门传来"砰"地一声，仿佛有人关上了门。然后简·方达卧室里的阁楼天窗抖动着，一股寒风呼啸着穿过屋子，使窗户上发出咯咯声。当时，岛上一共只有四个人，他们蜷缩在同一间卧室里，吓得魂不守舍。当晚除了他们，不可能还有其他人在外面楼梯上走动——他们清楚地知道这个事实，但也确确实实地听到了脚步声。虽然已经过去十多年了，但当彼得讲起这件事的时候，他看上去仍然心有余悸。

"有些房间更可怕，"斯科特摸了摸他的玻璃杯说，"比如简·方达卧室……就是你待的那个……"

"对，大部分怪事都是在那个房间里发生的，"彼得应和着说，"我也一直都不喜欢那个房间。"

"兄弟啊，我只在那个房间待了一会儿，就受不了了，立马跑了出来。"

◇ ◆ ◇

在海鸟季，岛上拥挤得只有几条小路可以通行，但即使走在那几条小路上，我们也需要格外小心，以免踩到那些毛绒绒的小鸟。每个石缝中都可以看到雏鸟，他们像个绒球一样，在最意想不到的地方舒服地睡觉，甚至挤进房子前门的台阶。对这些动物来说，领地就是一切，决定了他们能否存活下去，因此每一寸土地都值得赌上生命去争夺。

岛上目前有2.5万只海鸥和10万只海鸦，密密地挤满了整个海崖，就像保龄球瓶一样。还有大约4万只卡森海雀，2万只鸬鹚，4 000只海鸽，以及小部分其他种类的鸟，他们也在这岛上占有一席之地，其中包括120只簇海鹦。每只鸟都需要一小块属于自己的落脚地。他们深秋时就抵达这里，在繁殖前蹲守数月，只为了守住那块地盘。那些体型较小的海鸟——尤其是海燕和小海雀，想尽办法阻止海鸥吃掉他们的后代。他们成了夜行动物，只在夜间飞行，白天就躲在地下洞穴里。（但尽管如此，海鸥还是设法吃掉了很多雏鸟。）

对岛上所有的鸟儿来说，他们要做的不仅仅是孵出小鸟，还要成功地把那些雏鸟养大，教他们如何飞翔、潜水以及照料自己。对海鸦来说，长羽毛的过程尤其惊险。在学会如何飞翔之前，海鸦雏鸟会在父母的带领下走到悬崖边上，然后跌跌撞撞地跳入大海，他们入水后会像团棉球一样随水流漂走，如果幸运的话，他们一入水就知道下一步该怎么做了。

到八月份时，许多雏鸟都已经长好羽毛了，而那些还没有长好的也快了。我跟着拉斯和珍一起，去犀角海雀研究区查看：他们把手伸进洞穴，查看那些鸟是在巢里，还是已经迁徙了，直到下个海鸟季才回来。连续几个月的观察，看着这些鸟挣扎求生，生物学家们觉得自己就像在观看一部肥皂剧。而许多时候，故事都以悲剧收场。数以万计的雏鸟，甚至一些成年的鸟，都死于"啄头杀"。"啄头杀"是海鸥的标志性攻击方式，整个过程就是海鸥向另外一只鸟猛扑过去，然后用嘴啄开猎物的头颅。任何鸟都可能死于"啄头杀"；海鸥谋杀同类和猎杀其他鸟类时一样来劲。当雏鸟们开始长毛，扑腾翅膀，想要"一展身手"的时候，他们经常误闯成年海鸥的领地，这段时间"疯狂啄头杀"的惨剧就会接连发生，到处都是"啄头杀"的牺牲品。

我站在灯塔旁的小路上时，脚趾头戳到了一只鸟的尸体。这只鸟的嘴僵硬地半张着，呈惊叫状，仿佛直到生命的最后一刻，他都在大声叫骂着。我的上方是崎岖的山坡，海鸽就住在山坡的裂洞里，谨慎地窥视外面的情况。他们的羽毛乌黑亮泽，脖子和芭蕾舞女演员的一样修长，头部的形状和鸽子头一样。另外，他们身体的其他细节也很迷人：两边翅膀上各有一个月牙形的白色符号，仿佛是找香奈儿精心定做的。脚蹼和嘴里面都像涂了火红色唇膏一样，十分鲜艳。但不幸的是，正如人们所知，这些海鸽闻起来比看上去糟糕多了，他们的气味就像腐烂的鱼一样。

再往下走了几码后（1码约等于0.9米），拉斯熟练地把一只犀角海雀从地上的洞里拿了出来。这只鸟神态庄严，灰色的眼珠若有所思，尖尖的喙上有个撞角。拉斯把她举起来给我看。她似乎被惹恼了，正用力在咬拉斯的拇指，"这些鸟美貌而又野蛮，"拉斯说，"大致来说，他们属于犀角海雀一类，脾气特别粗暴。"早些时候，我看到一只簇海鹦站在北登陆点的一块岩石上，通红的眼睛凝视着大海，仿佛在进行一番哲学思考。她的喙是朱红色的，形状和咬合力度都像钢丝钳一样，能轻松地把你的手指咬断。

我们走到小路上。拉斯弯腰捡起了一只死鸟。那只鸟很小，全身乌黑没有一点斑纹，眼睛不见了。拉斯折了一段翅膀下来，凑到鼻子前闻了闻。"是只海燕。"他说，然后把那只鸟递给了我。他的羽毛闻起来有麝香味，很呛人，还有几分烟熏味，像是一张在牌桌上奋战了一夜的扑克纸牌。他小小的身体沾满了海鸥的反刍物，这就不难猜他是怎么死的了。

再往山上走几步，我们又发现了一个"受害者"，是一只卡森海雀，身体和葡萄柚差不多大小，羽毛是灰色的。他才死了不久，尸体还和活着时一样，眼睛直勾勾地盯着天空。当珍把他翻过来时，才发现他的后脑勺不见了。

一路上，海鸥经常袭击我们。有时他们只是虚张声势，但有时候是来真的。"他们会在你们毫无防备的时候把你们打昏。"拉斯说。大部分时间，生物学家们都会戴着安全帽，但这个行为似乎更加坚定了他们攻击的决心。曾有一只海鸥不要命地撞向一名生物学家，结果真的断送了自己的小命。

巡视了犀角海雀之后，我想去看看海鸦，这种鸟历来大量聚居于这个地方。拉斯说，想要观察海鸦，我们必须爬上一面近乎垂直的岩壁，这面岩壁正对着海鸦的盲区，上面有一间摇摇欲坠的棚屋，小屋里只够放下两张折叠椅。生物学家们就在那里一连待上几个小时，研究下方的海鸦群。一定不能从海鸦群中穿行而过，否则会惊扰到他们。不久前，一头饥饿的海狮闯进这片聚集地，海鸦们都惊恐地飞走了，然后他开始大口大口地吞吃那些雏鸟。海鸥也紧随其后，开心地把那些没人看管的鸟蛋囫囵吞下。皮特那个时候就在棚屋里，看着这幕惨剧发生，却无能为力。生物学家的职责不是干涉大自然，而是遵守大自然的法则。

从窥视点俯瞰海鸦群，就像是从直升机上看一场人数庞大的抗议集会一样。很难分辨出谁在动，谁没有动。为了更好地研究这群鸟，这个地区被分成了几个便于管理的大小区块。作为一个加拿大人，拉斯很自豪地指出那些以加拿大的省份命名的区块："看，那是亚伯达。噢，那边那个是不列颠哥伦比亚。"与这些鸟有关的所有事情都被精心记录在一个数据集上，那个数据集已经有33年的历史了，那上面的数据都很有价值。科学家们梳理了30年来鸟类数量的变化，然后开始归纳出了规律：在有厄尔尼诺现象出现的年份里，太平洋水温较以往高，海洋中食物减少，这给海栖动物的生存带来挑战，使得他们的繁殖数量比以往少得多。而在其他时期，海里的生物都很繁盛。事实证明，海鸟可以完美地反映出海洋的整体状态，人们还可以通过他们的行为状态预知生态系统问题。这种对于单一海洋栖息地的长期研究，是前所未有的。在这些荒凉的礁岩之上，自然历史又翻开了崭新的一页。

◇ ◆ ◇

一整天，空气都很潮湿，但我们并不觉得冷，天空呈现出柔和的灰色。气候非常温和，就像有一张纸巾盖在这岛上。在热带低压的控制下，这里风清云静。平静的天气再加上晦暗的月色，为黑夜里的抓鸟行动创造了理想的机会，我们打算晚饭后就开始行动。

今晚的任务是将岛上最隐秘的海鸟——灰叉尾海燕，引诱到一个和蜘蛛网一样细的雾网里，以便岛上的生物学家给这些鸟绑上一个金属带，并做一些记录。白天，这种海燕藏在一些不可能找到的地方。尽管这一带的海岸是他们在世界上最大的聚集地，但人们却几乎从未见过他们。晚上十点半的时候，我们六个人出发去查看雾网里的情况。早些时候，皮特和拉斯已经在灯塔山一侧的两个岗哨之间把网搭好了。

我们戴着头灯出发了，一路上，头灯的光束在无尽的黑夜中来回摆动。我问了一下皮特对于岛上那些鬼故事的看法。他说他没有亲身经历过那种事，但是大多数生物学家认为这座岛确实闹鬼，他们中的许多人跟彼得一样，曾被楼梯上的脚步声吓到过。还有一个人，是皮特的朋友，他曾被一个女人的声音吓醒，那声音在他耳边急切低语，说着一种他根本听不懂的语言。

关上头灯后，我们在雾网附近躺下。那天早些时候，那里发生了一场大屠杀，我当时感到很惊异。而现在我们就躺在那个事发地附近。"我闻到了尸体的腐臭味，"梅琳达激动地说，"我可能正躺在尸体之中。"这种事（指躺在鸟尸之中）很难避免。我开始习惯被鸟的尸体所包围，慢慢能够坦然地面对这一堆堆的"啄头杀"受害者，可是我真的一点儿都不想碰那些蛆虫，但岛上的其他人似乎早已对这一切习以为常。（我更不愿意感染上鸟虱，那是海鸟研究工作的另一大危险。）不管怎样，似乎没有人对躺在这里感到恶心，所以我只得保持安静，克制住想打开头灯的念头。

黑暗中传来了海燕交配的声音，就像盒式录音机发出的唑唑声。夜间活动的鸟都会发出怪异的叫声，那声音似乎来自于他们身体内部的某个地方，让我想起了载重的泡沫塑料盒被拖过油毡地时发出的刮擦声。随即，海燕出现了。他们像巨大的飞蛾朝我们振翅而来，忽起忽落，动作宛如蝙蝠。当他们逼近雾网，察觉到异常的时候，就向下俯冲，盘旋着反身飞回。然而大多数情况下，都为时已晚。当有鸟被网住时，离他最近的一个科学家就会跳起来，啪地打开头灯，然后小心地把鸟从网上取下来。珍现在就正在干这件事，她把捕获的鸟装进一个小袋子里，称重后递给皮特。然后皮特会拿出一把钳子，把一个橙色的金属带固定到那只鸟的脚踝上，并吹了吹她腹部的羽毛。如果这只海燕处于繁殖期，她就会有一个孵卵斑——那是在鸟的腹部直接与蛋接触的地方，所出现的一块秃斑。这只鸟正好就处于繁殖期。皮特把她递给了我。她摸起来像栗鼠一样柔软，心脏跳得很快，大概比正常速度快三倍。她用她那黑曜石般的眼睛警惕地看着我，但毫无威胁——她既没有锋利的喙，也没有钉耙一样的利爪。她的鼻子呈管状，是长在喙上的两个带有光泽的小孔，其功能类似于便携式的海水淡化装置——他们在喝了含盐的海水后，会通过鼻子把盐分排出来，从而得以在海上生存。"我太喜欢这些海燕了，"拉斯说，"这些鸟真的很了不起，他们是真正的远洋漫游者。"

给海燕戴脚环的工作将会持续到凌晨两点，但是在这片鸟坟上躺了几个小时后，我觉得有点冷，决定先回去。一路上除了我的头灯，以及扫掠着太平洋的灯塔信号灯外，四处一片漆黑。周围有海鸥的尖叫声，夜禽发春的叫声，"啄头杀"的混战声，以及海水的撞击声。在这无尽的黑暗中，所有的声音似乎都被放大了。隐约有一群海鸥，在我头顶上方盘旋着，争着要啄我的脑袋。于是我加快了步子，急切地想躲进屋子里，心里一边想，我这么紧张害怕都是拜希区柯克①所赐。海岸警卫室庄严静默地矗立在另外一栋和它一模一样、饱经风霜的房子旁。当我经过它时，突然有一个巨大的白影出现在我面前。那个东西很大，不可能是海鸥。我吓得往后退了一步，身子都僵住了。之后才发现，那个白影只是我的头灯在墙上照出的一个孤零零的光斑，但在光斑边缘有不明物体窜来窜去。"这地方一点也不需要鬼魂来增添恐怖感，"我按原来的速度继续往回走着，心想，"这么可怕的地方要是还有鬼的话那真是太过分了。"当时起风了，一切都被吹得四处摇晃，空气里充满水汽。几缕雾气蔓延到小路上，舔舐着我的脚。那雾气贴近地面快速飘动，像动物一样爬到岛上，使光斑的边缘看起来很朦胧。

冲进房子后，我立刻打开了所有灯。我本不该那样做，因为灯光会暴露小海雀的藏身之所。当光透过窗户照到外边时，他们很容易被海鸥发现，那必定

....
　　① 希区柯克拍过一部关于鸟的恐怖片。——译者注

会导致一场大屠杀。想到这里，我极不情愿地关掉了厨房以外所有的灯。我坐在厨房里，用塑料杯喝着晚餐剩的葡萄酒，试图说服自己——我不害怕。我晚上很少一个人待在这栋房子里。说实话，我基本上没有过这样的经验——也幸亏没有过，就这一次可把我吓坏了。

我上楼回到卧室时已经一点过了，但还没有人回来。对我来说，还需要花点时间来适应，才能学会在几十万只鸟的尖叫声中入睡。这可不比第一次搬到曼哈顿时，去适应那里的喇叭声和汽笛声来得容易。我在睡袋里翻来覆去好一阵子，听到其他人回来的声音后，才迷迷糊糊地睡着了。

我不确定到底是什么时间，大概是一两个小时之后吧，屋子的一侧被某个东西重击了一下，我立马就醒了。当时鸟儿已经安静下来了。在我对面，珍就躺在床上睡着。在一片死寂中，我突然感觉呼吸困难。有一股紧紧的、持久不散的压迫感缠绕在我的胸口。这种感觉很强烈，我必须努力让自己保持呼吸。这种感觉把我吓得坐了起来，我看了看珍，她之前是背对着我的，在那一刻，她突然抬起了头，在床上翻了个身，大睁双眼，直直地盯着我说，"我冷。"随后又把声音提高了八度说："我好冷！"我知道她不是真的醒了，因为她眼神涣散，并没有真的在看我。而后，她又躺下了，又是一片寂静。

后来我感到胸口舒缓了许多，好像那沉重的东西被移开了，觉得很顺畅，不用再刻意地保持呼吸了。我躺在睡袋里，心砰砰直跳，想要找出一个合理的解释。每个人都知道珍在睡觉时会说梦话。我这次遇到她说梦话只是一个奇怪的巧合，不是吗？我并不是完全不相信鬼神，但我也不是个狂热的信徒。我的那种感觉究竟是什么呢？那感觉确实存在，非常古怪，但也没到令人毛骨悚然的地步。我虚弱不堪，满心忧伤，就像一个呼吸困难的孩子。也许，就像那些得了白喉病的孩子吧……痛苦地躺在那里，经历着最后的致命阶段。

◇ **初次拜访** ◇

第五章

————————

鲨鱼之神

在离舒布里克不远的地方，一只鹈鹕受袭击身亡。

——法拉隆岛航海日志，1987年11月27日

2003 年8月8—10日

"今年是什么年来着？对，是奇数年，'残尾'该来了！"彼得站在捕鲸船的船舷边说道。他的双手插在背心口袋里，满怀期待地看着船尾漂浮的明黄色冲浪板，背后是从海面上隆起的舒布里克岬。"要不就是'追尾'，那家伙过去常常跟着'残尾'到处跑。她是一条大得吓人的母鲨鱼，第一次看到她的时候，那感觉就像一辆大巴从身边开过去。后来，斯科特给她安上了标牌，但我怀疑她压根儿就没注意到。" 彼得穿着橡胶套鞋，在没有护栏的船边走来走去。每次看到他这样，我都替他捏把汗。

今天，彼得早早地来到捕鲸船上，还带着他在路上捕获的战利品——两条鲑鱼。彼得是从波利纳斯过来的，那一路上的风景美不胜收。金色的晨光洒在丝绸般的海面上，万物灵动雀跃。岩鱼群在水中翻转游弋，好似一堆爆米花；海鸥张着翅膀向海面俯冲，座头鲸以排山倒海之势游过海峡。在如此美好的一天，我们没有一个猛子扎进海里去，实在是莫大的罪过。几个小时之前，彼得已经通过船上的无线电和岛上联络过了，等他一靠岸，拉斯就会用吊车把他弄上岛。大家聚集在登陆点上热情地跟他打招呼，那些资历尚浅的年轻鸟类学家见到彼得，就像学习萨克斯管的学生突然见到约翰·克特兰①一样兴奋。他们

---

① 约翰·克特兰（John Coltrane），美国人，爵士乐历史上最伟大的萨克斯管演奏家之一。——译者注

·128·

人手一本彼得的《美国鸟类鉴定指南》，不知道已经翻了多少遍。在鸟足标记环领域，这本书可是圣经一样的存在。然而除非别人追问，彼得从来不主动提起它。我在撰写报告的那段时间也发现，这本书好评如潮，获奖无数。

没过多久，我们就重新发动捕鲸船离开这里。这些天，我一直饱受鸟和鬼魂的惊扰，恨不得马上就离开这儿。但彼得却不想走，他觉得这片水域看着就像有鲨鱼出没。在我眼中，这是一片危机四伏的蓝黑色海域。毫无疑问，这里确实有鲨鱼。

如果运气足够好的话，我们也许能在船底的海水中看到一条若隐若现的姐妹鲨，甚至是"残尾"这条"女王"级的姐妹鲨。虽然"残尾"未能如期而至，但我们都相信，所向披靡的她终会披荆斩棘来到这里。当船缓缓驶过她的地盘时，彼得回想起在这里拍摄BBC纪录片时发生的一件事。那天也是在这里，海面和今天一样平静。彼得、岛上的一位实习生以及纪录片的导演保罗·阿特金斯坐在"餐盘号"的船沿上，做着准备工作，而摄像人员坐在另一艘船上拍摄。突然之间，小船被1英尺（约0.3米）高的海浪托了起来。"残尾"来了！她探出海面，墨黑色的眼睛直勾勾地盯着彼得他们看了一会儿，又掉头潜回水里，围着船转了几圈，然后就消失不见了。那个实习生吓得不轻，"残尾"突然从船下冒出时，他觉得"残尾"盯的就是自己，不禁失声尖叫，害怕得几乎喘不过气来。这件事过后，他宣布自己再也不乘这条船出去了。彼得安慰他说："'残尾'只是想和我们打一声招呼，让我们知道她发现我们了。"这话似乎并没有起到什么作用。

今天，姐妹鲨经常出没的海域没什么动静。没有汹涌的海浪，没有巨大的鱼鳍，也没有鲨鱼好奇地停仁，朝我们投来匆匆一瞥。船沿着逆时针方向缓慢地行驶在这片岛屿的周围，一路向南，经过塔瓦岬和甜面包岛，驶过阴森可怕、礁石密布的蒙泰湾水域。随后，我们来到了岛屿西端的印第安黑德——大白鲨的"大本营"。冲浪板一路上静静地漂浮在船后。"噢，我们到达'危险地带'了。"彼得一边说着，一边把船停在了尖耸石壁外100码（约91米）的地方。

这里发生了太多的事，在这里，"断尾"曾跃出水面6英尺（约1.8米）高，朝彼得的长杆摄像机猛扑过来——这是因为摄像机上的防水套是红色的，酷似血红色的海豹肉；在这里，斯科特乘坐的"餐盘号"曾遭受严重撞击，整个船尾都荡出了水面；在这里，罗恩曾看到一条鲨鱼猛地从水中跃出约5英尺高（约1.5米），去捕杀一头海豹；在这里，采鲍潜水者马克·蒂斯朗的左脚踝曾被鲨鱼咬住长达15秒钟，拖到水下70英尺（约21米）——他浑身剧烈颤抖着，当鲨鱼松口后，他立刻拼命游向海面，等到脱离危险后，这才发现自己的左脚只剩下一小块皮肤仍与腿部相连。除此之外，还有一头足有600磅（约272千克）重的海象惨死在这里。彼得估计当时有十几条鲨鱼围攻这头海象，"我这辈子从没见过这么多的血"，连海水都被染成了红色。

经过印第安黑德时，彼得觉得这里一定有鲨鱼，他说："我就不信在这里也找不到鲨鱼！"我紧盯着甲板旁边，希望看到一个代表鲨鱼存在的涌浪。我们拖着冲浪板在"鲨鱼小道"来回晃悠，然后绕着马鞍礁环行，之后又在东登陆点逗留了一会儿，但是鲨鱼始终没有出现。

鲨鱼季之初，鲨鱼们刚来到这里时，总是饥肠辘辘。一发现有东西掉进水里，他们就会急忙赶过来查看。鲨鱼们消瘦得变了形，有时就算是彼得和斯科特熟知的鲨鱼，他们一时也辨认不出来。尤其是"半鳍"，他刚到这儿时瘦得皮包骨头，饿得快要发疯，后来抢到了食物才恢复过来。随着时间的推移，鲨鱼们会慢慢地吃胖起来，有些甚至能长到鲸鱼那么大。到那个时候，他们就不大可能朝冲浪板发起进攻了。不过现在才八月初，在印第安黑德游动的大白鲨们，没有一条能抵挡得住虚假美食的诱惑。

彼得转过身来，满脸沮丧地对我说："他们还没来。"

鲨鱼没有出现，我们心中一阵阵空虚与失落。这就像你满怀期待地走进一个房间，满心以为这里会有一场喧闹的聚会，但等待你的却是一片寂静；或者像你的爱人离你而去，连你心爱的小狗也一并带走。法拉隆群岛没有了大白鲨，就像电影没有了主人公，战役没有了指挥官，拳击运动没有了超重量级选手。没有了他们，世界截然不同。

◇ ◆ ◇

为什么我要这么关心鲨鱼呢？为什么我们所有人都这么关心他们？即使是在睡梦中，这些问题仍困扰着我，挥之不去。就像我之前向彼得倾诉的那样，从我第一次邂逅鲨鱼的那天起，两年以来，我无时无刻不在想念着他们。自从那次相遇后，我确定了一件事，那就是在众多海洋生物中，大白鲨的研究是一个完全未知的领域。想要描述他们，你得抛开那些普通的词汇，而用一大箱子的夸张字眼来替代——地球上最神秘的生物、最不可能被驯服的野兽、终极捕食者、你能想象得到的最可怕的怪物，等等。这些描述确实非常准确，因为他们就是如此与众不同。澳大利亚传奇潜水员兼水下摄影师罗恩·泰勒曾说："在我看来，鲨鱼的黑眼球中流露出智慧的光芒。他并不是恶魔，却比恶魔更加陌生和恐怖。"

甚至连"鲨鱼"这个词都有一种崇高、尖锐、毫无伪饰的感觉，就像被削尖的棍子一样锋芒毕露。"鲨鱼"一词的起源仍然是个谜，有人认为它可能起源于玛雅语中的Xoc一词，Xoc是一个鱼形恶魔的名字。另一种普遍的说法则认为该词与德国词"schurke"有关，指的是"狡猾的罪犯"。"鲨鱼"一词直到公元1570年才开始使用，所以古希腊和古罗马人绝对不可能用这个词来形容那些能把人撕得四分五裂的鱼。据资料记载，历史上曾有人在远洋航海中被鱼咬掉脚踝，另外，还有一些奇怪的画，画的是一个在水里被咬成两半的人。但当时人们并不知道其中的缘由，所以就瞎编了故事来解释。

据普林尼①《自然史》（成书于公元78年）第三十七卷记载，当时人们在地上发现了大量的鱼牙化石（其实是鲨鱼的牙齿；且如今仍有这类发现），罗马的学者们猜测这些化石是在月食期间，像下雨一样从天上落下来的。后来，有人提出了更加复杂的理论：这些东西其实是马耳他岛上毒蛇的舌头，被圣保罗施法变成了石头。于是人们把这些化石称为"glossopetrae"，即"舌石"，认为它们具有神奇的功效，特别是可以解除蛇毒和其他毒素。由于当时流行给人下毒，这些牙齿化石就和珠宝、护身符一样受人欢迎，时常被缝在衣服上特制的口袋里。直到十七世纪中期，一位丹麦科学家斯蒂诺才推断出这些牙齿真正的起源。当时他遇到了一个难得的机会——解剖一条大白鲨的头。人们在意大利海岸捕获了这条大白鲨，并将其送到了佛罗伦萨法院。斯蒂诺可能是最早有机会仔细观察鲨鱼牙齿的人类之一。

大约在一个世纪后，瑞典伟大的自然学家林奈创立了科学的命名体系。从此，所有的生物渐渐有了世界通用的专有学名。大白鲨总算有了一个官方的名字：*Squalus carcharias*。再后来，人们发现了越来越多的鲨鱼种类，鲨鱼的命名就有了更细的分类。所以，大白鲨又叫*Carcharodon carcharias*，意思是"参差不齐的牙齿"。

人们肯定想不到，这个"龇牙露齿"的物种拥有悠久的历史——从四亿年前的泥盆纪开始，鲨鱼的祖先就一直漫游在大海里，并且至少经历了四次全球性的物种灭绝灾难。事实上，人们熟知的"鱼类时代"比第一批恐龙的出现早两亿年，比人类大举进入大裂谷早三亿九千五百万年。那时，有好多奇奇怪怪的鱼在海洋里游来游去，就像是大自然在尝试各种各样的设计。比如鳗类鱼、类鳗鱼、巨型海蝎，等等，有的家伙还有坚甲护头，而且这些生物全都长着超

---

① 普林尼（Pliny），罗马作家，自然主义者，自然哲学家，以其所著《自然史》一书著称。——译者注

大颗的牙齿。当一种新的软骨鱼类——鲨鱼，在泥盆纪时期出现时，硬骨鱼类已经存在了很长一段时间（大概一亿五千年上下）。身为一流的猎食者，鲨鱼的存在简直就是其他鱼类的噩梦。那个时代，海里还有邓氏鱼（拉丁学名原文大意为"恐怖的鱼"）和裂口鲨。前者的身长超过17英尺（约5.2米），身上覆盖着美观的"护甲"，下颌棱角分明；后者的身体呈管状，长约6英尺（约1.8米），肌肉发达，牙齿锋利。后来在泥盆纪晚期，一些鱼类成功迁徙到陆地上，进化成了四足动物。

"鲨鱼时代"来临了。今天我们将泥盆纪后的石炭纪称为"鲨鱼的黄金时代"，旋齿鲨和巨剪齿鲨是其中最具代表性的种类。旋齿鲨长着一圈电锯般的牙齿，而身长20英尺（约6米）的巨剪齿鲨更是超级捕食者，其牙齿突出到嘴唇外面，看上去就像一把锋利的锯齿剪刀。然而毋庸置疑的是，在曾出现在地球上的所有生物中，巨齿鲨的牙齿才是最惊人的。他们生活在2000万年至150万年前，简单地说，就是生活在过去。我们可以把他想象成是放大版的大白鲨，大概相当于一辆游行花车那么大。巨齿鲨的牙齿长度超过7英寸（约18厘米），现存数量惊人，已经成为网络交易平台"易趣"上的展品（不过，保存得最完好的牙齿标本已经被他们高价卖给了化石收藏家）。体型较大的巨齿鲨的一颗牙齿，大小和重量相当于一个小孩的肝脏；牙齿大体呈三角锯齿形，单看形状和大白鲨的牙齿相似。通过巨齿鲨的牙齿尺寸推测，这种鲨鱼的嘴巴大得足够让一匹夸特马站在里面，马头都不会碰到上颚。

要想象出一条姐妹鲨的真正大小已经够难了，更别说是一条50英尺（约15米）长的巨齿鲨。要知道，姐妹鲨通常长20英尺（约6米），宽8英尺（约2.4米），高6英尺（约1.8米）。神秘动物研究者热衷于研究巨齿鲨，他们猜想，巨齿鲨或许仍存在于一些未经探索的地方，例如"挑战者号"海渊、马里亚纳海沟，以及其他深海裂缝之中。毕竟，人们已经在深海区域发现了某些久已销声匿迹，甚至见所未见的神秘生物，比如1976年发现的巨口鲨。这是一种长约

14英尺（约4.3米）的怪兽，他的嘴唇呈锯齿形，有雪佛兰汽车的保险杠那么大。在此之前，人们从未见过与之相似的动物。更早前的1938年，人们在南非海岸捕获了一条腔棘鱼，此前一直认为腔棘鱼早在8 000万年前就灭绝了。于是大家开始猜测，世界上是否还存在其他未知的动物。

人们普遍认为巨齿鲨已经灭绝，而这对怪兽爱好者们来说无疑是个噩耗。对于一条长达50英尺（约15米）的鲨鱼来说，想要潜藏在大海深处不被人们发现，也是很难的。而且更重要的是，巨齿鲨并不适合生活在深海里。如果世上真的还有巨齿鲨，他们多半会在鲸鱼群附近徘徊，因为这是他们主要的食物来源。无论如何，没有足够的证据能表明巨齿鲨仍存活于世，这对于冲浪爱好者倒是个好消息。

也就是说，现在轮到大白鲨来支配人们心中的恐惧了。早在约1 100万年前，大白鲨诞生于海浪之中时，他们就在人类大脑皮质的豆状核中占据了一席之地——那个位置储存着我们对于被吞噬的恐惧，尤其是对于潜伏在深海中的杀戮者，猛冲过来吞掉我们的恐惧。大白鲨带着邪恶的笑容，蛰伏在暗无天日的海域深处，每每想到这些场景，人们都不寒而栗。考虑到大白鲨远比我们更早来到这个世界，我们似乎有理由认为，鲨鱼在某种程度上决定了人类的进化路线——想象一下巨齿鲨像高速列车般朝你碾压过来的情景，就不难理解我们的祖先为何会逃离大海了。

无论如何，对鲨鱼着迷的远不止我一个人。纵观人类文明，面对鲨鱼，人们要么敬畏他如上帝，要么惧怕他如魔鬼，很少有人能以平常心来看待。

太平洋上的岛民们把鲨鱼看作死者的转世化身，因此会在水下设置祭坛，为鲨鱼摆上供品。部落之间有时会因为其他部落误食本族信仰的鲨鱼而爆发宗教战争。夏威夷人便是如此。他们信奉几个鲨鱼神祇，并认为其中一个名为"卡莫霍阿里"的鲨鱼神发明了冲浪运动。当海军开始在珍珠港建造基地时，工人们在水下偶然发现一些围栏遗迹，那是古人同鲨鱼进行水下

"角斗比赛"的场地。其中最大的围栏覆盖面积约为四英亩，四周环绕着一圈火山石。不过，考虑到鲨鱼本身就生活在海里，善用满嘴利齿，而人类却不得不屏住呼吸，手拿比短扫帚好不了多少的武器，这场角斗的天平显然朝鲨鱼一侧倾斜。

那时，人们认为激怒鲨鱼会带来噩运，所以祭拜鲨鱼神或许是最好的办法。在西太平洋，潜下海去采珍珠的人们会在全身纹满刺青，以此来安抚鲨鱼神。在下水之前，他们还会买一个"避鲨符"，随身携带以求平安。除此之外，萨摩亚人尤其崇拜大白鲨，他们甚至会把大白鲨的雕像挂在树上；越南的渔民把鲨鱼尊称为"鱼神"；欧洲的水手则坚信鲨鱼能预知灾难，每当看到有鲨鱼尾随在船后时，他们就立马警觉起来；而远古的阿兹特克人总是天马行空，他们认为我们生活的地球就是一条名叫"希帕克特里"的鲨鱼。

迄今为止，已知共有460种鲨鱼生活在海里，而且他们像石炭纪的鲨鱼那样形态万千、不可思议。目前，我们已经发现了身体扁平的扁鲨，他们看上去就像鲨鱼形状的浴室防滑垫；金鱼大小的绿灯笼鲨；隐居在寒冰下的格陵兰鲨，他们身藏剧毒，有着古怪而杂色的皮肤；还有哥布林鲨，他们看起来就像是一把粉红色的裁纸刀；以及鼻子像链锯般的锯鲛鲨——这一切是种属进化史上的灿烂篇章，也是野生鱼类的狂欢盛宴。我们害怕上述的绝大多数鲨鱼，虽然其中很多远不如他们的外貌那般可怕（比如：长尾鲨、护士鲨）。不过，如果你连小型皱唇鲨科都害怕，那就太可笑了。他们牙齿扁平，也因此被人们称为"橡皮"。人们的文化焦虑大多聚集在四种经常猎食人类的鲨鱼身上：虎鲨、牛鲨、白边真鲨，当然还有大白鲨。

我们逐渐认识到：大白鲨并非是不分青红皂白的冷血杀手——事实上，他们的某些行为使得他们看起来更像是哺乳动物，而非鱼类。比方说，他们能够辨别形状。这些年来，斯科特已经确信鲨鱼既不会主动攻击正方形的诱饵，也不会攻击人工制造的翻车鱼诱饵。但是，当人们把一块冲浪板，或是倒霉的

"假人鲍勃"，又或是海豹状的地毯投放到海里时，鲨鱼们即使不把它们当成猎物，"一头扑上去"（彼得语），至少也会上前"研究"一番。大白鲨的视野范围远比我们认为的要宽广——除了大白鲨以外，没有哪一种鲨鱼会抬起头，浮出水面，因为那动作就像在侦查周围的环境。他们在视力上的优势，以及对微电子脉冲探测的高度敏感，使得他们能够在紧急时刻及时调整他们的"作战方针"。当大白鲨停止捕食时，他们会变得异常温顺。每个曾遇到过大白鲨的人（当然，遭到大白鲨袭击的除外）都会提到这一现象，并且还会充满困惑地摇摇头。

更令生物学家们感兴趣的，还是法拉隆岛这些鲨鱼之间的关系。尽管他们和虎鲸一样，都不是有组织的"猎杀团队"，但他们绝对会密切关注邻居们的一举一动，并一直待在斯科特所说的"鱼类大社会"里。因此，当捕猎活动发生时，同一水域里的所有鲨鱼都会有所察觉，并迅速赶往"案发现场"。即使他们会在猎物的尸体旁互相拥挤，但他们也并没有因为争夺食物而失去理智。恰恰相反，他们做了一些更有趣的事情。他们创建了一条看似彬彬有礼，却又十分严格的"进食等级规则"：鲨鱼的体型越大，距猎物的位置就越近。噢，或许有些鲨鱼曾试图打破这条潜规则，比如体型稍小的鲨鱼会试着窜到猎物前，迅速地咬下一口，但这无疑是一个冒险的策略，容易付出惨痛的代价（一些大白鲨残缺的鳍部就证明了这一点）。依据大白鲨的"进食规则"，姐妹鲨在捕食猎物时具有"优先进食权"，雄性大白鲨会对她们敬而远之，还会向她们乞讨残羹剩饭。

众所周知，鲨鱼不会解二次方程，也不会相互依偎在一起。人们据此认为，鲨鱼并不拥有细腻的情感与非凡的智力，但在法拉隆群岛，他们每天都表现出了这些特性。不仅如此，他们还出人意料地拥有一样东西——"个性"。这也是"鲨鱼计划"中最有趣的发现之一。他们当中既有"侵略者"，也有"小丑"；有的性情温顺，有的暴躁易怒；当然，还有的非常嗜血。这是斯科特、彼得还有罗恩根据亲身经历得出的结论，并不是他们被海鸥撞坏脑子后的无稽之谈。我对鲨鱼拥有的"个性"十分着迷，所以一有机会，便会谈起这个话题。

《动物星球》节目有一期讲到法拉隆岛的鲨鱼。该期节目录制于1999年，当时斯科特向摄制组表示，他和彼得对这项研究有很深的感情。他腼腆地说："与鲨鱼交往是我没想到的，这已经不再是一项单纯的研究了，事实上，我们已经与鲨鱼建立了某种联系。"随后，在节目中，斯科特与南非鲨研究者克里斯·法洛斯、罗勃·劳伦斯一起详细地讨论了这个问题。

"对于大白鲨有'个性'这件事，你们怎么看呢？"斯科特问道。

"你对此是不是早有预料？我们可是吓了一大跳。"两位南非生物学家说。他们完全赞同斯科特的观点，认为每条鲨鱼都与众不同。紧接着，他们提到了一条名叫Rasta的巨型姐妹鲨，他们说："她是那种你想跳进海里狠狠拥抱的鲨鱼，是这个地球上最伟大的生物。只要她来到你的船边，你就会变得特别高兴，甚至会像个小孩子一样手舞足蹈。"

然而，不要指望近期就能读到研究动物个性的学术论文。因为一旦涉及到动物的个性问题，科学家们往往会踌躇不决。其实每个豢养猫狗的人都非常了解宠物之间的性格差异，知道一只宠物既可能像罗马皇帝卡里古拉一样暴躁易怒，也可能像圣诞老人一样和蔼可亲；这些蜷成一团的小动物全都拥有各种各样的性情与怪癖。但是，大白鲨和宠物能一样吗？

那么西部海鸥呢？他们有个性吗？

那天晚上，可能是因为我首先提到了关于动物个性的问题，大家在吃饭时又热烈地谈论了起来。当时，大家一边吃着墨西哥铁板烧①，一边倒着葡萄

<hr>

① 墨西哥铁板烧（Fajitas），是一种墨西哥食物，也叫法士达、墨西哥鸡肉卷，是由鸡肉、牛肉、香肠等配上洋葱等蔬菜，腌制入味后放在烧热的铁板上扒出来吃的。吃的时候一般要配上酸奶油、乳酪、生洋葱和墨西哥薄饼。——译者注

酒，我随口问道："那么，你们觉得那些海鸥有个性吗？"话音刚落，大家的话匣子就打开了。大家对东南法拉隆岛上那群海鸥的"恶劣行径"讨论得热火朝天，谈话持续了几个小时，这顿晚餐因此给我留下了深刻的印象——不过，当你在法国高档餐厅享用乳鸽的时候，最好别去聊我们当天聊的那些细节。像鲨鱼一样，这些海鸥每年都会回到这里。多年来，一些海鸥因其特立独行的举动，而广为人知。彼得已经花了二十多年观察群岛上的这些海鸥，因此对他们的行为一清二楚。

有只叫"曼森"的海鸥吃掉了自己的雏鸟；另一只叫"特罗尔"的，则疯狂地攻击路过的人。只有少数海鸥不会通过厉声尖叫来恐吓别人，"默潜者"就是其中之一。他会悄悄地从暗地里接近你，然后出其不意地袭击你的后脑。每只海鸥都有自己最喜欢的攻击方式，像"咬啮者"喜欢一口咬向你的跟腱，"鸟粪轰炸机"则喜欢俯冲到低空，朝你投放他的"特快专递"。还有一只海鸥不得不说，那就是"尖锥"。

在海鸥的聚居地，就算是鞋盒大点儿的空间，都要通过残暴的厮杀来夺取，而"尖锥"却占领着屋子前面的整个空间——那里都能住下一家六口海鸥了。"尖锥"是小海雀的连环杀手，是一名使用"啄头杀"的冷酷角色。PRBO的生物学家进出房门时，都会不可避免地遇到"尖锥"，经常看到他满脸是血，并歇斯底里地尖叫着，周围还有一堆小海雀的尸体。这些遇害的小海雀原本是用来喂养海鸥宝宝的，但"尖锥"会把这些小海雀们先统统吞进肚里，然后再吐出来。海鸥宝宝们的食物就变成了一堆和自己差不多大小的黏滑泥球。因此，海鸥宝宝们经常什么也吃不到。

你会发现，人类所有的行为品性，几乎都可以在那些普通的海鸥身上找到。他们之中，有的是尽心尽责的父母，有的却丧尽天良——就算雏鸟丢了也漠不关心。还有，他们同样承受着婚外恋以及离婚的痛苦，甚至还有同性恋、老处女、强奸犯、书呆子。当然，他们中也有无数的小偷。在海岸警卫队驻所附近，有一个直升机停机坪，单身的海鸥们经常会在那里游荡逗留，希望能找到配偶，但他们往往表现得焦虑不安、神经分分，因为那里对于繁衍后代来说可谓糟糕至极，且不说完全露天，附近也没有什么材料可以用来筑巢。只有那些地位最低的厌世者才会潜伏在周围，希望抓住随时可能出现的第一个交配机会。彼得把他们比作高中毕业舞会上躲在旁边蠢蠢欲动的人。

我曾注意到，所有的生物学家在遇到个性突出的动物时，都会尽力避免将其看作一名独立的个体。这在很大程度上像是一种心理防御机制。不得不说，要挨个去关心那么多死去的动物，实在过于伤神，还是简单地记录下他们标牌上的数字，或者画个图表来反映他们的生活状态好了。然而这种替代手段也意味着，科学家们采取了干涩冷漠的态度，使科学变成了一件麻木无情的东西。

彼得曾用一种富有包容性的哲学思想来探讨这个问题。他说："他们是动物，我们也是动物。虽然我们拥有'对生拇指'（人和猿猴类的拇指形态）和大脑，但就地球上所有的生命而言，大家都是平等的，没有高低贵贱之分。"他停了下来，倒了一杯有机美乐葡萄酒，又继续说："我讨厌'拟人'这个词，因为不是动物像人类，而是人类像动物。所以应该反过来说才对。"

◇ ◆ ◇

当清晨的第一缕阳光洒在东登陆点上时，我和彼得一人拿着漆刷，一人撬开两罐油漆，准备把船体重新刷一遍，以防止藤壶①附在船上。然而，仓库里只有黑色的油漆，所以我们不得不把船刷成黑色。当油漆一点一点地覆盖船

....

① 藤壶（Barnacle），指附在岩石或船底等处的甲壳动物，有着灰白色的石灰质外壳，吸附能力极强。——译者注

身原本的亮蓝色时，船的气场也发生了明显的变化。刷了一会儿后，彼得站起来，后退几步，开始欣赏船只的新貌。他满足地说："现在它看起来才像个真正的作业船嘛，原来就跟个'雅皮士'的钓鱼船似的。"彼得对"雅皮士"这个词抱有深深的成见，他认为"雅皮士"代表着一切文化糟粕，是一群被宠坏的窝囊废，还自认为高人一等。在彼得看来，与普通的劳动者（或无私的生物学家）相比，"雅皮士"的人格力量远有不及，对于法拉隆群岛这样的地方，他们一天也不愿多呆。这样一概而论未免苛刻了些，尽管我知道彼得出身贫苦，生活方式简朴，但他对"雅皮士"的厌恶还是深深地震撼了我。

在捕鸟时，彼得曾搭便车穿过尼加拉瓜丛林、印度贫民窟、萨摩亚水果蝙蝠殖民地，你可以想象这些地方的荒凉程度。但当你问他，在他去过的地方里，哪儿最不讨人喜欢时，他会毫不迟疑地说是富裕的加利福尼亚郊区——"沃尔纳特克里克"。

彼得躺在捕鲸船下，往船体中心刷着油漆。他一边刷着，那些有毒的油漆也一边不停地滴落在他的衣服、头发以及皮肤上。我的太阳镜上同样布满了黑色的斑点。记得当时我正对自己糟糕的刷漆技术无地自容，彼得突然就冒出来一句："我打算今年去法拉隆群岛冲浪，就在鲨鱼季期间。"

显然，他对这件事不再只是空想，而在一定程度上制定了全面可行的计划。说起这件事时，彼得一副无比笃定的态度，这让我有些吃惊；不过我马上想起了某位女生物学家对我说过的话。当时我得知那位女士对彼得的工作十分熟悉，便打电话请她帮我核对一些信息。她听说我真的认识彼得，并且在我的印象里，彼得是个看重声誉超过生命的人，顿时显得非常惊讶。"他可是个疯狂的家伙！"她说。好吧，我现在开始明白她为什么这样讲了。

"真的要去？"我问彼得。他点了点头。他确信，在特定的条件下，在象海豹湾冲浪是很安全的。而且，如果浪涌、风向及风力、能见度、还有潮汐等条件都能达到理想状态，还可以试试拖曳冲浪。他接着说："如果你不想划出去的话，我可以从船上跳下去，顺着浪潮把船推到岸边。"看我一脸怀疑的样子，彼得马上又补充说："我只是想来次漂流而已。"

我回过神来，缓缓地说："好吧，我不建议你去冲浪，但你要是真的去了，我倒很想看一看。"不过我也就是随口一说而已，因为我知道，一旦外人进入了法拉隆群岛，那里会比诺克斯堡①看守得还要紧。我相信限制访问是政府最好的选择，这个政策保护了法拉隆群岛。如果这片岛屿一直允许外人进入的话，估计这里早已遍布各种海景大楼和大白鲨主题公园了。

即便如此，尽管我知道这些规则是必须的，在这种情况下也是高尚的，但我就是讨厌它们。因为在绝大多数情况下，这些规则显得愚蠢不堪，注定要被嘲笑，甚至打破。在生活中，虽然我不是一个真正意义上的反叛者，但我质疑我碰到的大多数规则，也忽视这些规则下我应承担的责任。当然，我并不是说这就是一个人应有的处事方式。但是，如果有机会偷偷溜回岛上，我还是想试一试。我怀疑这个机会并不会那么快到来，但也不想过分纠结执着。

我想写一个故事，一个关于这个地方和它的"居民"——鲨鱼的故事。但如果没有切身经历的话，故事写起来将会很难。尽管来此探访和长驻岛上完全不是一回事，但罗恩曾说，我可以陪他来这里潜水，这还是让我看到了希望。我偶然得知彼得也和我一样讨厌规则，尽管如此，他能允许我在鲨鱼季近距离观察鲨鱼，还是让我喜出望外。他老早就注意到今年政府会查得很严，对偷渡者绝不手软。记得他说过，有一次，一群喝醉酒的船员想偷渡到东南法拉隆岛观光游玩，结果被抓了个现行，还得到了一张"六位数"的罚款单。虽然斯科特在美国鱼类及野生动物管理局申请到了一张年度许可证，但他也只是一位享受特权的客人而已。因为许可证随时可以被撤回，所以他也没有权利带着我一

···
① 诺克斯堡（Fort Knox），美国肯塔基州北部路易斯维尔市西南军用地，自1936年以来为联邦政府黄金储备的储藏处。——译者注

同出海。因此，即使今年秋天我有很多事想做，现在也只能老老实实地待在捕鲸船上，看着彼得在"鲨鱼小道"里冲浪。

"嗯，或许你可以。"彼得说。

我看着他一脸严肃，于是开口问："那我该怎么做呢？"

在最近的邮件和谈话中，彼得对于许多事情都避而不谈。看来，他们与鲨笼潜水员的那场打斗已经带来了恶劣的影响。一方面，生物学家们与格罗斯他们就是否要加大管制力度展开了激烈的争论，而另一方面，对于大白鲨保护问题占据了整个议程这件事，某些官员表现出了种种不满。与此同时，上级行政部门——美国鱼类及野生动物管理局开始注意到"鲨鱼计划"潜在的危险和问题。但是，他们并不关心大白鲨研究会有什么样的风险，毕竟他们的管辖对象只是这片岛屿，不包含周围的水域。因此，在2003年7月，正当彼得安排季度后勤工作时，他收到了来自官方的信函，信函中称鲨鱼为"保护区内非优先管理物种"。于是，外界开始担心法拉隆岛会使用过多的设备和人力，对非特权保护物种进行研究。不仅如此，由于政府对新的安全条例加强了管制，捕鲸船再也不能在东登陆点进行作业了。这意味着彼得和斯科特再也不能把船停在海边，也不能在鲨鱼袭击事件出现时，第一时间赶往那里（细想之下，这不像是一个"更安全的"办法）。今年可进行研究的时间也被缩减了，其中还包括十月的空窗期——也许长达一个月——到那时，整个鲨鱼计划都将暂停。这期间，在美国鱼类及野生动物管理局和海岸警卫队共同监督下，国民警卫队的支奴干直升机计划将这些堆积如山的垃圾食品、老旧的柴油罐、废弃的托梁、一两座碎石堆积而成的海军大楼都运出去。尽管这是把法拉隆群岛归还给动物们最有效的办法，但这项工程太费事了，所以人们将不会耗费过多的精力在鲨鱼身上了。

一封信带来了最后一击。信上说，从2004年的12月开始，"鲨鱼计划"不能在岛上进行"船上作业"了。这意味着我们以后只能在陆地上观察鲨鱼袭击。简单地说就是"鲨鱼计划"走到了尽头。

这个时间安排很是苛刻。因为对Tipfin和其他鲨鱼的研究取得了成功，海洋生物普查协会把法拉隆岛上的鲨鱼，指定为巴巴拉·布洛克教授太平洋水域生物标记项目（TOPP）的实验对象之一。今年秋天，政府准备发送出二十个卫星追踪标牌。这意味着至少有二十条鲨鱼会被安上标牌，这次真的是一群鲨鱼，其数量几乎等于他们过去四年里标记的鲨鱼总和。在鲨鱼出没的高峰期停工一个月，幸运的话，这不过是暂时的困难罢了；但要是运气不好，这项研究将会彻底失败。

彼得没有为此发脾气，但是他的内心却犯了难：要怎样才能在这些新规定下继续工作呢？他想，一定会有办法的。而且，在过去的这一个月里，他一直在寻思着替代方案。例如，将鲨鱼计划从现在的研究地点转移到水上进行，这或许可行。不过，他们仍然需要获得官方的许可，才能继续进行"探鲨行动"——如果没有灯塔的帮助，彼得他们将很难发现鲨鱼袭击，甚至在某些情况下，根本察觉不到。还好，他们可以安排人在灯塔值班。彼得说："所以啊，我就在想，我们可以弄一条船停在渔人湾那里，作为我们的工作基地。船上有三四张床铺的空间，可以住几个人。如果我们不能在岸上进行研究的话，就可以去那里。而且，从严格意义上来说，我们不在岛上，可以不受岛上的法规限制。"

我可以预见事情正朝着什么方向发展，并且我还挺喜欢这个发展趋势。

◇ ◆ ◇

第二天是我在岛上的最后一天，彼得用捕鲸船送我去波利纳斯。天气晴朗，在阳光的直射下，我们的船在水面上留下一小片阴影。为了赶上中午的班机，我们很早就出发了。当我们快到海港的时候，周围的一切都静谧安详。冲浪手们在航道里随着海浪上下晃动。空气中满是柔和的陆地之声——鸣禽的叽啾代替了海鸥刺耳的叫声，树叶在沙沙作响。微风中也弥漫着桉树和泥土的芬芳。

波利纳斯环礁湖水位极低，只有涨潮时船才能进去。彼得驾驶捕鲸船缓缓地驶过岸边的房子。这些房子造型奇特，由水中的柱子支撑着。整个小镇还在沉睡之中。彼得将我送到主码头后，就把船停在了离码头不远的地方，接着穿着结实的胶鞋从沙洲里蹚了过来。我们把行李放在他的卡车后面，然后步行到海岸咖啡馆吃早饭。咖啡馆的采光效果极好，墙上挂有一个鲨鱼咬过的救生圈，天花板上还悬挂着一个冲浪板。我一边浏览菜单，一边用余光瞟了彼得一眼。从码头到卡车，再到饭店，短短50码（约46米）的路程中，他的情绪发生了翻天覆地的变化。他变得更加沉默、忧郁、自闭，就像一扇门"砰"地关上了，把所有的光挡在了门外。显然，对于他来说，回到这里就像拉上了现实世界的窗帘。而我也有同样的感觉。因此，我们只是各自吃着鸡蛋和面包，几乎没说什么话。

早餐过后，我们突然想起那辆租来的车还停在附近街道上。我们赶到后，发现车子还停在那儿，遍布污垢，无人问津。但让我庆幸的是，车身还算完好无缺。波利纳斯人一向臭名昭著，为了阻止游客进入城镇，他们会大肆破坏高速公路上的指示牌，因此，我一开始就没指望借来的车子能受到什么好的待遇。当时还有一只斑点獒犬站在车前，上下打量着我们，那副样子显然将车子当成了他的私人领地。彼得将他轻轻推开，不过，他只是稍微挪了点儿地方，然后又回到了原来的位置。

"我们得去找一条船，"我肯定地说道，"我先去网上看看可不可以租一条。"昨天开始，我们已经在讨论"鲨鱼计划"的物资准备工作了。目前看来，"鲨鱼计划"还是在适合水上进行，而且正好可以趁着这个季度的停工期试一试。我们会找一位船长来驾驶我们的工作船，我本人也会在船上待一两个星期——不过这只是彼得的打算；至于我自己，却打算能待多久就待多久。

彼得说："如果找不到船的话，我就从法拉隆岛巡逻队船长那里弄一条来，他们之前就给我们提供了一条船。再不然，斯科特也许能找到愿意借船给我们的人。真希望能有艘螺旋桨轮船，那我们就省心多了。"似乎彼得和我的想法并不相同。在我想来，这是一个漂浮在海上的旅馆；而在彼得心目中，那是一个将要长期困守其中的垃圾桶。不过这点分歧也没什么大不了的。在鲨鱼季参观法拉隆群岛的机会说不定就这么一次，如果有必要，我完全愿意在"餐盘号"上过夜。

和彼得分开后，我独自驱车离去，内心悲喜参半。喜的是我很快就会回到这里，悲的是我还要等六周。从现在到鲨鱼季开始，这段时间里，我还有很多事情要做。首先，我得找个人照顾我的猫，然后向工作单位请假。接着，我要找一个更好的双筒望远镜。除此之外，最重要的是，我还得找一艘船。当我好不容易从仪表板上的储物箱里找到手表时，我才发现我犯了一个严重的错误，我把时间弄错了。从这里到旧金山机场需要两个小时，但是现在只剩八十分钟了。这样一来，我就没有时间洗澡了。更何况，周末的交通状况拥堵不堪，整个海湾地区的人们似乎全都向海滩奔去，因为路上全是载着皮艇和冲浪板的路虎和宝马。我驾着布满灰尘的金牛座小车，沿着海岸线旁的公路缓缓前进，而在我的前面，车辆川流不息。

把车还给租车公司后，我汗流浃背地赶上了机场大巴，但已经迟到很久了。到达机场后，售票员急忙把登机牌递给我，叫我赶紧上飞机。在通往登机口的路上，我又犯了一个错误——为了赶时间，我从机场护栏的绳子下面直接钻了过去。我完全忘记了自己现在是在机场，而不是在法拉隆群岛上，能够做这种事情的美好日子已经一去不复返了。蜂鸣声响了起来，随后是尖利的警报声。警察、机场工作人员和全副武装的安保人员统统冲了过来。他们全都不怎么友好。行李安检员板着脸，一把抓过我沾满海鸥粪便的双肩包。同时，一个强壮的女人把她腰间的警棍抽了出来，拍打了我两下。我这才意识到自己的样子有多可疑——浑身上下邋里邋遢，几乎和野人没什么两样。在法拉隆群岛度过一周后，我似乎已经忘记了世俗的规矩，把野外世界的那一套用错了地方。为此，我差点上不了飞机。

◇ **鲨鱼之神** ◇

下部：鲨鱼季

第六章

_____

重返群岛

我惧怕鲨鱼。不管是以前、现在还是将来，我都害怕他们。在我看来，要是有人面对鲨鱼不感到恐惧，那他一定有些不正常。

——彼得·金贝尔，纪录片《血海食人鲨》导演

2003年9月21日

任何人都会觉得，乘着游船出海将会是美好的一天；此刻的我正坐在"飞鱼号"船舱内的长椅上，享受这样的时光。船身划破旧金山湾翻涌的海浪，向法拉隆群岛驶去。早晨的景象极富野性之美：天空晴朗，疾风劲吹，喧闹的浪花拍打着船尾，在阳光下闪闪发光。随着金门大桥消失在视线中，我慢慢放松了下来。上周，为了赶在截稿前敲定杂志标题，我夜以继日地疯狂工作着，吃的是油腻的外卖，还和同事一起喝杜松子酒。这段日子的生活很不健康，胜利大逃亡之前的每一分钟都倍加难捱。而此刻，船上只有我、"飞鱼号"的船长布莱恩·吉尔斯和大副戴夫，以及价值1 000美元的食物。

我租了"飞鱼号"送我前往法拉隆群岛，我将在那里见到彼得和海洋生物学家凯文·翁。凯文是给鲨鱼安标牌的专家，来自蒙特雷霍普金斯海洋站。而斯科特会在两周内到达。今天，我会跟彼得和凯文一起，在东南法拉隆岛迎接"想象号"。这是一艘法拉隆巡逻船，长约60英尺（约18.3米），钢板外壳，刚结束了两周的西雅图之旅，正在返航。下午的早些时候，我们会将"想象号"停放在渔人湾，船员们会乘"飞鱼号"返回索萨利托，而我则要适应这个漂泊的新家。我想象着日落时分，我们在船上喝着香槟，看着鲨鱼在船头嬉戏，或是诸如此类的场景。

除了上面提过的，船身长度为60英尺（约18.3米）这一点之外，我几乎对

"想象号"一无所知。我在网上搜索过好几周，但一艘合适的船也没碰上（我发现船长们都不是很乐意将那些正在服役的大型船只租出去），最后却得来全不费工夫。彼得向法拉隆巡逻船队的几个队长说明了情况，其中四人立即同意将自己的船提供给我们。第一个做出回应的是"想象号"的船长——汤姆·坎普，他没时间开这艘名字迷人的船，所以我很乐意亲自接手，确保船上的电池充好了电，舱口的盖子已经钉牢，还要保证船底没有翻转朝天，等等。好吧，其实我并不熟悉这类大型船只，但照料一艘船总不至于太难。在法拉隆群岛的这段时间，"想象号"将一直停在港口内，也许会持续5周左右，具体时长还得根据情况来定。等到十一月左右，来自西北的风暴袭来之时，它才会被接回旧金山，此前则将一直漂浮在法拉隆附近的海面上。彼得和斯科特将与布朗和娜塔共住一室，后者会带着两个实习生回到岛上，并在此度过大半个秋天。白天，"想象号"便是鲨鱼计划的行动基地，为了方便追踪，船的一侧系着捕鲸船。

我对这项计划充满了期待。随着鲨鱼季的临近，我的心情越来越激动，一心想要重返法拉隆，去观察鲨鱼，与彼得、斯科特和罗恩重逢，然后好好观察一番姐妹鲨。要做到这些事，还有比一直待在海上更好的选择吗？

我顺利地请到了假。干我们这一行，本来就需要专门抽时间到实地去采风，而现在正是时候。我急于逃离沉闷乏味的工作，重返自然，让身心得到释放。每次离开纽约去法拉隆群岛时，我都拖着臃肿的身材，被办公室工作搞得疲惫不堪；而每次从法拉隆群岛回到纽约时，我总是容光焕发，体型也变得健美。虽说在岛上一周洗不上一次澡，难免搞得蓬头垢面，指甲缝里满是污垢，我也觉得比穿着Gucci高跟鞋或La Perla时尚内衣，光鲜靓丽地走在曼哈顿街头更加性感。

上周，我和汤姆在断断续续的信号下通了电话。汤姆是一位来自伯克利的律师，他生性开朗，今年五十五岁，非常乐意为鲨鱼计划提供自己的船只。他像游戏节目主持人那样，用高亢洪亮的嗓音对"想象号"大加夸赞。"我不想让自己听起来像旅馆老板娘一样，但你的确应该看看我的船舱有多棒！"他说得像是我们捡到宝了一样。彼得本来希望得到一艘螺旋桨轮船，但事与愿违。

"我会像对待自己的船一样对待'想象号'。"我向汤姆保证。

"噢，我只希望她回来的时候还是老样子。"他说。

"不，汤姆，她的状态会比现在还棒。"

"抓紧栏杆！！！！"舱内传来吉尔斯的大喊。紧接着，"飞鱼号"从浪尖猛地往下一跌，我被甩下长椅，摔到了地上。两个男人的笑声从前面传来。吉尔斯是一位出色的渔夫，他满头灰发，身材瘦削，看起来五十出头的样子。他对法拉隆群岛的印象不太好。和大多数船长一样，他眼里的法拉隆群岛是船只失事的多发地带，是去捕捞聚集在大陆架边缘的长鳍金枪鱼群时的必经之地，仅此而已。

今早我到码头时，吉尔斯一脸奸笑地朝我打招呼："洗好你的最后一次澡了吗？"

我回答说，没法洗澡也就不必梳头，这种感觉其实挺好的。他会心一笑，"好吧，头几天倒是没什么问题，"又加上一句，"对了，顺便提醒你，那里苍蝇不少。"

然后他看到我正往船上搬运五百来袋食物，还有几十箱水、啤酒、葡萄酒和健怡可乐，吃惊地瞪大了眼睛。"你到底打算在那里待多久？"

"还没想好，这得看天气吧。也许五个星期？"

吉尔斯哼了一声。"想得倒好。这是我的名片，如果我到时候有空，可以来接你。记得联系我。"

事实证明，为船上生活采购五个星期的食物比想象中麻烦得多。昨天，我在Mill Valley Whole Foods逛了好几个小时，斟酌着要买哪些东西。我可不会随意把商品丢进购物车，这种特殊采购需要动些脑筋。过去这些年里，法拉隆群岛上围绕食物发生过多次令人印象深刻的冲突：人们囤积食物，藏匿食物，幻想得到食物，甚至为了食物打架。彼得就曾提到，一个实习生得知蛋黄酱被别人吃完时，差点与人起了肢体冲突。

我突然意识到，能否在"想象号"上做饭还是未知数。虽然我觉得船上肯定会有火炉之类的工具，但我忘记向汤姆求证了。他曾提到船上有一间性能良好的大容积冷冻舱。得知这一点后，我放心地采购了大量速冻卷饼和其他易腐坏的食物。

随着"飞鱼号"在浪花间驰骋，我的大批存粮在后甲板上滚来滚去，咕隆作响。我摇摇晃晃地走向驾驶室，吉尔斯和戴夫正在那里喝着咖啡闲聊。我之前听说"飞鱼号"就是八十年代时放生鲨鱼"珊迪"的那艘船，于是向吉尔斯询问当时的情况。

"那次啊，"他摇了摇头说，"场面跟马戏团似的。"那天，他的船上挤满了媒体和水族馆的人，还有一箱箱啤酒，但"珊迪"对这一切无动于衷，甚至有人猜测她已经死了。吉尔斯本来也是这么想的。"我把她的头抬起来，塞了一个舱底泵在她嘴里，这样水就可以流进她的鳃里。但她突然挣扎起来想要咬我，我们才发现她还活得好好的。"当他们把"珊迪"放回水里的时候，她身体僵硬，像块石头一样直直地沉了下去，还撞到了一名水下摄影师——他当时正在专注地拍摄，想趁"珊迪"游走之前记录这次放生经过。水面上则有另外几台电视摄像机在工作。"那天晚上11点半，报道结束后，我的保险公司来了电话。"代理人非常明确地表示，如果某天吉尔斯船长决定把活的大白鲨请到"飞鱼号"上来做客，他会建议船长给自己投上一大笔人身保险——金额只比航天飞机稍微低一点点。

我们正在靠近法拉隆群岛的外围海域，这里经常能看到鲨鱼在海面下方懒洋洋地游动。吉尔斯甚至在这里打中过一条鲨鱼。据他描述，就在"飞鱼号"侧舷位置，一条16英尺（约4.9米）长的鲨鱼跃出海面至少6英尺（约1.8米）

高，几乎够到了船侧的栏杆。这条鲨鱼试图咬食挂在鱼线上的鲑鱼，溅了乘客一身水。"鲨鱼离我们很近，我甚至能一巴掌扇到他的脸上。"还有一次，吉尔斯在斯廷森海滩附近钓鱼，这里是马林的热门游泳地之一。他在海岸附近发现了两条大白鲨的踪影，离一群短板冲浪者不到10码（约9米）。就算如此，他还是觉得灰鲭鲨才是鲨鱼中真正的坏蛋。"灰鲭鲨攻击性很强，又特别凶狠，大白鲨跟他一比也会显得不够灵活。"吉尔斯拿起无线电广播，调到80频道——这是岛上的工作频道。"彼得，法拉隆岛，彼得，法拉隆岛，'飞鱼号'，完毕。"他讲道。

彼得立即回答了他。"收到，'飞鱼号'，法拉隆群岛。早上好。"

"是你们点的披萨外卖吗？"吉尔斯哈哈大笑着说，"你们还得等一会儿，风浪有点大，我们大概还有一个小时才到。"

他咔塔一声关掉无线电广播，转过身来。"你知道这里最危险的是什么吗？"他说，"不是鲨鱼，是天气。"他接着讲，有一天早上，他们离开海港的时候还风平浪静，到了群岛远处的海域，突然遇到30英尺（约9.1米）高的涌浪，差点就不能平安回来。而大家都说，这类经历其实很寻常。

刚说到这里，法拉隆群岛突然出现了在海平面上，看上去既可怕，又美丽。等我们到达东登陆点的航标处，彼得已经在捕鲸船上等候多时。经过马鞍礁时，一条鲨鱼袭击了我们，惊起了一群海鸥。没有时间犹豫了，我直接从"飞鱼号"跳到了捕鲸船上，落在一个老地方——操舵台附近，这里可以抓住两边的栏杆。彼得戴着棒球帽，对我咧嘴一笑。

我们驾船漂浮在海面的血泊上，盯着一块上下浮动的象海豹残骸，四周却没有猎食者的踪影。虽然彼得说，鲨鱼总会在你认为一切都已结束时发动第二轮攻击，扫荡所有残骸，但是这次，鲨鱼似乎已经走远了。曾经有一回，他也像这次一样盯着残骸看了20分钟，在残缺的鳍肢上发现了一个标牌，就伸出手去够。但就在这时，一条鲨鱼突然现身海面，猛地从他手里夺走了这些残骸。

当时，鲨鱼的牙齿距离他的手不到一英尺（约0.3米），死白色的眼球在他面前翻动。

海豹周围的水浪翻腾着，但我们没有发现鲨鱼的踪迹。随后，"想象号"抵达了，它从北方朝我们慢慢驶来，看上去有种莫名的庄严气派。这是艘干大事的船。长长的船身为海军蓝色，甲板为白色，船帆收拢在一起，被海蓝色的防水布巧妙地包住。甲板上，一个又高又壮的家伙正冲着我们挥手。他的头发花白凌乱，胡子拉碴，穿着破旧的紫色T恤和休闲裤，戴着厚厚的眼镜和皱巴巴的太阳帽，看起来很兴奋。我们决定不管尸体残骸，先带领"想象号"去到她的锚地。彼得大声叫喊着，为汤姆指方向，告诉他稍后在渔人湾见面。在"想象号"后面，我能看到怠速运转的"飞鱼号"正在等待船员登船，戴夫则斜靠在船尾整理着鱼线。

到了渔人湾，我们把捕鲸船停在"想象号"旁，互相打了招呼。除了汤姆，甲板上还有另外两个男人：鲍勃和布莱恩，他们也有着荒岛风格的花白色乱发。汤姆说他们需要一个小时清理船舱、收拾东西。这几个人看起来很邋遢，但一副心情惬意的样子。得知他们三个在船上住了两个星期，却一直没有打扫过卫生后，我的心无奈地往下沉了一小截。

我和彼得驾船离开"想象号"，打算趁这段时间在岛上转转，与此同时，米克驾着"超鱼号"到达了海湾的入海口处，船尾站满了前来参观鲸鱼的人。所有乘客都挤在靠港口这一侧的栏杆前看着我们，导致船身明显倾斜。海洋生物学家凯文也在船上，我们驾船去接他。凯文是斯坦福大学博士学位候选人，在布洛克博士手下工作，专门研究鲨鱼，尤其是大白鲨。

人群分散开，以便凯文能够翻越栏杆。他把两个装着设备的硬壳箱子递给彼得，然后跳上了捕鲸船，动作轻巧得让人觉得他也许就是在船上出生的。凯文三十出头，魅力十足，身形像运动员一样强健。他头发乌黑，双眸幽深，温暖的微笑足以照亮一座中西部的小城。他伸手从米克手中接过行李包时，我注意到了他前臂上健美的肌肉线条。

我们快速地向对方介绍了自己。凯文告诉彼得，他带了六个标牌，还有另外六个在路上。凯文刚从阿拉斯加回来，他在那里给大白鲨的远房亲戚——鲑鲨——做了一些标记。这种鲨鱼性情凶悍，生活在寒冷海水里，以鲑鱼为食。

在这之前，他在哥斯达黎加待了一段时间，尝试在棱皮龟爬上沙滩筑巢的时候标记他们。整个七月，他待在南加州，与蒙特雷湾水族馆的一个团队共事。他们试图捕获一条可供展出的大白鲨幼仔。水族馆已经为这个计划拨了120万美元，打算将捕到的鲨鱼作为自己的"人气明星"。

据凯文说，水族馆现在对这段糟糕的捕鲨往事十分敏感，打定主意不再重蹈覆辙。这项计划像军事任务一样周密，还有不少声名显赫的科学家为此出谋划策。蒙特雷湾水族馆也许是世上最负盛名的水族馆，要说有地方能够成功养殖大白鲨并向公众展览，那就是这里了。这样想着，我突然发现自己还挺喜欢让人们近距离观察鲨鱼这个主意。尽管"世上最不可能被驯养的动物"这个概念里有一些狂热的空想成分，但只要见过大白鲨，你就不会觉得应该对他们避之不及了。当然，做成这件事既需要技术，也需要运气，否则鲨鱼只会死在水族箱里。

连续5周，凯文和团队的其他成员都在海峡群岛附近巡航。据悉，每年的这个时段，大白鲨幼仔会聚集在这里。计划结束的三天前，他们解救了一条5英尺（约1.5米）长的雌性大白鲨，她被困在用来捕捞比目鱼的刺网中。凯文一行人将她转移到海洋里一个500万加仑（约18 927立方米）的箱网养殖场里，对她进行了标记，之后还观察到她吃了一些鲑鱼。一切都进展得很顺利，鲨鱼的状况也十分良好。但由于金枪鱼箱网养殖场的租约到期了，条件又不允许将她转移到蒙特雷，他们只好将她放归大海。（自从执行这项计划以来，鲨鱼保护区域的范围持续缩小，直至缩减为与百万加仑级别的水族箱尺寸相近。）

事实上，整个夏季，加州一直在发生大白鲨袭击事件。黛博拉·弗兰兹曼是一位50岁的教师，她酷爱与海豹一起游泳。8月24日，在距北洛杉矶200英里（322千米）的阿维拉海滩，她遭到一条长达16英尺（约4.9米）的大白鲨袭击，不幸身亡。上一次在加州发生大白鲨伤人致死的事件已是9年前。与鲨鱼相关的网上留言板和聊天室都炸开了锅。有人认为弗兰兹曼是自作自受。

甚至有网友评论说："和海豹一起游泳?她怎么不直接往脖子上挂一个开饭铃？"此人随后受到了其他网友的严厉谴责，大家说他太冷血。

与此同时，在距海岸一箭之遥的San Onofre地区，三条大白鲨聚集在核电站附近，媒体的直升机和附近彭德尔顿营的飞行员们连续一个月都在拍摄他们。在被无数次目击和紧接着造成沙滩关闭之后，这几条鲨鱼成了当地的标志，被分别取名为"斯巴齐""弗拉费"和"阿奇"。

三条鲨鱼在这一带频繁现身的消息不胫而走，游客随即蜂拥前往这片强风肆虐的海滩。一位游客向当地媒体解释说："我们本可以去圣克利门蒂岛的任何一处海滩，但我觉得鲨鱼追袭猎食的画面更有趣。"其他人则在询问公园管理员："鲨鱼什么时候现身?"

后来又出现了第四条鲨鱼，这让人们觉得最好取消一年一度的劳动节冲浪比赛。政府官员终于承认，他们两年前曾在这个海滩埋葬一条40英尺（约12.2米）的长须鲸，这时人们才明白"弗拉费""斯巴齐"和"阿奇"为什么老是在这里游荡。

八月份的时候，彼得在距离美国本土较近的地方收到了一封令他大吃一惊的电子邮件。那是一个热衷于在开阔水域游泳的团队发来的，这些人计划在9月20日那天，举办一场从东南法拉隆岛到金门大桥的游泳接力赛。他们表示会带上一种用于驱赶鲨鱼的电子设备来防身，也就是所谓的"防鲨盾"，并询问彼得对该计划的看法。

"我不赞成这样做，"彼得赶紧回复说，"九月份的时候，鲨鱼刚好从中太平洋返回，正饿着肚子。而且大白鲨的猎食习惯是从海底猛扑上来，我可不认为电子驱鲨器能起什么作用。"

彼得把这件事告诉我，并嘲讽地说："鲨鱼可能会想，'天哪，我讨厌这些噪音'但那时他们强有力的尾巴正在推动他们以每小时40英里（约64千米）的速度扑向水面。难道他们能在那个节骨眼上刹住，然后来个180度的大转弯？"

由于保险公司拒绝为护卫船投保，这场本来会在昨天举办的比赛取消了。实际上，参与这场比赛的任何一艘船，或是比赛的任何一个环节，都不可能得到投保，没什么好说的。一想到有人想在这里比赛游泳，我就感到后怕，于是打电话给其中一位组织者——70岁的乔·奥克斯。此君除了组织这次比赛，另外还在主持一项名为"逃出亚卡拉"的游泳比赛①，他对彼得的警告不以为然。

我告诉他，我自己也喜欢游泳，当然能体会到开阔水域的诱惑力，但我毕竟目睹过太多发生在那里的可怕事件，所以实在没法想象在东登陆点潜水和游泳会有怎样的后果，尤其是在秋天。奥克斯哈哈大笑，语气不屑："我知道那有鲨鱼。"他对驱鲨设备信心满满，宣称它们的效果惊人，相当于给鲨鱼的鼻子来上一记痛击。"鲨鱼们对这个怕得要死。嘿，你想参加接力赛吗？你要是能搞艘船来，我们组就加你一个。"

◇ ◆ ◇

一个小时后，我、彼得和凯文登上了"想象号"，将捕鲸船拴在旁边。但

---

① 《逃出亚卡拉》（*Escape from Alcatraz*）原为电影片名，该片讲述了几个人想要逃离亚卡拉监狱的故事。——译者注

我立马意识到，当尺寸完全不同、而且还在倾斜的两艘船被系在一起时，在它们之间攀爬转移的难度会更高。两艘船的栏杆碰撞时，你的手指可能会被碾得稀烂，就像被夹扁在两块混凝土中间的一条虫子。错估涌浪的时间，很容易让人一直吊在"想象号"的栏杆上没法下来，或者更倒霉的是，当船互相碰撞进而分开时，从两条船的缝隙中跌落。

"想象号"很宽敞，但不太好操作。船头和船尾都有铺位，配有一个袖珍厨房以及半圆形的餐厅，尤其令我惊喜的是，船上竟然还有一间尺寸标准的浴室。但总的看来，"想象号"和你在旅游杂志上看到过的那些豪华游船完全不同——在后者的甲板上，一群来自意大利的大亨被穿着Pucci纱笼裙的时尚模特们围绕，喝着水晶香槟，在甲板上消磨时光。"想象号"与这些船相比，就像豪华客机群中的一架货运飞机，纯血阿拉伯马群里的一匹普通马。它的装潢倾向于20世纪70年代的娱乐厅风格：大面积上漆的多结松木家具、瓶身落灰且叫不出名字的白兰地、画有彩绘的玻璃舷窗、还有地板中心的一幅绝妙浮雕——一个仅以长发遮挡私处的裸体女人。

不过有件糟糕的事，汤姆说，他们从西雅图返回的途中遇到了坏天气，只好转了个舵，结果船的右舷断了一部分。我们一看，有个地方的栏杆不见了，黄麻绳和胶带被缠成一股，临时充作护绳。"最好别走那一边。"他提醒我们，随即又说冰箱出了故障，水管似乎也坏了。

我盯着他，心里一阵惊慌。"水管坏了？什么意思？"

"噢，我刚想冲马桶，但水回流了……"他打开一扇舱门，不死心地往下压着一根长长的控制杆。"看，没有真空……嘿！真没想到啊！竟然修好了！"头顶传来大事不妙的水流声，随即响起刺耳的轰鸣。

"那里有水管？"我想证实一下。

"我猜有！太好了！"他的声音中充满了惊喜。

我瞥了一眼彼得和凯文。我原以为我能喝点热啤酒，然后把大部分用不上的生活用品送给留岛人员，但水管的状况打消了我的幻想。

其他人正在尝试建造一个停泊装置，以保证船只在停泊期间的稳定，我站在一侧看着。这可不是个简单的活计：船头应该朝北还是朝南？帆船和海湾中间的浮标应该隔多远？锚又该隔多远呢？一共需要多少绳子？

建造工作还在继续。汤姆和鲍勃在争论该把"想象号"停在何处，彼得和凯文则爬进捕鲸船，将它从"想象号"上解开，启动了引擎，从我们身边绕过，以便将绳索帮忙运到浮标处。他们选择了离岸很远、横跨湾口的地方。很明显，这个小港湾提供遮蔽的能力十分有限，尤其不利于阻挡来自西北方向的风（然而这里恰好盛行西北风）。而且停靠在这里，"想象号"会位于甜面包岛和"大石拱"之间的"小海峡"中，船身为南北朝向，当猛烈的西风刮过来时，就会形成危险的横风。彼得很快注意到这点，马上询问能不能调整锚的位置。但汤姆想将锚钩在一块横贯该地区的暗礁边缘上。他蹲在船头握着起锚机——一种升降船锚的装置，但是渐渐发现链条好像不够长。汤姆一边忙活，一边对着"想象号"喊话。喊了几分钟鼓励的话后，他突然大叫："噢！不不不！见鬼！"

"怎么了？！"我慌忙问道。

"噢，我差一点就把这个锚搞丢了，"他看起来松了一口气的样子，"但我及时抓住了它。差点就有大麻烦了。"

"想象号"现在距离浮标两百多码，所以彼得和凯文得把四条绳子连在一起才能拴到它，而三处绳结会降低整条绳索的可靠性。为保险起见，他们在第一条绳子上缠上了另一套绳索。当他们再次登上"想象号"时，我能看出他们被小船固定的方式吓了一跳——船的两头都被固定住，船尾拴着绳子，船头拴着锚链。人们很少会采用这种像拴吊床一样的方式来固定船，因为会阻碍船顺风而行。果然，即使狂风已经平息，只剩微风吹拂，"想象号"还是在晃来晃去。彼得和凯文抱着双臂站在船尾，看上去很不安。他们相信，如果风力再大一些，可能真的会有麻烦，但对此事固执己见的汤姆和鲍勃却很镇定。

我们顺着木梯爬入船舱，了解这些东西如何运作。经过舱内时，汤姆一边对木工技术赞不绝口，一边抚摸着收藏在小储间的物品，然后给了我们一份西雅图之旅遗留的发霉食物的清单。冰箱坏了，里面的东西也已变质超过一周。我急切地扔掉变质的午餐肉，看了看还有哪些东西需要清理。

汤姆迅速将仪表板盖住，这些东西就像NASA（美国国家航空航天局）指挥中心里的设备。彩色的开关、灯、测量仪、按键、仪表盘在离舱口最近的墙上排成一行。他告诉我们哪些把手可以旋转，哪些按钮不能触碰，哪些仪表盘需要时刻监控，哪些警告灯可以忽略不管。他只用了大概20个单词讲了一下复杂的12伏电子系统如何运作，然后告诉我们，蜂鸣器有时会突然响起；一旦它响了，我们应该立即关闭所有系统，然后马上通知他，可能还得上岸。彼得用本子记下了他说的话，我却突然感到非常疲惫，走了神，只记住一些零星的指示。

我们走到船头，汤姆打开一个装有文件和地图的木镶板抽屉，说这里是用来保存"想象号"重要文件的地方。我开玩笑说，"所以这些就是我们开船去南美洲需要用到的东西啰？"汤姆猛地转过身来看着我，表情严肃，先前懒洋洋的态度一扫而空。

"我会让警察紧紧地跟着你。"他声音低沉，语气郑重，毫无调侃的意味。

气氛一时沉默而尴尬，我们意识到这一点，不太自然地笑了笑。显然，他认为我的玩笑没有多大意思。不过他当然也不会以为我是认真的。刹那间，我从汤姆的眼中读到了类似惊慌的情绪。他在这里详细地为一群陌生人介绍自己的宝贝船，告诉他们怎样启动发动机，操作丙烷阀时要注意什么，怎样抽出储存果脯的手工置物架。而后，他要朝着相反的方向起航，把自己的宝贝船停泊在这片臭名昭著的危险海域，让我们来负责这一切。

◇ ◆ ◇

彼得和凯文从汤姆、鲍勃和布莱恩身边穿过，登上船尾还拖着鱼线的"飞鱼号"。我站在"想象号"的甲板上环顾四周。渔人湾是一个典型的"U"形海湾，四周环绕着陡直的岩石，这里地形复杂，看起来像是背风面，其实没有任何掩蔽。以前有很多小船冒险开进去寻找避风处，但没有一条能从里面开出来。北登陆点位于"U"形的南部末端、溪沟的底部。

溪沟口只有15英尺（约4.6米）宽，并且从入口处开始变窄，几乎成了尖岬。那里尽是陡峭的岩壁，这就要求舵手驾船从涌浪中冲过去，驶向溪沟中那块平坦的岩石附近，还要指望乘客能够敏捷娴熟地跳上去，然后在下一轮巨浪扑来之前猛地跳开。那里原本有一台起重机，但1905年，一场风暴将整个起重机从混凝土底座上连根拔起，后来便再也没有换上新的。这就是北登陆点，一开始你会觉得这里没什么大不了的，以为比东登陆点要容易应付得多，然而并非如此。

"想象号"恰好停在中间，往西200码（约182.9米）是甜面包岛——其实就是一块巨石，往东150码（约137.2米）是塔瓦岬。舒布里克岬邻近塔瓦岬，面积甚至更大一些。海岛东北部延伸出去就是整个姐妹鲨湾。没错，我就要睡在这些"姐妹"身上了。早些时候，我们刚登上船，彼得就说自己见过鲨鱼"桡足玛玛"在我们停泊的地方享用食物，她少说也有18英尺（约5.5米）长。斯科特也曾见过这条鲨鱼将一具动物尸体拖至浅滩，就在渔人湾浮标前面。海豹在离岸不远的地方遭到攻击，在海湾口，你一眼就能看见波浪上漂浮着巨型象海豹的无头尸体——只有姐妹鲨才能猎杀这样的庞然大物。罗恩也讲述了自己在这附近的经历。他曾和鲨鱼进行了一次最亲密的接触，就在"想象号"停泊的地方，离船头不远。

那是1998年的平安夜，罗恩当时正在这里潜水。他看见一条巨大的姐妹鲨就在不远处，与她相比，"残尾"简直就像一个小婴儿。这条鲨鱼全身竟然没有任何伤疤，像刚出生时一样完好无损。她长这么大，身上却没有留下其他动物攻击的伤口，简直不可思议。由此可见，她不是一条普通的鲨鱼。当她靠近时，罗恩采取了自己的经典战略，快速游到了鲨鱼身后。现在回想起来，这可不是最明智的做法——鲨鱼并没有按他的意愿乖乖离开，反而立刻转身朝他扑来。她是罗恩见过"最胖、最疯狂"的鲨鱼。幸运的是，附近有一些礁石，让罗恩得以藏身；过了好一阵子，鲨鱼才离开。

我想起一条名叫"干净夫人"的鲨鱼，罗恩和斯科特在谈论她时所流露出来的那种敬畏，让我渴望见见这些庞然大物。"他们是体型庞大的同一类生物，但个个独一无二。"罗恩谦卑地低声说道，斯科特也严肃地点了点头。我渴望亲身感受这种神秘的气场——或许就在此时此刻，就站在这个甲板上，我就能得偿所愿了。就帆船所处的海域来看，这一点似乎不无可能。

彼得将捕鲸船驶回"想象号"，凯文卖力地划着"塔比号"，紧跟其后。这是一艘长8英尺（约2.4米）的白色划艇，可以载着人们往返于岛屿和海上鲨鱼研究基地。北登陆点和研究基地相距400码（约366米），凯文只需要用力划动几下便能走完全程。"塔比号"是鲨鱼计划船队的第三艘船，尺寸不大却发挥着重要作用。由于船体由轻质塑料制成，所以一个人就能将它拖到岩石上，无需使用起重机帮助登岛或离岛。由于起重机在这个季节有使用上的限制，这一点显得异常关键。当我们不用乘"塔比号"追寻鲨鱼时，就把捕鲸船也开回来，系在"想象号"的边上。

彼得和斯科特翻阅航海日志，尽可能寻找最接近矩形的划艇，精挑细选后，他们选择了"塔比号"。"8英尺（约2.4米）长的物体无疑在鲨鱼的攻击范围内。"斯科特曾这样说过，但经过此后多年的诱饵研究，他相信矩形物体不会遭到攻击。斯科特没有打算特意研究这项发现，不过他的推测已经足以使大家放下顾虑，安心在这里划船。

捕鲸船系在"想象号"的左舷上，"塔比号"则系在右舷。这是个糟糕的排列，容易让这三条型号各异的船只彼此碰撞。为了防止这一现象发生，"想象号"两侧需各挂上一大片缓冲物，看起来就像垃圾场风格的艺术品一样。从"想象号"跳到"塔比号"上时最让人害怕，"塔比号"的稳定程度与一次性餐盘相似，船上也没有可供减缓冲力的栏杆可扶。我不敢跳，也希望自己不用跳。毕竟我不用去岛上。

现在已经4点多了。太阳在傍晚的天空中闪耀着，深蓝色的水面泛着钻石般的光芒，涨潮了。既然没办法冷藏食物，也就没必要花时间拆开它们，所以我们三人决定在捕鲸船上逛一圈。

在印第安黑德，我们摆好了冲浪板。不到十秒，彼得和凯文同时注意到了冲浪板附近的浪花在翻腾，随后，一片背鳍出现在视野中，擦着涌浪划出优雅的弧形。这条鲨鱼在捕鲸船下方快速侦查了一番，然后离开了。我甚至没有看到他的身体。

"这条太小了。"凯文说。他不准备给这条鲨鱼安标牌。年龄和体型都更大一些的鲨鱼才会被他优先考虑，尤其是姐妹鲨。

"是啊，只是一条12英尺（约3.7米）的小型大白鲨，"彼得笑着说，"嗯，至少我们知道他们在这里。这怎么样也是种安慰。"

灿烂的余晖染满了天空。虽然太阳还没有完全西沉，但海上已经开始起雾了。雾气像液体一样流动着，渐渐笼罩了群岛。丝丝缕缕的雾气舞动着，忽而根据不同的密度渐次沉降，就像一杯分层的鸡尾酒，忽而再度氤氲流转。透过雾纱之后朦胧的阳光，我们看到了一道闪烁着白色微光的彩虹，仿佛天国宝库中的一件藏品。我从来没有见过这样的景象。彼得解释说，这种超凡的幻象叫做"布罗肯现象"，是一种光学现象。

彩虹像缥缈的幻影一样在蒙泰湾升起，与幽深的岩石裂缝和漆黑的海水形成了鲜明的对比。彼得驾着捕鲸船从彩虹底下经过，只见头上一泓银光，给飞过的鸟儿镀染了金属的质感。在方济会修士的传说中，看到布罗肯现象的幸运儿应该立即跳崖自杀，因为它的壮丽太过奇异罕见，目睹一次就会耗尽好运，从此生活便只能走下坡路。我看着身边的凯文和彼得，望着涌荡的雾气，空中闪闪发光的鸟群，还有两条从海平线上跃起，熠熠生辉的座头鲸，心里想着正在海面下游弋的大白鲨，这一刻我几乎就要相信这个传说了。

◇ **重返群岛** ◇

第七章

水下摄像

今天下午，橡皮艇遭到了鲨鱼袭击。船尾右舷浮箱被咬坏了两处，船壁破损后海水灌入，淹到船舷部位。16时，橡皮艇沉没了。

——法拉隆岛航海日志，1985年11月4日

2003年9月22—24日

　　一个波涛汹涌的下午，彼得在象海豹湾邂逅了"驼背"。她是一条体型硕大的姐妹鲨，背弓得像《巴黎圣母院》里的卡西莫多一样。捕鲸船上当时只有彼得一个人，正忙着拍摄一群大白鲨袭击猎物。现场至少有三条鲨鱼轮流对猎物发动攻击，搞得他应接不暇。但鲨群不久就突然消失了。船底隐约浮现出一个巨大的阴影，使海水的颜色显得更加幽暗，仿佛一朵乌云遮住了太阳。彼得低头凝望着海面，一脸疑惑。船下面不会是一头鲸鱼吧？有时候，座头鲸和蓝鲸确实会从渔船下面冒出来，这种情况可不妙。彼得正考虑要不要发动船只，驶离这片危险海域时，一条鲨鱼缓缓露出头部，从他眼前滑过，径直游向了那具猎物的尸体。周围的海豹和她相比就像澡盆里的玩具。她的体型实在过于庞大，显得背鳍十分小巧，上面还缺了一块。她体长21英尺（约6.4米），比捕鲸船还长3英尺（约0.9米）。彼得很少如此惊惶不安，但他还是尽力保持镇定，继续拍摄。他明白，拍到这种罕见生物的机会千载难逢。随后他发现，"她非常温顺"。

　　一条体型巨大得几乎遮天蔽日的大白鲨——她的形象在我脑海中挥之不去，甚至还出现在了我昨夜的梦里。梦中的我乘帆船驶入渔人湾，然后换乘到一艘铁锈色货船上，驶过阿拉斯加附近汹涌而冰冷的海水。白浪使得船身浸满盐渍，我站在甲板上，看到每隔几码就有大白鲨破浪而出。海里密密麻麻的都

是鲨鱼。此时，"驼背"从水中游过，一瞬间万籁俱静：风停止了呼啸，海鸟的叫声随着翻腾的海水一同陷入沉寂。彼得和斯科特也在这艘船上，但只有我一个人穿着救生衣，似乎准备从船上跳下去。我想这里的海水远比法拉隆群岛那里的要恐怖得多，因为这片大海的深处充满了未知，除了鲨鱼，还有许多神秘莫测、前所未知的生物。站在船边，我能辨认出盲鳗——一种有五颗心脏、但没有眼睛的原始生物，能直接钻入鱼类体内，自内而外地吞噬猎物；一群牙齿像冰锥一样的斧头鱼；眼睛是红宝石色的白化鲟鱼；还有一种会发光的蝰鱼，像火苗一样闪烁。在他们之间，巨型的凝胶状生物拖着有毒的触手载浮载沉。我们往水里望去，"驼背"的身影时隐时现，巡游的轨迹就像漂流在海上的月亮。

醒来后，我花了几秒才反应过来自己是在哪里——我没有睡在平时那张18英寸（约46厘米）宽的灰绿色泡沫垫上。"想象号"的船头处有一个属于船长的铺位，那是一张铺着真正床垫的双人床，感觉棒极了，但是船头下面的空气很污浊，头顶的天窗还被一堆乱七八糟的螺母和螺栓卡住。汤姆警告过我们，不要强行打开天窗，否则弹下来会砸到手指。所以我选择了离舱口最近的铺位，那里整晚都有轻柔的海风吹拂。不过我睡觉的地方其实也就是个架子，和那个裸体女人雕刻一起分享着船尾的空间。我所谓的床是一张蓝色杜邦尼龙绳编成的网，两边被拴住，把我兜在里面——但愿它足够牢固。后来我意识到这张吊床并不能像摇篮一样帮助我入眠——尽管昨夜海面平静，它仍然晃得厉害。

阳光下的渔人湾闪闪发亮，水面一如既往的平静。动物们发出的声音回荡在岩石间。象海豹、加州海狮、斑海豹以及北海狮在浅滩上嬉戏，伴随着鸟儿的合唱声，此起彼伏地发出低吼声。鸬鹚、海鸦以及一群在海湾间捕食的褐鹈鹕共同栖息在甜面包岛上。那些褐鹈鹕体态笨拙，磨旧了的喙又细又长，看上去就像是搞笑电影《摩登原始人》里的演员，逗得我捧腹大笑。他们飞行的姿态十分优雅，但停在陆地上时，看起来就像冰壶运动里的"溜石"。他们拥有巨大的翼展，能够毫不费力地起飞；一旦发现猎物，他们就会收起自己的翅膀，像鱼雷一样俯坠入水，进行捕猎之后再折回空中。

我用双筒望远镜观察了一个小时。海湾里海狮的数量居多，他们在北登陆点周围畅游，有时还爬到延伸进海水里的古老石阶上，那是人类在采蛋时期留下的遗迹。海狮其实非常灵活，他们能够像蜘蛛一样，以惊人的速度垂直向上攀援，再以高台跳水运动员的姿势翻身一跃，落回水里。海狮游到岛屿附近的"危险区域"时，往往成群出没，载浮载沉，做出各种躲避动作；象海豹却喜欢懒洋洋地躺在沟壑上，独自行动，还毫无防范——这就是象海豹更容易被鲨鱼捕食的原因。这些象海豹还让我联想到了花园里的蛞蝓，只是比后者大得多，并且多出来一对可爱的纽扣状眼睛。相比岛上其他地方，渔人湾的斑海豹数量尤为庞大，他们皮肤光滑，身上有很多斑点，看起来有点像泳池里的充气玩具。这里还有少量北海狮，都是身材敦实的大家伙，你是肯定不敢去招惹他们的——不过鲨鱼偶尔敢去招惹。在乳峰岩附近，有一头"重量级"的雄性北海狮正盘踞在那里，我觉得他的块头能吓跑一条姐妹鲨。

我回到船舱煮咖啡，打了三次火都没点着炉子，这才想起汤姆曾告诫大家不要在密闭空间内过度使用丙烷气。我决定还是去收拾一下自己丢得乱七八糟的行李。来之前我充分考虑了要带哪些衣服和装备，因为之前每次来法拉隆群岛，我都会忘带至少一件重要的东西，往往还是睡袋、防水夹克、秋衣秋裤、偏光太阳镜这类不容易被忽略的玩意儿。于是这次，我花了好几个小时浏览REI.com网站，希望备齐鲨鱼季可能用得上的所有装备。要带驱虫剂吗？算了。野营炉？也算了吧，这东西容易造成伤害，挺吓人的。那抗菌袜子呢？无指手套？戈尔特斯牙线？

那张豪华版的"梦幻时光"①睡垫是我最不该带来的东西之一。所有露营者都知道，这个牌子的普通款睡垫就是一张可充气的尼龙垫，能稍稍提高露

---

① "梦幻时光"（Therm-a-Rest），一个户外睡垫品牌。——译者注。

营的舒适度，同时起到防潮的作用。这种垫子使用简单，而且不贵，价格在30~40美元。然而，野心勃勃的"梦幻时光"推出了更昂贵的款式，比如199美元的"梦幻时光"。他们这样做不无道理，起码我就被吸引住了。它和"梦幻时光"旗下其他产品没什么区别，只不过非常厚实，做家用床垫都没问题，号称能够让人"舒适沉醉"。不过，这款睡垫过于笨重，通关时可能被按照超大尺寸行李来处理。我原本想，把它垫在"想象号"的甲板上，躺在上面看星星，那该是多么美妙的画面。然而我随即意识到，在海上露宿会遭到海藻扁蝇的叮咬，这一点吉尔斯并不是在跟我开玩笑。

现在正是海藻扁蝇出没的高峰期。这群家伙席卷而来，只要你走出船舱，他们就会瞬间将你包围，在你的衬衫前襟和裤腿上爬来爬去。而且这些苍蝇很脏——他们喜欢住在海豹的肛门里面。他们一天到晚只干三件事情：要么折磨我们，要么折磨那些可怜的海豹——把后者的私密部位当成住所——要么就恣意群交。今天早上，我亲眼看到13只扁蝇从上到下叠成了一摞。要是睡在甲板上，肯定会被这群海藻扁蝇弄得睡意全无。所以我费了点劲儿，把"梦幻时光"塞进了壁柜里。

除此之外，我还在考虑要不要带另一件东西。自从经历了那次令人胆战心惊的灵异事件，我就想买块通灵板——这玩意儿没准能在岛上起点作用，至少也能让我在晚上有点儿事做。于是我真去买了一块。可悲的是，这年头的通灵板不过是一个塑料壳子，带着这块废物前往一个素以鬼魂闻名的地方，似乎不太明智。没准要是搞到一块正宗的通灵板，鬼魂就会和它建立起联系？我谷歌了一下"古董通灵板"，页面跳转到了各种巫术网站，网页上都是滴着血的魔鬼、五角星、奇怪的符文，有个网站还在播放诡异的、叮叮咚咚的钢琴曲，听得人一阵心烦意乱。管他的，我还是花了160美元，买了块手工制作的木质通灵板。

当我看到邮递来的通灵板时，整个人都怔住了。它的重量和大小都和人行道旁的挡板差不多，上面还刻着使用警告：使用本品时，如身体突然发寒，或感到惊悸，即为遭遇邪灵之凶兆，务请立即停止。此种"游戏"不无风险。严禁在墓地使用！

我实在不想要这玩意儿，但既然已经大老远地弄来了，我最后还是把它塞进了行李袋。

彼得呼叫我的时候，我的对讲机会以一种特殊的声调"哔哔"作响。岛上的每个人都会随身携带摩托罗拉对讲机，所以我刚一登岛，彼得就马上给我配了一个。它既是通讯工具，又是安全设备（紧急情况下，在呼啸的狂风中高喊救命，别人是听不见的）。彼得和凯文已经做好了安置标牌的计划，正准备上船。我昨晚看到过那些标牌，他们看上去就像微型的卡拉OK话筒，只是外表更加光滑。标牌的一端有个金属倒钩，可以用来挂在鲨鱼身上，最理想的位置是背鳍根部。标牌另一端是一个灯泡状的黑色浮子。鲨鱼游动的时候，标牌会随之摇曳，就像挂着一个吊坠耳环。凯文已经用厚橡皮圈把标牌分别绑在了长长的鱼叉上。

大约下午三点涨潮的时候，我们已经在海上了，随行的还有布朗，他和我们一起进行"探鲨行动"。早些时候，我们碰到了来此短暂拜访的罗恩。当时，我们正站在"想象号"的甲板上，把装备往捕鲸船上转移。他计划在这周快结束的时候，进行这一季以来的第一次潜水，所以今天过来探探水况。他驾着"大白号"在我们旁边闲转，似乎对我们下锚的位置感到怀疑，挑着眉毛问道："下的什么锚？"船上只有我一个人近距离看过那个锚，但我不知道具体是哪个种类，于是描述了一下它"双爪交叉"的形状。罗恩反感地说："听起来像是丹弗斯锚，但问题就出在这里。"他告诉我们，这座岛是船锚的坟场。他接着又说："我总能在海底看到这种锚，它们弯得像椒盐脆饼一样。"

昨天我们在印第安黑德大获成功，今天我们又回到了这里。整片水域充满野性之美，成群的磷虾把水映成了红色，鱼和海鸟随处可见。磷虾是微小的甲壳类生物，他们通体粉红，就像提供给小人国的冷虾拼盘。凯文望着水里说："这些是大个头磷虾，算是同类中较大的了。"哪里有磷虾出现，哪里就会有鲸鱼。在西边，座头鲸浮出水面，喷射着一道道水柱。

彼得伸手从储物箱中拿出一个半导体收音机，把它绑在了扶手上。正在转播的是全国棒球联盟季后赛——旧金山巨人队对战休斯顿太空人队，彼得闲暇时对这项赛事的关心远超过了冲浪。而且不只他一个人，岛上的所有鸟类生物学家都是狂热的棒球迷。昨天，彼得跟布朗——一个红袜队的超级粉丝，一起听了很久的收音机，用他俩鉴别野生金莺和鸻鹬的那种细致劲儿争辩着巴里·邦兹与佩德罗·马丁内斯的世纪对决。或许可以简单地说，鸟儿也好，棒球也罢，他们就是喜欢能在天上飞的小东西。

彼得一直摆弄着电台调节按钮，直到收音机里传来体育播音员的声音和观众的欢呼声。他拿起一支钓竿，开始梳理缠在冲浪板上的鱼线。"听棒球比赛和看鲨鱼，哪个更棒呢？"

我们在阳光下划着船并抛出诱饵，等待着鲨鱼进攻。然而鲨鱼并没有过多关注我们——只有几条鲨鱼游过，他们顶多就是用尾巴轻轻抽了几下，完全没有兴趣碰一下诱饵，更别说张嘴咬它了。虽然我猜测他们有可能根本没看见，但他们的出现足够让我兴奋不已。不过，鲨鱼爱搭不理的态度让彼得感到十分苦恼。这恰好证明了斯科特那套理论的正确性，即鲨笼潜水员过度使用诱饵，会使鲨鱼变得麻木，在日后的研究中，诱饵可能不会再起什么作用了。但现在才是鲨鱼季的初期，鲨鱼这么早就对诱饵没兴趣了，这不太正常，而且到现在只有为数不多的鲨鱼成功捕食过海豹。潮涨潮落，可鲨鱼还是按兵不动。

几个小时过去了，十几艘渔船开始在东登陆点聚集，看起来就像一个流动的小镇。这是一支来自蒙特雷的鱿鱼捕捞队，我们昨天就已经见过他们了。他们通宵工作，利用强光吸引鱿鱼接近渔船，然后再用渔网把他们兜起来。不幸的是，这些灯光同样吸引了一些夜间出行的海鸟。他们跟随船只飞行，却被海鸥们半道捉了去。

说来也怪，在海洋保护区内进行商业化的鱿鱼捕捞是合法的，但在野生动物保护区内伤害海鸟却是违法的。而这两条法令正好在这个地方同时生效。美国鱼类及野生动物管理局曾给彼得发过一封电子邮件，要求他密切关注鱿鱼捕捞船队的活动。

彼得驾驶捕鲸船从船只中穿过，它们几乎都和"想象号"差不多长，有60英尺（约18米）左右，但是更宽更低。有些船已经捕到了鱿鱼，正在收网。这片水域里的鱿鱼品种主要是加利福尼亚市售鱿鱼，这种无脊椎动物的形状就像一个玩具火箭，身长约8英寸（约20.3厘米），通体乳白，有双一角硬币大小的眼睛，视力比人好上一倍。凯文跟我说，大多数人都想不到鱿鱼既狡猾又聪明，属于海洋中较为智慧的生物，而且是运动能力最强的生物之一。他们通过喷射推进身体，将其他鱼类甩在身后。此外，他们非常热衷于交配。有人认为，鱿鱼会使用自身的语言来进行交流，如变换颜色、图案和发出的冷光；他们可以瞬间将自己的身体变得充满波点，或布满条纹，或漆黑如墨，或闪闪发亮，以引诱猎物或迷惑敌人。科学家们已经得出结论：鱿鱼可以对突发情况做出迅速而复杂的反应。例如，当他们意识到自己被困在渔网中时，会变得惊慌失措，然后拼命往外游。

我们在船只中穿梭，希望能用半打黑色莫德罗换些新鲜鱿鱼。当我们靠近第一艘船时，我们看见一只海狮被渔网缠得结结实实的。这是一次误捕，海狮被吊出水面时疯狂地挣扎。几个穿着荧光工作服的渔民倚着栏杆，看起来很不安。他们只有两种选择，要么剪开渔网把海狮放走，要么直接开枪杀了他。然而他们是肯定不会去剪渔网的。我们的存在显然使他们感到紧张不安，毕竟谁都不想被人看到自己在野生动物保护区残杀海洋哺乳动物。他们把渔网转了个方向，这下我们就看不到他们在做什么了。我们没有继续傻盯着他们，而是驾船离开。

一条又脏又黑的船正在"残尾"的地盘上航行，我们请船长交易给我们一些鱿鱼，尽管他感到很惊讶，还是答应了我们的请求。船长说，他们的船上禁酒，所以要不要啤酒都无所谓。凯文在凑过去递啤酒的时候，看到了一个刚砍下来的鲨鱼头，那对可怜的眼睛直勾勾地盯着他。日落时分，我们带着鱿鱼离开对方的船，迅速回到了"想象号"上。

　　彼得在"想象号"的厨房里用平底锅煎鱿鱼，还加了点大蒜。今天捕到的鱿鱼不像在海鲜餐馆吃到的那样鲜嫩而有弹性。它们在下锅时就变成了淡紫色，还在自己产生的油脂中滑来滑去，吃起来也非常恶心，就像在嚼橡胶门垫一样。"也许是我们之前没有处理干净。"彼得说。我感到一阵剧烈的胃痛袭来，但还是忍着难受把餐盘洗了。

　　突然，浴室传来一股恶臭。我打开门，发现大滩的暗红色液体溅落在淋浴间的周围，正汩汩流入下水道。它混合着污水和汽油的恶臭，看起来像是掺了水的血，表面还浮着些块状物。彼得苦着脸说："我估计这红色的液体是柴油，其他的我就不知道了。"要排走这奇怪的液体，就得打开"通海吸水箱"，那是容纳所有污水管道的一个隔间。且不管柴油为什么会涌入淋浴间，彼得先按照汤姆教过的那样，拧了几个扳手和各种手柄，黏糊糊的柴油就白白地流入了下水道。管它呢，只要消失了就好。

◇ ◆ ◇

　　第二天，当我坐在"想象号"船尾的甲板上，试图取出头发里被碾碎的海藻扁蝇时，彼得说，他想让我学会驾驶捕鲸船。我停下手上的动作，一脸茫然地看着他。他解释说，凯文已经走了，斯科特也还没有回来，所以在这一周里，有些时候我将不得不独自驾驶捕鲸船，哪怕遇到狂风暴雨也必须如此。也许我还得先把彼得送到北登陆点，再把捕鲸船开回港口，停放在"想象号"旁边。此外，我也许还需要在鲨鱼进攻的时候操作捕鲸船，以便他能腾出手给鲨鱼安置标牌，或者录下相应的身份识别视频。如果有人在"塔比号"上遇到麻烦，我还得去救他。当身边没有其他人时，我可能还得独自面对一些不可预知的海上紧急情况。

现在，这些"也许"都成真了。我一个技术项目都没有参加过，因为我确信自己没有任何资格。但是，彼得却直截了当地让我打消那个想法。有时候，捕鲸船上的活儿只能靠我俩来分担，所以我必须要能够娴熟可靠地操作捕鲸船，并且出色地处理海上的工作。

确实，我应该学会开捕鲸船，但我却害怕起来。尽管我确实知道怎么驾船，但也和不会没什么两样。小时候，我家在加拿大湖泊区拥有一栋避暑别墅，不过那里最近才修通了公路，所以之前我们去那儿都得走水路。我父亲以前有一艘某种型号的尾挂机艇——现在则是一艘20英尺（约6米）长的希瑞游艇①。多年来，我一直在学习基本的驾船技术，但仍是这方面的白痴。比如我老是记不住红色浮标该放在航道的哪一侧；而且尽管练了十年，我还是不能在调头的时候控制住船体。在我艰难曲折的驾船史上，螺旋桨经常损坏得惨不忍睹，开口梢经常断裂，发动机经常熄火，船身也常常猛地撞上码头，有一次甚至还爆炸了。

我试着在脑海里想象自己把船停好的画面——先摆正捕鲸船的位置，接着看准风浪的速度与方向，迅速调头，挂空挡，再关掉发动机，一切时间点都踩得像探戈舞者一样准确而完美。之后，把船头和船尾的绳索抓在手里，跳到6英尺（约1.8米）外"想象号"的甲板上，打一个漂亮的布林结，再在捕鲸船的两端用合适的力度打上两个半结。（我曾多次见到彼得和凯文这样做过。）但我觉得自己还是会被两条船夹在中间，上无出路，下有虎视眈眈的姐妹鲨。托

---

① 希瑞游艇（Sea Ray），一个高端品牌游艇。——译者注

尼·巴杰曾经很严肃地告诉过我，"如果你不小心从船边跌进海里，即使是海况良好，你能活着出来的可能性也是零。听着，是零！"他伸出手，用拇指和食指比划出一个圈，生怕我没理解。他说："我知道这听起来很夸张，但是在船边丧命的人都是这样死的。"

彼得给我列好了驾驶捕鲸船的教学大纲，然后说："可以开始上课了！"于是，我看着凯文驾船横穿过渔人湾。靠岸时，他很随意地跳出还在摇晃的小船，翻过"想象号"伤痕累累的右舷，用两个简单却精巧的绳结固定住"塔比号"。一切和船有关的工作他都得心应手。除此之外，无论遇到什么情况——切割绳索、用鱼叉捕鱼、扳直鱼钩或者给鱼开膛，等等，他总能从身上的某个口袋里掏出相应的工具，然后利索地解决问题。怎么说呢？他身上简直就像藏了一个家装公司。

我意识到，吸引我到这儿来的大部分原因，是我希望能够和这些求生技能高超的人一起共事。这里是虚伪世界里的一片净土——其他地方充满了妥协和扭曲，在这里却是一清二楚，直截了当。我关注着斯科特、彼得、罗恩和凯文，还有他们与众不同的处事方式。这就是生存需要：如果畏头畏尾的话，早就被这个地方排斥和淘汰了，就像西瓜子从滑溜溜的指缝间被挤出去一样。法拉隆群岛会残酷地驱逐那些缺乏谦逊和技术的人。我希望还能有时间来培养这两种必要的品质。

记得在某天的午后，我在象海豹湾遇到罗恩，有幸近距离地观察了一次他不寻常的能力。从两年前初次相遇开始，我们已经长谈过几次。聊得越多，我对他就越是着迷。罗恩和我遇过的所有人都不一样，他的头脑清晰过人。无论遇到什么事都很冷静，从没有多余的情绪，而且不骄不躁，从不考虑"如果"。当我得知他经历过的死里逃生——无论是在海上，在鲨鱼嘴下，还是在日常生活中，都远比说出来的更多时，他那种均衡一切情感的能力更加令我钦佩。

"我挣脱了一切束缚！"罗恩坦言说。他年轻的时候在南加州生活，吸毒成瘾，遭到多项指控。美国的"十二式疗法"①使他悬崖勒马，潜水也拯救了他。

现在，罗恩的生活已经步入正轨，而且十分稳定。只有一个问题还没解决利索：他吸毒的那段时间不幸染上丙型肝炎。虽然目前还没有治愈这种疾病的方法，但以罗恩的性格，他肯定会直面现实，然后尽最大努力把疾病的影响降到最低。他可能过不了集体生活了，他必须寻求替代疗法，包括顺势疗法和生物反馈疗法来摄入法国进口的牛肝细胞。罗恩的食谱中很少有腌制食品、农药残留食品和垃圾食品。甚至他家的爱丽丝——一只巧克力色的拉布拉多犬——都只吃有机食品。她的狗粮很特殊，用有机农场的生牛肉、蛋壳和维生素相混合，由两个佩塔卢马女人手工制成。这些狗粮几乎塞满了罗恩的冰箱。

健康方面，一切变化都在预期之内，进展得很顺利。有时罗恩会感到病情转好，但有时又会觉得症状加重。在这种情况下，他的潜水安排就只能无限延期了，但他很乐观："我只要把自己能做的事情做好就已经很不错了。"

几天前，罗恩路过这儿时，我曾问他，我能不能在他潜水时去"大白号"待上几个小时，他爽快地说："随时欢迎！"海胆的采捕完全取决于天气状况，而且罗恩只在行情好的时候才会计划出海。最近海胆价格下跌，他出海的次数也明显减少了。但今天他把船停在鲨鱼小道中间，还放置了一个荧光橙色的潜水浮标。随后，彼得送我过来，我很轻松地登上了船。罗恩的小船被他改装过，船尾放得比较低，这样也方便他在海上工作时轻松上下。他站在甲板上，在一个塑料桶里洗潜水衣。彼得说鲨鱼还是没怎么搭理我们的冲浪板，并推测说那只被误捕的海狮已经沦为了鲨鱼的美餐。"原来鲨鱼是围着海狮进食的，"罗恩冷冷地说，"那可真是没想到啊。"

---

① "十二式疗法"（Twelve-step programs），一种自我心理调节模式。——译者注

那时，我坐在"大白号"的铝制甲板上，罗恩正在穿潜水服。这是一艘符合极简抽象主义审美的潜水船——船上没有垃圾，没有纠缠不清的绳索，脚下踩不到"咔嗒"作响或是四处滚动的东西。罗恩身穿一套专业装备：护肘、护膝、结实的氯丁橡胶靴子、厚实耐用的手套、还有一只露出脸部中央部分的面罩。面罩紧紧地裹着他的脸，挤得脸颊都鼓起来了。他笑着说："这可比穿正装打领带要好。"但马上，他的眼神就严肃了起来："让我们来看看今天忙不忙。"

"在水上？"我问，以为他在说鱿鱼捕捞船队。

"不，在水下。有时鲨鱼不在水面活动，他们就会在水下干很多别的事情。"

罗恩跳入水中，马上潜到他的船底，不见了踪影。不管入水还是出水，他都会这样做，不在海面逗留，以免身形过于显眼而引起鲨鱼注意。这是一个有创意而且机智的办法。他说当这一带的探险刚开始时，有很多潜水员在这里采集海胆，下水后也都安全回来了，于是包括罗恩自己在内，所有人都不把鲨鱼放在眼里。

"我们总在水面游来游去，觉得'鲨鱼爱来就来吧'。就是这样。"这种行为带来的后果显而易见：现在只剩下罗恩一个潜水员了。为了躲避鲨鱼，保全性命，他给自己量身定制了一套潜水规则。"我想，如果我一直保持警惕，悲剧发生的可能性也许就会降低。"他说。

空气压缩机发出轧轧声，旁边附着的黄色空气软管蜿蜒曲折地下沉了60英尺（约18.3米）。罗恩这次带了全套的潜水装备，还用一条可以活动的软管把自己和船拴在一起，而不像往常一样只带上一个氧气筒。我在一旁看着，想起他曾讲过一条鲨鱼缠在软管上的故事：有一次，他在海底撬海胆时，突然间感觉自己的身体像触电一样抖了起来，然后又被猛地拉高了3英尺（约0.9米）左右。他抬头一看，发现自己的正上方有一条鲨鱼，被空气软管缠住了背鳍和尾巴。鲨鱼挣扎着想要摆脱束缚，软管另一端的罗恩就随着他的动作，被当成溜溜球一样甩来甩去。最后，不知道过了多久，那家伙挣脱了软管游走了。

我在"大白号"船边俯下身去，直到鼻子几乎碰到水面。水面平静而神秘，仿佛一层单面可见的玻璃，在下面隐藏着另一个平行宇宙。那一刻，世界静默无声，只有对讲机发出嘶嘶的白噪音①，那是声呐在通过一个彩色屏幕传递信号。罗恩之前解释过，声呐不能探测到体型较小的鱼类，但鲨鱼体型庞大，能够在屏幕上显示为张牙舞爪的红色斜线。我盯着屏幕看了一会儿，但是什么也没看到。软管挂在船尾，没有剧烈地摇晃，只是随着罗恩的深潜慢慢地胡乱摆动。

如果你有机会和大白鲨接触，就会很快明白，平静的海洋可能会在一瞬间天翻地覆。事实上，斯科特就在这样的情况下和鲨鱼进行过亲密接触。我第一次来这儿的时候他就给我讲了那件事。虽然现在已经过去了七年，但我一直都很惊讶，到底是怎样的力量能让他至今还心有余悸。

那天，水面开始发暗，"玻璃般的平静，死一样的沉寂"。斯科特决定去冲浪，但是海面上什么也没有——没有鲨鱼，甚至没有一点涟漪泛起。一个小时后，他拖着冲浪板回来了，翻进船，然后伸手去够冲浪板。这时，一条重达3 000磅（约1 361千克）的鲨鱼突然出现在船下面，在离他手指6英尺（约1.8米）的地方，与水面呈五十度角跃起，猛地咬碎了冲浪板，并把它甩到了空中。斯科特的心脏仿佛停止了跳动，他被这巨大的响声吓坏了，如同有人在他耳旁开了一枪。他呆在原地，好一会儿才缓过来。

这次事件后，我们通过了一项新的规定：取回冲浪板时，禁止将身体的任何部位暴露在水面上。想起这件事后，我从船边猛地缩了回来。

---

① 白噪音（white noise）是指一段声音中频率分量的功率在整个可听范围（0~20 kHz）内都是均匀的。由于人耳对高频较敏感，这种声音听上去是很刺耳的沙沙声。——译者注

一个小时后，水面冒出一串气泡，罗恩突然间回到了甲板上。他撤下面镜，解开了那条35磅（约16千克）重的带子。"啊，水下有好多磷虾。那些小东西还在你面前游来游去呢。"他来回比划着，边说边抖着身上的水。

　　"看到鲨鱼了吗？"我忍不住问。

　　"没有，什么也看不见。水里只有磷虾，我感觉自己像在一个黑洞洞的壁橱里。但这并不代表附近没有鲨鱼。"他开始用绞盘收海胆袋——3个大尼龙网袋，每个袋子里都装了700磅（约318千克）的海胆。

　　彼得和凯文回来了，他们固定好捕鲸船，来到"大白号"上。凯文问海胆长什么样。显然，海胆的长相很奇特，里面的肉核很肥厚，呈现为亮丽的橘黄色。罗恩让我们每人都尝一个，这可是个大饱口福的好机会。这些海胆都是上等货，明早鱼市一开业，东京的寿司师傅们就会争相购买。

　　海胆和牡蛎一样，不仅大小适中，而且色味俱全。罗恩说，那些喜欢从加利福尼亚大量进购海胆的日本人，最喜欢这样的海胆：圆弧对称，且直径不超过4英寸（约10厘米），这是合法捕捞的最小尺寸。罗恩采摘海胆时十分严格，而且他是法拉隆群岛上唯一一个会潜水的人，因此他采摘的海胆更是稀有——其价值相当于"松露"。尽管如此，市场上的竞争仍然相当激烈。他说："中国和俄罗斯也开始向日本出售海胆了。哥们，要和那些家伙竞争可不容易，就算他们的海胆质量比不上我们。"

　　他拿起一颗海胆放在桌上。海胆的颜色如心脏般血红，舞动着数十条腿，就像一只四脚朝天的虫子，而那些腿，也可能是胳膊，就像尖利的烤肉扦一样。罗恩用一个像开瓶器的工具将海胆从中间破开。你可能会觉得他死了，但是那些"刺"还在有节奏地挥舞着。海胆的壳里有一块潮湿的棕色黏着物，还有一些形状规则，像蛋羹似的黄色颗粒物，这就是被称作"海胆黄"的生殖腺。海胆是一种雌雄同体的生物，这种生殖腺所有海胆都有。罗恩用刀挑起一块，这味道很鲜美，咸咸的，就像大海的味道。

当我知道海胆会在海底迈步前行时，我感到十分惊讶。我一直以为他们像藤壶一样扎根于海底。可实际上，海底的一切远比想象中要生机勃勃得多。即使是那些看起来像彩色花朵和波浪状珊瑚的海葵，也很聪明。罗恩说海葵会经常伸出触手，把他露在潜水面镜以外的地方蜇得生疼。他们总能利用某种办法，辨识出你的哪些部位脆弱，哪些部位没有橡胶保护。你可能想不到这些海葵竟然还有自由的意志，他们会吃肉，还有自己的行动计划。罗恩曾看到一棵海葵吞下了一整只海鸦，那只海鸦足有小野鸭那么大。然而这些都很常见。

对讲机发出嘟嘟声，里面传来了娜塔的声音。"彼得，听得到吗？"

"收到，请讲。"

"印第安黑德附近有鲨鱼袭击。是条没安置过标牌的鲨鱼。"

我们登上捕鲸船，让罗恩自己慢慢进行两个小时的航程，折回博德加湾。他将在那里和海胆加工商会面，然后把海胆卖给他们。

◇ ◆ ◇

在岛的最西端，差不多在我们第一天晚上冲浪的地方，一头刚满一岁的海豹被撕成碎块，头已经没了。大滩的血迹在水中晕染开来。几秒钟后，鲨鱼出现了。他的背鳍划破水面，从船尾游来，然后从水中露出脑袋，泰然自若地撕扯起海豹的尸体。彼得用水下相机拍摄着这一幕，还不时地靠过来调整怠速状态下的捕鲸船。凯文拿着一个标牌，已经摆好了安置上去的姿势，我则忙着拍摄水面上的场景——这是我近期的工作。我笨拙地打开镜头盖和开机键，然后才瞄向了这场屠杀。场面不怎么激烈，也没有其他鲨鱼出现，这在大白鲨的地盘上很罕见。

"鲨鱼结束进攻后，就拍不到更好的画面了。"彼得有些无聊地说。我们刚好就在鲨鱼旁边，在他触手可及的范围内，尽管这情况不妙。我能看见那条鲨鱼头上有三道泛白的划痕，还有一道银元大小的黑色刺痕，他的白色腹部与黑色表皮产生了撞色效果，交界线清晰可见；我能看到他牙缝间涌出的鲜血；我还能直视他的眼睛，虽然我也说不出来从他的眼里看到了些什么，也许他只是在专心进食吧。鲨鱼进食时完全没工夫理会我们，但进食完后便开始绕着捕鲸船打转，还试探性地咬了推进器一口。凯文拿着鱼叉靠近他，轻松地安上了标牌。标牌安置上去时发出"嘎吱嘎吱"的声音，但是鲨鱼没有什么反应。这应该是条雄性鲨鱼，体长约15英尺（约4.6米）。这是我们和他第一次碰面，彼得还不认识他。

鲨鱼绕船游动时，我们很难在昏暗的水中观察到他们的尺寸、性别、身上的特殊记号和行为，但又必须得搞清楚他是否已经安过标牌了，毕竟没人愿意眼睁睁地看着3 500美元打水漂。这种情况在之前就发生过好几次。很多其他地方也会有标记大白鲨的研究项目，比如在瓜达卢佩岛、南加州，还有"血三角"南端附近的阿诺纽埃沃岛①，他们标记过的鲨鱼也很有可能游到这里来。有些鲨鱼身上还带着以前跟踪研究项目的传送器以及各种其他设备。有一头体格较小、"涉世未深"的大白鲨经常靠近我们的船，他身上装了很多电子设备，从那以后我们就叫他"无线电广播室"。

30分钟后，这条形单影只的鲨鱼消失了，之后也没有其他鲨鱼来撕咬这些残骸，于是我们驾着捕鲸船回到了母船旁。船还是由我来开。我开始找到了开船的感觉，虽然有时也会自以为挂上了空挡，其实挂的却是倒挡。只遇到一次鲨鱼袭击的一天就这样结束了，落日西沉，一切仿佛定格在了明信片上。我慢慢放松下来，彼得却神秘兮兮地戳了我一下："我们开船去'小海峡'怎么样？"

波涛汹涌的"小海峡"介于甜面包岛和"大石拱"之间，只有在涨潮而且水面平稳的时候船才能勉强通行。也就是说，船平时几乎无法通行。驾驶捕鲸

---

① 原文为Año Nuevo island，西班牙语中的Año Nuevo为"新年"之意，此处音译。——译者注

船通过那里，纯粹就是一项使肾上腺素飙升的运动。即使在它最温柔的时候，海面上也会有浪花，海峡太过狭窄，以至于一个浪头就能让你撞上两旁的花岗岩。

我故作镇定地回答："没问题啊。"看在上帝的份上，他们俩可是一个刚给大白鲨安了标牌，另一个在鲨鱼小道里潜了大半天水的人啊，我可不能畏畏缩缩的。我应该能让船保持直行个10秒钟吧。

驶入波涛汹涌的狭小通道时，我紧紧地掌着舵，尽量使船不受两边100英尺（约30.5米）高的崖壁干扰。我感觉到脚下的大海正"隆隆"作响，上下翻滚的浪头托举着我们，这比坐过山车还刺激。接着，一个大浪攫住了捕鲸船，把我们卷进了渔人湾，好像我们脚下的不是一艘船，而是一块冲浪板。鹈鹕在我们头顶盘旋，海狮在深谷里扑腾、嚎叫。"想象号"沐浴在金紫色的夕阳下，静静地停在我们面前。我松开了双手，看见凯文的脸上挂着欣慰的笑容，于是我也笑了。船在一个漩涡处迅速转了过去，彼得握住我的手说："祝贺你！你是第五个穿过'小海峡'的人。"

夜晚如此美妙，彼得和凯文决定留在"大白号"上过夜。才过了不到一周，我们就只剩下干粮、椒盐卷饼等无需冷藏的食物了。不过彼得带了一些他亲自捕获的长鳍金枪鱼做成的鱼片，然后凯文负责煮熟。凯文重新做了些姜黄色的调味汁，还亲手磨快了厨房里所有的刀具。彼得和我坐在桌旁，喝着桑娇维塞①，一边从精神上支持凯文工作。

今天，罗恩去了我们认为最适合拖曳冲浪的地方潜水。彼得看着他潜完水，又按捺不住地说起了要趁早去那儿冲浪的事情。今天下午，他跟罗恩说的时候，罗恩点头同意，还说："我也是这样想的。"在此之前，我都不知道罗恩也喜欢冲浪，不过这也合乎情理。

---

① 桑娇维塞（Sangiovese），一个葡萄品种，亦指用该种葡萄酿制的葡萄酒。——译者注

凯文没有多说什么，但他看起来对此很感兴趣。他也是一个冲浪手，他完全知道彼得在说哪种海浪。他们脖子上都戴着毛伊鱼钩，那是一种夏威夷符号，象征将鲨鱼作为自己的保护神或灵兽。彼得端着一杯葡萄酒靠在驾驶员后座，说道："这个问题我已经想了很久了。我不希望被别人抢先，但我也不想草率行事。如果你给出错误的信号，那么可能产生糟糕的结果。我想待在正确的地方，把事情做好。"

　　晚餐过后，我们爬上了甲板，开始留意那些徘徊在300码（约274米）外的鱿鱼捕捞船。漆黑如墨的夜空下，那些船上灯火通明，远远看上去就像闪烁着荧光的交换机。这样的景象让我感到不安。那些船的顶部挂着用来吸引鱿鱼的灯，映射出冰冷的人造光。一些微小的黑点在晃眼的光芒中进进出出。彼得可以分辨哪些黑点是海鸥，哪些是卡森海雀。夜间大屠杀就要开始了。毫无疑问，好奇而饥饿的海狮将潜伏在周围窥探——这会激怒那些渔民。这些家伙老是在渔民收网之前冲进渔网，快速地吞掉里面的食物，然后在一秒钟内像霍迪尼①一样消失得无影无踪。但有时他们也会失手，就像我们昨晚看到的那些动物一样，身陷罗网，这时就只能乖乖等死了。昨天早晨，一个实习生发现了一只被冲上岸的海狮，他的脑袋被枪打成了碎片。望着那支船队，我在想除了鱿鱼还有什么钻进了网里呢？我们已经看到过甲板上躺着一条鲨鱼的尸体——还有多少鲨鱼会遭此厄运呢？黑暗中仍有苍蝇在我们身上爬。正当我们转身走进船舱的时候，海上传来了三声枪响。

　　布朗即将迎来他31岁的生日。经过多番考虑，彼得最终同意让我去参加布朗的庆生晚宴。虽然这只是一次小型聚会，我也只能在岛上待几个小时，但又有什么不妥呢？我觉得他可能是心怀愧疚，因为在过去那么多天里，我一直靠

---

　　① 霍迪尼（Houdini）是一位匈牙利知名魔术师、遁术师，以能从各种镣铐和容器中脱身而成名。——译者注

能量棒生存，别人却在岸上吃着家庭烹饪的有机食品。虽然我在对讲机里听过布朗和娜塔的声音，但还没有见过他们本人。他们也从未亲身体验过船上的生活，但我并不是在责怪他们。"想象号"开始发出恶臭，我也不得不跟着一起发臭。船上的卫生间脏得令人难以忍受，脏东西老是溅到鞋上，而当我试图用水泵抽走那些脏水，然后把它们排到通海吸水箱里时，它们又溅到了我的衬衫上。与此同时，红色沉淀物又漏了好几次。我开始意识到，"想象号"根本不愿意待在这里。它就像是一只喜欢独自搞破坏的宠物，主人去度假了，把它交给别人临时托管，它就用消极怠工来发泄不满。

彼得划着"塔比号"穿过渔人湾，驶向小岛，我蹲在船头摇摇晃晃，压抑着想要探出身去查看姐妹鲨群的冲动——我一向渴望看到她们来时浮现出的影子，或是她们掀起的卡车般大小的巨浪。但当我在"塔比号"上的时候，我可不希望看到那些20英尺（约6米）长的身影。我盯着岩石看，想着大白鲨的牙齿嵌入小船的故事。我们在船上没有太多的交流。彼得身体前倾，专心致志地划着桨，一群苍蝇在他的腿上绕来绕去。

彼得在接近岛屿时再次提醒我：我能在岸上走动就已经是破例了。但严格地说，只要我待在"想象号"上就不算违法。毕竟美国鱼类和野生动物管理局的官员以及PRBO的主管们都认识我。我见过他们所有人，而且上个月他们刚给了我梦寐以求的过夜许可证。不过我现在应该待在家里，伏在电脑前写着有关勃兰特鸬鹚种群的故事。在鲨鱼季期间，我被明令禁止出现在岛屿附近，更别说是成为这支队伍的一份子。

在彼得看来，既然我得到了特许，那就不会有人反对我再多待几天。事实上我也不太确定，甚至还有些紧张。现在的规定执行得比我第一次来的时候严格得多，所以我不想惹麻烦，但我也不想留在船上。靠近标有"北登陆点"的狭窄的深沟后，我准备拽着绳子跳上岩石。尽管海水没那么汹涌，波动也在可以接受的范围内，但仍需要准确把握波浪起伏的时间点。跳得太早会被淹死，跳得太晚的话，彼得和"塔比号"就会翻到岩石上，那我们就都完了。跳到覆满滑溜溜海藻的岩石上实在是项技术活，我脚底一滑，腿被一块尖利的凸起刺破了。但我还是站稳了，把绳子系住，彼得把"塔比号"拖到了岸上。

一座陡峭悬崖在登陆点附近拔地而起。现在，我们在灯塔山的背面，这里没有可以折返的路。只有把头抬到令人眩晕的角度，才能看到北登陆点和灯塔山之间的天空。而想要上去，也只能垂直向上走。能走这种路的，要么是好像脚上长了吸盘的山羊，要么是那些孤注一掷的采蛋者。而海鸥会在岩壁间阴沉地盯着入侵者。

我们沿着羊肠小道走到了布朗的房子，精疲力竭地瘫在了岩石上。陆地上浓烈的鸟粪味，温暖的泥土味，还有凝重的雾气都让我感到慰藉。现在，繁殖季节已经结束，所以海鸟不多，就像高峰期过后车也不多的圣地亚哥高速路。没有雏鸟的海鸥明显温和些，不怎么啄人，所以我们就收起了安全帽，以便来年春天派上用场。不过，我还是用余光警惕地望向四周，提防所有瞄准我脑袋的可疑动静。200码（约183米）外，一群海鸟冲过了悬崖。彼得开始还在详细分析巨人队在场内的优势和劣势，突然话锋一转："看，那只海鹦嘴里叼了一条硬脑袋的杜父鱼。"彼得指着一个模糊的可乐罐大小的物体，那物体正从岩石前快速掠过。我几乎看不出那是海鹦，更别提他叼了什么鱼。这种鸟现在很难见到了，20世纪90年代初还有2 000只，现在只有120只。

布朗的房子在夕阳的余晖中闪闪发光，好像刚经历一场风雨的洗礼。凯文坐在工作室里用电脑打字，周围都是标牌。他的桌子朝着窗户，可以看到整个象海豹湾和更远的地方，那是无边无际的海洋——灰鲸、蓝鲸和座头鲸一边觅食，一边喷射出巨大的水柱。马克是来自路易斯安那州的实习生，他身材高大，十分勤快，现在正在厨房里做饭。炉子上正熬着一大桶意大利面酱汁。

布朗和娜塔出去了，彼得就趁机搜寻，看能送些什么当作生日礼物，但他并没有什么收获。对布朗来说，能在生日当天来个三分钟的海军式淋浴（涂肥皂的时候还要关水），或者是得到一个偶然发现的象海豹头骨，再或者能多喝点啤酒，都是很不错的。但是彼得有一个专门用来装纪念品的箱子，里面装的都是几十年来的回忆，他想从中挑出一件贵重而且有意义的东西作为礼物。我们走到隔壁的海岸警卫室，彼得拿出一个板条箱，里面全是照片、羽毛还有其他乱七八糟的东西，像是你能从阁楼翻出的杂物。他开始翻找起来。"送他一个诱饵？不行，他不喜欢钓鱼。"彼得非常喜欢布朗，对他就像对待自己的学生一样，他们相隔一代，但却喜欢很多相同的东西——鲨鱼、棒球、冲浪、鸟类，当然还有这个地方，这些共同点使他们之间的差异不值一提。他们之间的主要争论都是技术层面的：彼得坚持用DOS时代的计算机程序存储数据，他不愿用数字视频拍摄鲨鱼。结果，布朗总会向二十世纪七八十年代的软件手册妥协，他试着忘记十年来计算机用户界面的每一点发展，他还想方设法地用法拉隆群岛上的老式计算机拼凑鲨鱼图像。他倒是对此看得很开，常常自我调侃，但谁都看得出来，他若有其他选择的话，绝不会这么干。

彼得快速翻阅着一叠照片，一边不以为然地说："遇到的鲨鱼袭击事件还挺多的嘛。"他的结婚照也混在其中，淹没在无数的鸟类照片和形态各异的海豹、海狮照片里。照片上的海狮因为错失了美餐，显得表情呆滞、垂头丧气。

"啊！这只海狮的胸前被咬了一大口！"我对那些照片爱不释手。但在彼得看来，没有任何一张特别到可以当作生日礼物。他说："我曾在潮池①里发现过更多的宝贝。你要是愿意，我可以带你去一个秘密基地找象海豹的牙齿。"我看着弯腰翻箱子的彼得，他始终戴着那顶巨人队棒球帽，现在的他就像是一个孩子，在树屋里向另一个孩子分享自己的新奇玩意。我才意识到，这些岛屿，灵魂内外都是他神圣的藏身之处。我曾问他有没有讨厌过法拉隆群岛上的什么

---

① 潮池（Tide pool），亦作岩池（Rock pool），是一种海岸地形较低陷而且充满岩石和海水的地方。这些地方当涨潮时，海水会涌进其间，甚或淹没在潮水之下；退潮时，残留在岩石间的潮水形成一个又一个封闭的水池。——译者注

· 188 ·

东西，我本以为他会直接抱怨这里天气不好、没有热水，或者对其他的麻烦事发一通牢骚。结果他皱着眉头瞪我，就像我反应迟钝的时候一样。他毫不犹豫地说："没有。这些有什么可讨厌的？"

我渐渐明白，彼得会把对这个地方的任何批判都当成对自己的侮辱。我曾在无意间听到他对布朗说，他爱这座岛屿（通常被他称为"巨岩"），爱它胜过一切。他也曾当众说过这句话，那认真劲儿就像在宣誓一样，却没有任何夸张做作的成分。十年前，在海鸟繁殖季期间，海况指挥员给法拉隆群岛的彼得带了封紧急信件，彼得远在火奴鲁鲁的母亲莉兰妮在信里说，他与白血病斗争了很久的弟弟卢去世了。这并不是什么意外的消息，但还是给了彼得很大的打击。彼得和卢在一周前还在一起聊天。临别时，他告诉彼得要"坚持下去"。可是突然间，那句叮咛变成了一个讽刺的玩笑。那天，彼得爬到海鸦窥视点，在上面消磨了一整天。当海岸警卫队说要用直升机送他回家时，他谢绝了。他可能还需要一段时间才能面对大陆吧。

彼得又翻了15分钟，然后选定了一张带相框的照片，是"伤疤头"的威武侧影。我们用旧报纸包好这份礼物，就下楼去吃饭了。

娜塔在厨房里，为布朗的生日蛋糕做最后的装点。另外两个实习生——克里斯蒂和伊莱亚斯也在旁边帮忙。克里斯蒂是个细心的姑娘，骨骼纤细，声音甜美得像小鸟一样。伊莱亚斯个头不高，但看起来很强壮，还留着大胡子。他平时看起来懒懒散散，但做起鸟类研究来却很认真。早些时候，我曾无意中听到他用紧张而急切的语气问彼得："不好意思，彼得，打扰你一下，我想问一下，海鸽是怎么换羽的呢？"

布朗坐在上座，皮肤晒得黝黑，身上还穿着联合包裹服务公司[①]的工作T

---

① 联合包裹服务公司（United Parcel Service Inc; UPS），世界上最大的包裹快递公司，总部位于美国佐治亚州亚特兰大。——译者注

恤，上面印着"布朗能为您帮上忙吗？"他剪去了马尾辫，但还是怎么看都不像个快31岁的人。克里斯蒂和凯文在分发银制餐具，彼得开了瓶红酒，我们其余人刚要落座，娜塔却说："哎呀，我还是先把蝙蝠请出去吧。"

　　每天的白昼时分，灰蓬毛蝠们就睡在房子旁边的三棵树上。我想说不定会有人把他们当成果实，伸手给摘下来。北美的北方针叶林广泛分布有灰蓬毛蝠，他们几乎和大白鲨一样不好研究，两种动物都让人难以捉摸。和许多其他种类的蝙蝠不同，灰蓬毛蝠不会呈百万只地聚居在山洞里，他们是随遇而安的漂泊者，喜欢独自旅行，累了就停，甚至都懒得搭个巢。要想在树林中找到他们，你得进行一次彻头彻尾的大搜索。但在这些岛上，他们会像陆地鸟类一样，在迁徙的途中定期停留，稍作休息。这引得蝙蝠学家们争先恐后地来到岛上，花大量时间来研究灰蓬毛蝠，毕竟在其他地方根本找不到他们。也正因为这样，娜塔和布朗早就开始在岛上监测蝙蝠，他俩剪下他们的皮毛来研究，观察他们的习性，还记录他们的数量和体重，然后再把这些数据发送给研究蝙蝠的组织。

　　我跟着娜塔走进海岸警卫室，从后门进入厨房。地板上有两个手提箱大小的木箱。她把箱子提到屋子外面，打开了箱子，每个箱子里面有八个小隔间，就像列车的私人座位，而每个隔间里都有一只灰蓬毛蝠。他们的皮毛是斑驳的赭色，耳朵超大，复杂的翅膀带有纹理，看起来像一架哥特风格的悬挂式滑翔机。娜塔把他们挨个拿出来，动作很轻，生怕伤害到他们，这些小家伙一边张开翅膀想要飞走，一边发出愤怒的嘶嘶声。

　　我伸出手指，戳了戳一只可爱又愤怒的小蝙蝠。他却探头想要狠狠咬我一口，并不想被我爱抚。娜塔戴上皮手套，把他们全放了，一只蜷缩在角落里的蝙蝠还差点被遗漏。他张开嘴，露出满口尖牙，发出刺耳的叫声，然后一飞冲天，消失在夜色中。

还是回来继续讲生日晚餐吧。大家拿杰克·丹尼威士忌①当成餐前开胃酒，为庆祝布朗的生日喝了几杯。彼得说："我们今年在蝙蝠研究方面取得了重大收获。我们已经完成百分之七十的任务了。"确实是这样，彼得是第一个观察到灰蓬毛蝠交配的人。他说："那看上去就像是一只蝙蝠，只不过要胖一点儿。但我马上就反应过来了，'嘿，原来是两只蝙蝠在交配！'"他拍下照片，并把照片送到了蝙蝠专家那里，这让他们兴奋不已。在这之前，人们用尽了所有的科学技术都没能看到这样一幕。同样，也几乎没人知道座头鲸是怎么交配的，直到1986年的一天，彼得用望远镜看到了三头在马鞍礁交配的座头鲸。他也因此成了最先知晓座头鲸是采用"三只一组"的方式进行交配的人之一，他们两两交配，然后会有第三头鲸鱼辅助他们。

值得一提的是，除了以上那些震撼人心的见闻，彼得还曾亲眼见过大白鲨前所未闻的行为，看到过无数罕见的鸟类，碰到过61头蓝鲸同时游过海岛。在1996年的一个早晨，他见证了法拉隆群岛上第一只北部毛皮海豹的降生，那时他们已经消失了近160年。

不过，最近他遇到的事物中，最稀奇的还要数那条名叫"杰瑞·加西亚"的鲨鱼。

1995年，一个寒风呼啸的秋日，鲨鱼杰瑞有了自己的名字。那时，彼得看到一艘豪华的汽艇来到法拉隆群岛，那艘船靠岸后停留了大约15分钟，然后调头离开了。这艘船在如此恶劣的天气下航行，实在是让人感到奇怪。"那时的风速达30节（约56千米/小时）。"彼得回忆说。但他大概猜到了这艘船是来干什么的。"感恩而死"乐队①的队长——杰瑞·加西亚在去年8月去世，彼得

---

① 杰克·丹尼（Jack Daniel's），美国著名威士忌品牌。——译者注

① "感恩而死"（Grateful Dead），于1964年组建的美国乐队，风格常在迷幻摇滚和乡村摇滚之间自由切换，是迷幻摇滚开创者之一。乐队解散于1995年。——译者注。

得到可靠消息说他的亲友会于本周来这附近撒骨灰。当时彼得正和来岛访问的法拉隆湾国家海洋保护区主任埃德·尤贝尔一起参观岛屿，船只在海浪中颠簸，只见杰瑞·加西亚的骨灰被抛撒到了海里。尤贝尔说："他们到这儿来真应该有张许可证的。但……我什么都没看见。"

第二天，彼得邂逅了一条之前没见过的鲨鱼，那是一条长约12英尺（约3.7米）的雄性鲨鱼，断了一截的尾巴有点弯曲。为了纪念前一天的事情，彼得和斯科特就称这条鲨鱼为"杰瑞·加西亚"。从那之后，他们就经常见到"杰瑞·加西亚"和其他大白鲨在蒙泰湾闲游。曾有人考虑把这条鲨鱼的名字改成"死忠乐迷"，即"感恩而死"乐队粉丝的专有名称，但没有得到大家的认可。

1997年10月4日，两头蛮横的虎鲸在蒙泰湾攻击了一头大白鲨，把他掀翻了，然后紧密地配合，一起咬住那条鲨鱼，直到把他淹死①。那头较小的虎鲸拖着露出嘴外的战利品，像叼了根牙签一样在水里徘徊了一会儿，然后当着"超鱼号"上被吓得目瞪口呆的乘客们的面，开始享用美餐。早在这场厮杀即将开始时，麦克就已经用对讲机联系了彼得，让他赶紧过来，越快越好。

彼得和两个实习生及时赶到现场，目睹了两头虎鲸死死锁住大白鲨的鼻子，将他拖入水中的场景。这条大白鲨就是"杰瑞·加西亚"，他们的捕杀手法很娴熟。"这两头虎鲸真他妈是老手！"彼得说。

在此之前，从来没有人见过这两个位于海洋食物链顶端的狩猎者以罗马角斗般的方式进行厮杀。全球的新闻媒体都在播放着彼得拍摄的关于二者较量的

---

① 鲨鱼的呼吸方式分为"口腔抽吸"和"撞击换气"两种。在游动过程中，鲨鱼吸入水更加节省能量，因此可以采取"撞击"海水使其进入嘴里，再通过鳃裂排出的呼吸方式。一些鲨鱼用口腔抽吸的方式来呼吸的能力已经彻底退化了，这些鲨鱼如果停止游动和停止撞击海水就会被淹死，即"强制撞击呼吸鲨"。大约有400种已发现的鲨鱼需要保持不断向前游动，其中包括大白鲨、灰鲭鲨、鲑鲨和鲸鲨。——译者注。

后续视频，也就是水下跟踪相机拍到的那一段——虎鲸衔着"杰瑞·加西亚"的一块肝脏游过镜头前。斯科特和彼得最喜欢CBS晚间新闻的一篇报道，但是标题实在浮夸——《加州海岸边的世纪之战》。丹·拉瑟在介绍这段视频时说，大家即将看到的是"两大海洋巨头正面对决"的首次视频记录。但拉瑟马上又补充说："到了紧要关头，这就不是势均力敌的对抗了，虎鲸用智慧和大块头，打败了瘦小、卑鄙、长满尖牙的杀戮机器。"

从研究角度来看最吸引人的地方，就是当"杰瑞·加西亚"被杀后，法拉隆所有的鲨鱼都消失了。他们纷纷逃离，一条也没留下。斯科特和彼得足足等了六个星期，也没见到一条鲨鱼回来。"这就像是警察来了，聚会中止了一样。"彼得说。罗恩也觉得这儿确实没有鲨鱼了。但是，除非有科学证明，否则单靠预感和这一次经历，还不足以证明他们不会再回来。

然后在2000年11月19日这天，他们真的回来了。而彼得再一次见证了他们的回归。当时法拉隆群岛一带到处是鲨鱼，前一天，六条鲨鱼接连光顾了诱饵板，还有一次是多条一起围攻。但当一群虎鲸在舒布里克北部袭击了一条鲨鱼，并在一大片漂浮的脂肪中撕裂他时，其他鲨鱼又再次被吓跑了。不过这一次，好几条鲨鱼身上都安置了卫星追踪标牌，传回的数据显示，他们当中一条名叫"尖鳍"的鲨鱼已经在几小时内游到了大陆架边缘，逃向夏威夷。攻击很快就停止了，罗恩也确认了这片水下已被鲨鱼遗弃。"没有鲨鱼的水域真是太诡异了。"彼得回忆说。

另一起事件让这一切变得更神秘：这些鲨鱼是如何及时知晓灾难并集体撤离的？为什么这些虎鲸明明可以来，却还是没有来这块最好的猎食场？我在调查期间看到一份参考文献，里面提到，1937年，一群虎鲸曾在渔人湾进行过一场"鲸式大屠杀"——他们把海豹拖下岩石，还威胁正在北登陆点下船的人。不过这种事就发生了那么一次，沿岛1英里（约1.6千米）的区域内基本没再出现过虎鲸。为什么呢？这里明明有食物啊！到底是怎样的水下法则让这些鲨鱼都开始去吃"快餐"了？

生日聚会接近尾声时，已经是半夜了，生日蛋糕只剩下一些残渣，盘子也已经清洗好了。彼得打算利用接下来的几个小时去灯塔监视鱿鱼捕捞船，记录它们对海鸟的破坏情况，所以他不会划船送我回"想象号"了，他让我待在岛上。我觉得这个主意很不错，我可一点都不想在黑夜中划"塔比号"，尤其是在晚餐时间。彼得曾坦言，渔人湾里有一处总让他感到恐惧，那就是"鲨鱼的地盘"。布朗也点头同意："我们都知道'塔比号'很容易被他们摧毁。快去吧，快点回到'想象号'上去。"

主卧已经没有能睡的地方了，所以我抱着毛毯去了海岸警卫室。我戴着头灯走上楼梯，脚下传来恐怖电影里都会有的那种不祥的吱嘎声，灯光照亮了天花板上的污渍。这栋房子只有一间卧室，我把毛毯扔到床上——其实就是一张放在破油毡地板上的恐怖的旧床垫。墙上印着黑色的手掌印，就在膝盖的那个高度。尽管墙面被刷成了柔和的桃色，但是房间里的沉重和黑暗仍然让我感到十分压抑。

要是在家的时候，谁扔给我一坨生了跳蚤的毯子，让我待在一个没水没电、老鼠为患还闹鬼的房间，睡在一张脏床垫上，我肯定不会选择打地铺过夜。但是在这里，说实话，我还是挺满足的。我躺在黑暗里，听着老鼠叽叽喳喳，自己也搞不清楚为什么。

在这座岛上，我决定忘记那些奢侈的东西。忘记新闻，忘记混乱，忘记"吉哈德圣战"①，忘记所有的狂热和憎恨。我要忘记小甜甜布兰妮的绯闻，忘记反式脂肪，还有第四季度的业绩。这并不是一种束缚，而是解放，感觉好像卸下了沉重的包袱。极大的自由感使其他的一切都不值一提——不论是看不到的电影首映，还是穿不上干净的裤子——都不再重要。岛上的环境是很糟

---

① "吉哈德圣战"（jihad）指宗教极端分子发动的战争和恐怖袭击。——译者注

糕，但在这里，你的世界由你掌控。这里的人际关系也很简单，你最多只需要跟七个人打交道。所有的界限都划得很清楚——大到陆地与海洋的交界，小到食物的分配。你无法掌控眼前的一切，但至少还有权维护它。

尽管与世隔绝，但这个岛上的人并不孤单。这里的生活和纽约截然相反。在纽约，我虽身处繁华，却缺少亲密团结的伙伴，重复地过着乏味的生活。然而在这里，计划总是赶不上变化，一切都无章可循，你永远不可能知道下一秒会发生什么。大白鲨在你身旁游弋，灰蓬毛蝠钻进树丛，北海狮妻妾成群，蓝鲸几乎冲上岸边，山地蓝知更鸟、黄胸巨莺和褐柳莺像彩屑一样在空中漫舞。这一切事物的共同之处，在于自然的野性。

◇ **水下摄像** ◇

第八章

_____

恐惧侵袭

两处咬痕紧挨在一起，说明鲨鱼是连续两次快速咬下，而不是咬住，松开，再咬住。咬痕的倾斜角度表明鲨鱼是从船的下方靠近，以45°角向上发起猛击。

——法拉隆岛航海日志 1985年11月5日

2003年9月25—29日

天气瞬息万变。我们在暗锌色的水上漂流，离开了印第安黑德。低沉的天空仿佛朝我们压迫下来，身上感觉就像穿了一件湿漉漉的衣服。我和彼得坐在捕鲸船上钓鱼，今天没有巨人队的比赛，晶体管收音机就被收进了杂物箱。这里离岛上的鸟廊有一段距离，因此显得格外安静。我从船头抛出鱼线，透过玻璃般透明的水面，可以清楚地看见它落向何处。有时候，你能切身感受到气压的降低，整个大海摇晃起伏，像是戏弄人的拙劣把戏。光线很强，但气温很低，所以我们都穿上了厚厚的大衣。彼得拿出收音机，调到海洋天气预报频道，一个电脑合成，听起来一板一眼的声音就响了起来："从亚雷纳岬到皮诺斯岬，10～20节（19～37千米/小时），浪高3～5英尺（0.9～1.5米）……"这声音非常低沉，听起来拥有绝对的自信——也只有电脑软件才能如此自信。无所不知的"天气之声"不停播报着由海岸沿线的数据收集浮标所采集的数据。这些自动浮标固定在海面上，采集每分钟所测量到的风速、风向、气压、浪高以及周期（相邻两波浪通过固定点所经历的时间）。相对较短的周期意味着汹涌的猛浪即将来临。当周期等于或小于浪高时，麻烦就来了。10英尺（约3米）高的海浪每10秒来临一次，令水手们感到恐惧。此时的大海就像一匹难以驯服的野马。如果这样的海浪每8秒来临一次，那会更加恐怖。当然，比这更

·198·

糟的情况也可能发生，而且确实发生过。

"天气之声"像催眠曲一样，正在有节奏地循环播放着。以前是由真人来播报海洋天气，但播报员浓重的口音甚至怪腔怪调的英语会让人们产生误解，比如"风速15英里/小时"被说成"风速50英里/小时"，为了避免出现这类问题，就采用了电子合成音。在法拉隆群岛，人们密切关注着亚雷纳岬的浮标测量读数——浮标就在从这里往北仅100英里（约161千米）的位置。通常来说，那里的天气状况和群岛的大体一致，只是提前了五个小时。从播报中，我们得知亚雷纳岬正在风浪大作，等到今天夜里晚些时候就会轮到我们这里。

透过昏暗的光线，我仍然可以清楚地看到中部法拉隆礁，它像是一颗不经意间冒出水面的青春痘。有一次，在1988年的鲨鱼季，几个醉醺醺的生物学家在东南法拉隆岛观察时，惊讶地发现居然有两个中部法拉隆礁。彼得听说后立即到灯塔去核实：没错，第二个20英尺（约6米）高的小丘就在原来的中部法拉隆礁旁边。经过进一步考察，人们发现这个新出现的"岛礁"其实是一头蓝鲸的尸体，但每个人都想要近距离观察，因此他们匆忙地组织了一个探察团。由于东登陆点的起重机发生故障，"餐盘号"无法出发，所以彼得乘坐橡皮艇从北登陆点离岸，同行的还有另一位生物学家，他决定带着自己六个月大的孩子一同前往。当小船驶近蓝鲸的尸体时，他们看见几个2～3英尺（0.6～0.9米）高的黑色背鳍，像刀片一样划过水面。当时至少有4条大白鲨，正从蓝鲸尸体上撕下巨大的马蹄形厚肉块。他们突然意识到，抱着六个月大的孩子坐在10英尺（约3米）长的橡皮小船上，离这个"小岛"还只有3英里（约5千米）远——这种做法似乎不太明智。

鱼线被重重地扯了一下，我开始收线。在这里，用不了多久就会有鱼上钩。我们的目标是岩鱼，一种长相古怪、鱼鳞坚固的古老海底生物，他们有长长的脊椎，有精致的武器——以蹼状物相连的尖刺而形成的鱼鳍。他们还像苏斯博士①笔下的角色一样，长着五彩斑斓的鳞片——颜色是带着芥末色斑点的橘红，或带着霓虹灰斑点的橄榄绿，又或是朱红色和猩红色缠绕在一起，泛出彩虹般的光泽。所以人们也给这些鱼取了卡通式的名字——树鱼、谷佛儿、羽毛背、小辣椒、牛鳕、小矮人。这里英文名字最古怪的鱼叫作"勃氏新热鳚"。

我钓到了一条蛇鳕，这条带斑点的平头鱼长着一张会吓到小孩的脸。我把它拖上甲板，当它猛地昂起头，拍打着鱼尾挣扎时，我赶紧后退。此时，彼得带着卷尺赶来。这条蛇鳕长23英寸（约58厘米），厚1英寸（约2.5厘米）。彼得把蛇鳕捡起来——要知道我可不愿意碰这玩意儿——然后轻轻地从弧形的鱼嘴里取出鱼钩，再将蛇鳕放回海里。当那条鱼快速地游回海底时，彼得说了句，"不好意思啦，伙计"。

我们不得不继续垂钓，因为手头只剩下一大块吉拉尔代利巧克力、两盒饼干、四根发黑的香蕉和一箱酒，所以岩鱼就成了我们膳食中的重要补充品。几天前，我们做了鱼肉炒蛋，食材就是彼得从岛上带回的蛋，还有一条因鱼鳔冲出嘴巴而意外死亡的橄榄色岩鱼。因为多数岩鱼生活在50英尺（约15米）或更深的水下，所以当他们被猛地拉出水面时，压力的急剧变化有时会导致这种情况的发生。当那条鱼被钓上船的时候，我们看到它嘴里正在吐出一个巨大的彩色气泡。处理鱼的过程很恶心，所以我和布朗转过身去，装作对地平线上的景观十分感兴趣，留下凯文和彼得来想出一个最人道的办法，让那条可怜的橄榄色岩鱼死得不那么痛苦。他们争论着是否应该刺穿鱼鳔，据说这能让岩鱼毫无痛苦地死去。可是，就算凯文真的有针，他俩也不知道具体应该怎么做，于是他们选择使用鱼叉。我能听见身后的鱼头发出"嘎吱嘎吱"的闷响，就

<hr />

① 苏斯博士（Dr. Seuss），生于1904年，著名儿童文学家、教育学家，曾获美国凯迪克大奖和普利策特殊贡献奖，两次获奥斯卡金像奖和艾美奖。——译者注

像熟透了的哈密瓜掉到地上的声音。

我别无选择，只能享用"岩鱼大餐"。今早，凯文离开新"超鱼号"后不久，来了一名就职于美国鱼类和野生动物管理局的员工，他将和海岸警卫队承包人员在这座岛上待11天，以便执行复杂的项目维修和残骸移除任务。为此，他们曾经建议彼得，将今年鲨鱼计划的指挥部设在一个浮式平台上。

大陆方面传来命令：全体人员不得干涉项目运作。同时他们还要求封锁码头，除了"塔比号"，其余船只不许下水。一般来说，这项限令没有多大意义。正如预料的那样，"探鲨行动"仍在继续，海上作业也已开展。但是，大陆联邦官员表示，他们不会再为食物问题、环境变化、生日庆祝甚至紧急事件而随意登岛。

彼得看了看表说："好吧，小鲨鱼们，离涨潮还有12分钟。"然后抬头望向天空。一群灰鹱正从低空尖啸而过，彼得指着混在其中的一只肉足鹱说："这种鸟挺少见的。"

在他刚抛出鱼线，而我正打算用双筒望远镜来观察那只肉足鹱时，彼得突然发现了鲨鱼背鳍——几乎难以察觉，像是水面上露出的一小截尖刃；即使鲨鱼的身影早就出现在那里，从上面也完全看不见。鲨鱼转过身，背鳍又突然露出水面，他徘徊游弋，离我们仅10英尺（约3米）远。

"是灰鲭鲨！"彼得喊道。

这是一条不同种类的鲨鱼，导弹一样的身体长5英尺（约1.5米），背鳍短小，看起来不像其他鲨鱼的那么尖利。这条灰鲭鲨围着捕鲸船打转，仿佛在切割玻璃。当鲨鱼跃过水面，我们可以看见他铝蓝色的背部，十分有金属质感，就像镶着铆钉一样。"他在找蛇鳕。"彼得解释说。渔民钓鱼时，灰鲭鲨会在渔船周边偷食，这就是他们臭名昭著的原因。他们会熟练轻巧地咬掉鱼肉，渔民能感受到鱼线一下子就轻了，收线时才发现只剩一个鱼头。

灰鲭鲨和大白鲨是表亲，他们与鲑鲨、大西洋鲭鲨一起组成了鲭鲨家族。

不同于普通鱼类，鲭鲨是恒温动物，这一点对身为猎食者的他们非常有利。金枪鱼也是恒温动物，鲭鲨和金枪鱼都是海洋中的运动健将——这并非偶然，因为恒温动物又叫热血动物，这意味着他们的肌肉随时保持着热血的运动状态。恒温动物的眼睛、大脑和神经系统也是如此。以灰鲭鲨为例，他能每小时游60英里（约97千米），也可以跃起20英尺（约6米）。每年鲑鱼在阿拉斯加洄游时，鲑鲨都会吃掉其中的25%，而大白鲨……好吧，我们知道他们能做什么。恒温也能加速消化，特别是脂肪代谢方面，对于习惯吃两吨象海豹的动物来说，这是一个有用的功能。鲭鲨体内有被称为迷网的高效供热系统，这能保证他们的体温比水温高20℃，从而使他们在寒冷水域也能正常游动、狩猎，从而存活下来。随着水温的下降，冷血鱼类的动作也会跟着变慢，所以在水温较低的海域，这些鱼类难以躲避猎食动作迅捷的灰鲭鲨。

这些鲨鱼共有的另一特征是动作干净利落。厚实的镰刀形尾巴为他们提供动力，使他们能够轻松自如地游动，彷佛有一股水流推动他们向前。还有他们的牙齿。鲭鲨的嘴里有强大的军火库，呈多行排列。他们没有细长的针形牙，也没有参差不齐的钩形牙。成年大白鲨长有宽平的三角形牙齿，呈独特的锯齿状分布，这是为了能从大型哺乳动物身上撕下20磅（约9千克）的肉块。灰鲭鲨和鲑鲨的牙齿不是锯齿状，而是像匕首一样，因此在食用鱼肉时更加有利。因为他们的牙齿是嵌入在软骨结构而非骨头中，所以这些牙齿会频繁脱落。这就是他们额外还有一排牙齿的原因。当鲨鱼的某颗牙齿脱落时，后面的那颗便会排到前面来替补，就像自动贩卖机里排列的一袋袋薯片一样。一条普通鲨鱼一生会掉落成千上万颗牙齿。

可以肯定的是，生活在这些水域中的鲨鱼都需要努力求生。他们既不能在海底悠哉悠哉地以底栖生物为食（就像护士鲨和澳狗鲛那样），也不能以腐败的动物尸体为食（就像牛鲨和虎鲨那样）。彼得告诉我，他是如何形容这些鱼类的："苇切鲨——优雅完美；灰鲭鲨——健壮凌厉；大白鲨呢——一个字，酷！"

虽然灰鲭鲨自有一种严谨的优雅，但在我看来，他明显不如大白鲨有魅力，也不如大白鲨令人难忘。彼得拉动鱼线，不想使倒霉的岩鱼遭受双重羞辱——先被钓住后被生吃。我们看着灰鲭鲨先尝试隐匿了一会儿，最后还是消失在幽暗的海水深处。

我们都抛出了鱼线。几乎在一瞬间，彼得就钓到一个可怕的东西——一条大头鱼，也就是海中的癞蛤蟆。这种鱼全身混杂着棕色与米黄色，带有可怕的尖刺，像蛇一样长长的身体上长着一个巨兽般的脑袋。他盯着我们，眼神中带有浓浓的恨意。这条鱼差不多有3英尺（约0.9米）长，已经是我们见过最长的一条了（尽管大头鱼和蛇鳕一样，通常能长到5英尺（约1.5米）长。和其他地方一样，相同的悲剧再次上演：更大的鱼已经被人捷足先登。

岩鱼在过度捕捞中更容易受到伤害，因为他们通常一生都待在固定的地方——而且正常可以活到100岁以上。当延绳钓渔船和拖网渔船扫荡这片区域时，这些固执的岩鱼就无处可逃了。而这两种捕钓方式在海洋保护区仍然合法。

我听到了鱼叉发出沉闷的声响。以前，我曾漫不经心地表示可以直接处理自己抓到的鱼，但尝试了一两次后，我弄得捕鲸船上到处都是，于是彼得默默接管了这项杂务，然后我俩再也没有讨论过我要学习野外生存技巧的事儿了。

彼得跪在甲板上处理鱼，动作迅捷了当，几近野蛮。这条鱼没什么牙齿。彼得的手和前臂都沾满了暗黑色血迹，他将其蹭在了裤子上。整个过程快速且精准——他想要鱼身上的每一块肉。对彼得来说，吃是杀戮唯一的理由。

这种态度使他和同行的生物学家有了分歧。对许多专家来说，杀戮游戏的名字是"收集"，就是把你发现的事物进行采样，凡是稀有或罕见的东西都采上一点。在过去，一位鸟类学家基本也是一名神枪手，他们左手拿双筒望远镜，右手拿12口径的猎枪，大步穿过沼泽、苔原和丛林。1892年，一本名为《鸟蛋学家》的科学杂志中写道："海鸦，一种常见鸟类，十分漂亮，相比大多数海鸟更容易成为人们收集的标本。"

彼得反对大肆收集标本，还曾和法拉隆群岛上的其他生物学家发生过冲突，因为后者想捕获那些罕见的外来物种。虽然在从事太平洋海鸟研究工作期间，他也不可避免地收集过几只标本，但那是为了更好地对整个海鸟种群提供帮助。当时他也有自己的原则：决不浪费，尽量将标本中的所有信息分析透彻。"我们仔细审视每一根羽毛，"他回忆说，"取出他们的胃，分析胃里的东西。我们从每次死亡中学习一切能学到的东西，那对我来说很重要。"

彼得只是讨厌任何形式的浪费。他是岛上的"剩饭再利用之王"，轮到他负责晚饭时，他总会把冰箱里快要坏掉的食材全部拿出来，做个大杂烩。有时这些菜肴会在餐桌上出现三四次，最终大家以"可能引起食物中毒"为由拒绝食用，彼得才会把食物扔出去——这意味着拿去喂海鸥。斯科特也有同样的喜好，在陆地上时，他还有过之而无不及。他会开着卡车到路边去，收集路上被轧死的小鹿。斯科特对我说过："如果尸体还是温暖的，我会把它带回家。"他告诉我他是如何处理这些被压扁的动物：剥去皮毛，挖掉内脏，把它们的肉做成肉干，或真空包装。有一次，在利芒图尔海滩附近，他发现了一具被海水冲上岸的大白鲨尸体。他拥有研究许可证，于是就地对尸体进行了解剖。随后，他把一些大肉块拿去烧烤。我开始明白，对于那些生活在大自然当中的人来说，是没有闲情逸致来伤感的。只要取之有道，动物便可以作为食物。在一场十分血腥的鲨鱼袭击事件后，彼得捞到了一些被鲨鱼丢弃的象海豹肉，带回屋里，加点洋葱烤着吃了。"吃起来像牛排，"他回忆说，"腥味重，油乎乎的，吃完嘴里还有股肝脏味儿。味道还行，但容易吃腻。"

彼得把岩鱼肉放入捕鲸船边上的冷却器里，将鱼肉翻了个面，又在裤子上蹭了蹭手。他说："你知道的，我一直都不太愿意吃底栖鱼。不过也还能接受。但是，我绝对不吃蚌类。"我明白他的顾虑——毕竟我们在美国首个且最大的海底核废料场里钓鱼。

1980年10月的某个晚上，彼得和其他两个生物学家一起，一边料理着刚抓到的岩鱼，一边看着新闻。沃尔特·克朗凯特走了进来。他郑重地说："钚已经进入食物链了，"他看起来比平时更为严肃。正当他说着，新闻镜头突然切换到空中，鸟瞰东南法拉隆岛，航拍恰好拍到他们住处的屋顶。新闻报道刚结束，克朗凯特继续说道，加州大学圣克鲁兹分校的一位生物学家发现，从1946—1970年，军队曾在法拉隆群岛附近540平方英里（约1 399平方千米）的海域倾倒了47 500桶核废料，导致生活在这里的鱼类体内辐射水平升高。根据记录，曾有一条鱼被检出体内的钚含量是正常鱼类的90倍，另一条鱼肝内的放射性元素含量则超出最大正常值5 000倍。

彼得暂停晚餐准备工作，拿着岩鱼走出屋子，喂给了一只名叫普吉的海鸥。

这些放射性废料来自旧金山附近的海军放射防护实验基地——猎人角海军造船厂以及原子弹首造地——洛斯阿拉莫斯。尤其是猎人角，过去一直很草率地处理其有毒副产品。这导致的后果是，自1989年猎人角被定为超级基金清污场址以来，国家已经花费了3.38亿美元来尝试清理这些核废料，且这项工作仍在继续。

虽然没有记录，但秘密排放废弃物的行为仍然存在，海军宣称那些桶里装的都是"低辐射"的放射性废料，比如动物试验品的尸体、油漆屑、旧衣物、受到污染的实验设备、手套和制服这一类东西。但随后有消息称，其中约有6 000桶含"特殊废料"——这是"放射性废料"的委婉说法。这批高效辐射物中很可能含有钚和铀，它们和铯一样都是放射性元素。而就算是对人体危害相对较小的铯，你也不会想要撒哪怕一点到早餐里，更别说钚和铀了。就算是众所周知的"低辐射"物质，包括酚类、氰化物、汞、铍、氚、锶、钍以及放射性铅，它们也不可食用。

在激动人心的原子弹研制初期，没有人真正明白他们正面对着什么样的毒物——无奈的是，这些毒物无声无形，人们在毫无察觉的情况下，接受的辐射剂量就足以致命。而人们对此的态度却是让人心碎的冷漠。此外，许多地方——如洛斯阿拉莫斯和猎人角——的工作都极其隐秘，甚至多数工作人员都不知道自己身在何处。一位名叫珍妮·盖尔的女士，1948年曾在猎人角核实验资料室工作过，接受报纸采访时，她谈到自己当时所知的情况，"他们说'哦，我们今天有溢出物'，但我不知道所谓的溢出物是什么。我不知道这个船厂里有有毒物品，也从没听过'消毒净化'这个词。我一直以为这就是一个船厂，他们只是在修理船只而已。"

好吧，他们确实一直在修船。20世纪40年代末，至少有60艘军舰被拖回猎人角进行消毒净化，它们都是在南太平洋用于原子弹试验的靶舰。经过喷砂，漂白粉、清洁剂冲洗，溶剂浸泡后，其中十几艘军舰仍然带有危险的辐射，工作人员认为复原无望，最终打算将它们秘密地沉入海底。一艘十万吨级的航空母舰也出现在这个失效名单上，这是海军最大的航空母舰之一——美国独立号航母，1955年被悄悄凿沉在法拉隆湾。

最初，海军坚称沉船的地点离岸400英里（约644千米），是"安全区域"。但有人曾亲眼看见，船就沉在紧靠着旧金山湾的外海里。果然，在距金门大桥仅20英里（约32千米）的地方，声呐系统检测到一个外形、尺寸都和军舰完全吻合的物体。更糟糕的是，在它沉没之前，他们还特地给它装满了核废料，从船头到船尾，全是"混合裂变"的产物。尽管没人能确切地描述出"混合裂变"是什么，但它可能含有船舶清洗作业中危害性最强的残料。包括"独立号"在内的一些军舰曾无比靠近核爆现场，导致它们的钢制船壳都烧了起来。

这满满一船让人毛骨悚然的核废料可能对附近的海洋生物，以及对至少5家渔业公司的产品安全造成什么影响？对此尚无完整的研究。最常用的藉口是资金短缺。深入搜寻这些废料桶需要投入数百万美元，但似乎一直没有足够的资金，更别说置办该工程所需的昂贵潜水装备了。如何确定这些桶的位置也是一个问题。它们被倾卸在沿大陆架边缘300～6 000英尺（91.4～1829米）深的海里，那里穿插分布着海底峡谷、深沟、陡峭的断层以及犬牙交错的礁石。最近，人们利用新的声呐技术在一些角落和裂缝中找到了这些桶。另外，1991年，美国环境保护局以及美国国家海洋和大气管理局花100万美元租了一个深海潜水器——"海崖号"。有三个人参与了潜水，其中有海洋保护区的负责人埃德·尤贝尔，他曾在海军服役。

第一次听说核废料事件时，我感到非常震惊。当然，我认为即使在疯狂的二十世纪四五十年代，他们也应该知道，与这片世界上最富饶的海域之一相比，本应有更合适的地方来倾倒原子废料。而且政府也曾指出这里值得特别保护——1909年，西奥多·罗斯福首次将这里划为保护区。

在原子废料长达两万四千年的半衰期里，究竟有什么东西渗透到了法拉隆群岛海底，这件事很令我费解。于是我找到埃德·尤贝尔，询问他在海下看见了什么。我们在旧金山的悬崖小屋餐馆见面，点了啤酒，坐在窗子旁。天气十分晴朗，"大石拱"清晰可见。六十几岁的尤贝尔穿着衬衫和背带裤，看起来清爽整洁，和大学里最受欢迎的教授一样，浑身散发着温暖气息。他的坦率令人着迷，在某种程度上，这也许与岁月磨砺有关——他刚从岗位上退下来。有人研究过他对该问题的所有表述后，发现他天生直言不讳，反对官僚做派。尤贝尔解释说，尽管环境组织施加了压力，要求调查，但政府对仔细检查废料桶或危险军舰缺乏热情。对他们来说，忽略这些问题是更为简单的解决办法。（不管怎么说，还没有出现受到核辐射后，开始闪闪发光的变异鱼类嘛。）考虑到研究那些倾倒废料的困难程度，我们没有足够的数据证明海洋生物危险且不可食用，或证明受到核废料腐蚀的桶足以引起重视——有关各方于是便听之任之。"我们不知道那儿的基本情况，所以我们不能判定有问题，"他说，

"这就像说我们没有疯牛病，因为我们没有进行测试一样。"

　　"海崖号"在一片900平方米的水域里潜沉。据估计，这里埋藏着3 600个废料桶。正如预想的那样，水下地形崎岖不平，当尤贝尔和其他人下潜到2 900英尺（约884米）时，他们看到了那些外形可怖的废料桶——表面上长满了藤壶、海绵、海参和海葵，并被岩鱼侵占。作为一座人力造成的暗礁，此处充满着再生的荣光。随后的报告指出，由于在海中不同深度所受水压高低不等，一些桶仍完好无损，另一些桶则已被挤破。并在报告相邻页面附着一张照片，上面是一条紧贴桶壁的裸盖鱼—— 一种具有商业价值的鱼。照片公开后，日本市场当即表示不再进口裸盖鱼了。据估计，此事造成了1 000万美元的商业损失。

　　所以，自那以后，这里再也没有进行过大规模研究，这也是意料之中的事。无奈的是，从充满辐射危险的废料桶集中区返回后，"海崖号"也必须经过消毒净化。尽管在目前已检测过的区域没有发现任何显著的灾难性影响，但受检区域仅占废料桶倾倒区域的15%。在一些海底生物样本中，本底辐射水平①比正常数值高出数百倍。此外，尤贝尔告诉我，美国环境保护局对生活在废料桶附近，以及远离废料桶的两类动物都进行了检测，然后在计算动物体内辐射含量时取了二者的平均值，由此得出的数值当然就会显得比较低了。

　　也许将来人们会证明，向海里倾倒原子废料不会产生明显或可怕的不良影响；也许大海能够妥善容纳这些废料，就像人把苦药一口吞进肚子里。但更有可能的是，这些废料的辐射已经慢慢渗透到整个海洋食物链中。"没人知道这些桶里装着什么东西，"尤贝尔曾提醒过我，"没有一个人知道。"在美国地质调查局的报告，也就是如今被称为《法拉隆群岛放射性废料倾倒事件》的报告中，所采用的措辞令人战栗："这些桶对环境造成的潜在危害尚不得而知。"

---

　　① 本底辐射水平指天然存在的放射性辐射量。——译者注

◇ ◆ ◇

随着天气变化，最适合冲浪的完美海浪开始席卷鲨鱼小道，这在某种程度上吸引了彼得的眼球。

"我见过属于我的海浪，"他告诉我，"我已经见过五六次了。"我曾听到彼得和布朗通过对讲机讨论象海豹湾计划。与斯科特不同，布朗对于探索象海豹湾的这个计划跃跃欲试。我们正享受着本季最令人愉悦的冲浪。而且，整个北加州的知名冲浪高手都蠢蠢欲动，想要创造伟大的新纪录。从这里往南不远处，临近半月湾的地方，就是冲浪胜地玛沃瑞克。

"玛沃瑞克马上就会跟当年的校园差不多啦。"彼得总结说，"完蛋了。挤得要死。我们得在那些冲浪爱好者到达之前先玩上一轮。"

2000年11月，一队冲浪手试探着到法拉隆岛来冲浪，当时彼得正好离岛外出一个星期。他们到达时碰巧遇上了完美的海浪，正当他们看得兴奋时，格罗斯上前交涉，警告他们不要擅自行动，还说就在一个小时前，他刚在这里见过鲨鱼。他们在水面放了块冲浪板来进行测试——冲浪板几乎刚放下去，就被猛地撞了一下。冲浪手们仓皇撤离，这件事也传开了。

彼得说："从那以后，外面再也没有人打这儿的主意了。"

然而，总有些人想要成为在这里冲浪的"第一人"。作为一项体育运动，冲浪的竞争日益激烈，想要压人一头的压力令人痛苦，更重要的是，内部人员也在蠢蠢欲动。

"可别让我输得太惨，哥们。"我曾听到彼得对布朗说，话里带着点挑衅的意思。要知道在这个秋天，布朗和娜塔在这里待的时间比任何人都长，而他俩都是冲浪高手。

"不，哥们，你才是第一人。"

但眼下，彼得正在岸上忙得不可开交。之前，有人试图使用电动洗衣机，却使岛上电力中断。更早些时候，一些堆放在楼上海岸警卫室里的砖头，从地板掉到了楼下的厨房里。彼得情绪暴躁，在对讲机里抱怨这一连串突发的紧急抢修事件。不过话说回来，近期事态的发展比往常顺心多了，这要归功于最近升级的电力系统、房间设备以及严格的维修机制。

然而，即使是在最佳状态下，岛上依然有一堆让人头疼的维修问题：阀门故障、嵌板被风暴吹跑、突如其来的灾难——管道问题、漏水、滤器堵塞、失控发动机上闪烁的警示灯、燃油污染、油漆腐蚀、坏掉的泵、断裂的电缆、没完没了的电池故障。丙烷需要汇流，太阳能电池板需要刮掉海鸥粪便，臭氧过滤器需要清洁，还有重力供油箱，所有的东西都需要用泵输送或灌洗。房屋表面还被一种绿色藻类覆盖，必须用高压软管才能去除。但一两天后，这种藻类又会重新长出来。

这些故障不只是发生在岛上，天气变得恶劣时，"想象号"也会出现一系列问题。我们很容易变得暴躁，和船没完没了地较劲：当我想要去某个地方时，船却不这样想。

崩溃失控的设施系统在日益增多。比如电池电压——保证一切东西，包括电灯、收音机以及热水器等正常运行的能源——一直在无故下降，这种情况差不多持续了一周。我和彼得花了大把时间研究各种说明书，试图修复这个故障，但以失败告终。一旦电压低于一定水平，报警器就会发出刺耳的警报声。这种情况通常发生在午夜，此时我必须立刻发动引擎，使它一直运转，直到电池重新充电。这总让我神经紧绷，因为如果启动引擎，船可能会向前猛冲，从泊位射出去，撞上塔瓦岬，或闪电般闯入开阔水域，所以我尽量节约用电。我把船舱内部的灯都给关了，一直戴着头灯照明。只有桅灯在夜间随时开着，从理论上来说，当任何船只(鱿鱼捕捞船或其他船只)想在渔人湾内停泊时，桅灯能防止它们撞上停在这里的这艘大船，进而堵住渔人湾入口。

此外，管道系统仍不断呈上"惊喜"。我洗碗的时候，红色软泥顺着厨房水槽渗了上来，厕所则在某个不可描述的时刻突发故障（原谅我不想叙述细节）。在尝试修复的过程中，为了能更好地查看化粪池系统，我们甚至撬起了一块地板。一堆乱糟糟的橡胶管泡在灰蒙蒙、肮脏油腻的水中，插进下面的地漏孔里。我猜这就是所谓的"舱底污水"——我曾听人用这个词来指称海洋生物的排泄物，而眼前的污水也完全当得起这个称呼。水面上有一层阴暗的薄膜，整个闻起来会让人觉得好像从裸体女人被雕刻在船尾时，这些污水就已经流到了这里。值得庆幸的是，彼得似乎对化粪池很了解。当他胸有成竹地进入洞中时，我默默地往后退。"唔，我觉得应该是排污管堵塞了……"彼得指着那根可能带有危险的管道说。嘣！阀门爆炸，软管夹直接弹射到空中，就像香槟酒的软木塞那样，然后叮咚一声坠入黑暗。软管中发出一阵猛烈的嘶嘶声。"糟糕，"他说，"但愿丢掉的那玩意儿对我们没什么用处。"我看了眼浴室，发现厕所已经通了。但胜利是短暂的。不到一小时，真空密封的管道接头又自行堵塞了，而当我们强行打开盖板时，污水像喷泉一样喷了出来。

昨晚，风速达15节（约27.8千米/小时），船就像游乐园的过山车一样颠簸摇晃，一种刺耳的呜咽声和磨动声充斥着整个船舱，让人无法入睡。船锚的链条在岩石边缘来回摩擦，不断地传出刺耳的声音。我脑海中浮现出一幅画面：一名囚犯正试图锯掉手上的镣铐。

不可否认，此时，整个鲨鱼研究浮动平台设计正在经受考验。但不断发生的事件也确实提醒着我为什么依然想待在这里。人们在岛上发现了两种奇特的鸟儿，对此议论纷纷：一种鸟叫贝氏草鹀，另一种叫红尾鸫。当然，他们是偏离航向的外来生物，最开始都带有一丝异域风情。事实上，彼得之前只见过一次贝氏草鹀——而在整个加州，这种鸟儿只被瞥见过四次（其中三次都在法拉隆群岛）。在一块叫作"推特维尔"的灌丛植被附近，克里斯蒂发现了这种鸟，彼得准确地辨识出他的种类，这一点绝非易事。（如果你去翻阅一本鸟类指南，等浏览了20页的麻雀介绍后，你才会注意到他们之间的细微区别，而麻雀的体型本来就很小。）红尾鹲把巢建在偏远的夏威夷西北部。这是一种看起来十分醒目的鸟类，通体羽毛呈白色，却长着一根孤零零的红色尾羽，就像华伦天奴牌礼服的拖裾一样。这种稀有鸟类本不该出现在这里，但现在他就在这儿，还在空中盘旋了大半个小时。彼得通过对讲机和我描述这番景象——"太他妈难得一见了"。

今天下午的早些时候，印第安黑德发生了一起骇人听闻的鲨鱼袭击事件，至少有五条鲨鱼参与其中。被袭击的是一头成年海豹，庞大的身躯上鲜血横流，随着海浪从四周翻腾过来，小岛西部的海水涌现出猩红色泡沫。鲨鱼们在捕鲸船附近冲击，接着，其中一条跃出水面，从尾鳍位置来看，他们稍有后退。彼得怀疑他们在进食和"抓狂"时彼此距离太近，我相信这是他自己创造的生物学术语。在这种情形下，要给鲨鱼安上标牌是个疯狂的想法，不过彼得还是认出了其中一条鲨鱼："伙计，那是'尖鳍'！"这条鲨鱼随着季节变化，从夏威夷游回这里的。

在长达一个多小时的水上工作——用捕鲸船、水上摩托、冲浪板进行投食和考察活动后，最后一条鲨鱼也悄悄游走了。我们的镜头至少捕捉到五条鲨鱼的身影，很可能是一群雄性大白鲨，因为其中如果有一条姐妹鲨，其他的鲨鱼便会散去，不可能这样一副逍遥的样子。"太好了。"彼得开心地说道，然后调高收音机音量，投入到巨人队的比赛中去了。

现在他又回到岛上过夜。我看着他驾驶"塔比号"冲向岸边，将船拴在北登陆点的石块上，然后顺着小路慢跑回到温暖的屋里。天气阴冷，暴风雪正从北方呼啸而来。我站在船头，望见一蓬灯火，那是鱿鱼捕捞船队停船过夜的地方。巨浪猛地撞上了"想象号"，接着是并排系在它旁边的捕鲸船。

我打开头灯，回到船舱。"今晚的情况不会那么糟糕，"我安慰自己，坐下来吃点饼干，喝些赤霞珠干红葡萄酒①，"也许只会刮点风。"

不到一个小时，我的猜想就被打破。"天气之声"播报说，阵风将要袭来，风速10~20节（19~37千米/小时），浪高6英尺（约1.8米）。在航海图上，这样的情况是"轻劲风"。但对我来说，这就像把"烂醉"说成是"微醺"。眼下的情况可不是什么"轻风"。捕鲸船径直猛撞着"想象号"的船舷，撞击声越来越大，最后我忍无可忍，爬上甲板去更换保险杠，并重新系好拴船的绳索。屋外狂风呼啸而过，雾气让船变得湿滑，而且两条船都在打着侧晃。我一边尝试解开单套结并扣上挂钩，一边小心翼翼地避免手指头被砸断。海狮和象海豹的吠叫声在礁石之间回荡；头顶，灯塔射出的光线照亮了夜空，与其说是在为船只提供导航，不如说像是在寻找着什么。

夜里，从船上掉下来几乎等同于死路一条。尤其是那种正在太平洋中央摇晃颠簸的船。被深渊吞没，任其剥夺走哪怕一丝对控制的奢望，一缕对大地令人宽慰的念想，有什么会比这更加孤独？想象一下在黑暗中遇上一条大白鲨的恐惧。一开始，他会徘徊游弋。然后，突然朝你袭来！第一轮攻击时，鲨鱼会有所保留，先尽力试探一番，然后擦身而过——或许你能感受到他那具有独特触感的皮肤，上面覆盖着锋利的齿状突起，这是名副其实的细齿。（单单鲨鱼的皮肤就可划破血肉。）但是，当鲨鱼后退，准备第二轮突击时，他就要正式地猎杀你……我使劲摇了摇头，想赶走脑海中的这幅画面。我紧紧抓着防护绳，刚回到船舱里，"想象号"就突然撞上一个巨浪，我又一下子摔倒在地。在家时，一些水手朋友曾提醒过我，如果船只遇到坏天气（就像这次一样），要想避免随着船晃来晃去，最好在船内爬行前进。当时我觉得那样做很可笑：四脚着地，跟动物似的。但现在我不再这样认为了。于是我手脚并用地

① 赤霞珠干红葡萄酒（Cabernet Sauvignon），葡萄品种，国内经典译名"赤霞珠"，又译"卡百内"、"卡本尼苏维翁"等。该葡萄品种原产法国，广见于波尔多(Bordeaux)地区，引种至中国已有百余年历史。——译者注

爬行起来。

水槽里的塑料盘子被抛向空中，然后又砸在地上（显而易见，船上很少有玻璃制品）。现在，每隔30秒左右，"想象号"便会随着风浪起伏一次，那些没有固定好的物件在船舱里四处滚动。我本想用对讲机联系彼得，但我相信他也无能为力。而且，我的对讲机接收器早就不知道滚落到哪里去了。

此时我很难不回想渔人湾发生的一切：溺死，枪击，围绕鸟蛋发生的悲剧，所有倾覆失事的小船，以及如鬼怪战机般鬼鬼祟祟地在船底绕圈的姐妹鲨。船头似乎更坚固，所以我想尽办法靠过去，爬进船长的铺位，并用毯子把自己裹得严严实实。不幸的是，在船头意味着我很接近那根"恸哭"的锚链，而现在风也开始真正咆哮起来。厨房里的十几个鸡蛋飞起来，砸碎在对面的墙上；架子上的书全掉了下来；蓄电池在左右舷之间来回滑动。

我饱受折磨。一方面，此时似乎很适合用酒精和安眠药来逃避焦虑，正是因为此类事件，人们才发明了镇静剂。但是，从另一方面来看，保持头脑清楚以防发生紧急情况，才是明智的做法。比如说游泳逃生。昨天，我站在甲板上，计算了"想象号"到礁石群的距离：离塔瓦岬有150码（约137米），离甜面包岛则有约200码（约183米）。

"不到两分钟，我就能游到甜面包岛。"我摆出一副骄傲的样子告诉彼得。

"嗯，好吧，但那会是你生命中最长的两分钟。"他回答说。

在一波极其汹涌的浪潮之后，我干脆服用了安眠药。但我依然保持着清醒——这就像试图在有人跳动的蹦床上睡觉一样。不明物体一直在四处飞落。夜里两点钟，我喝了几口用旧瓶装的自制白兰地后，终于进入到半睡半醒的状态。耳中的噪声似乎也不一样了，仿佛孩童的啼哭声与喃喃低语声怪异地混合在一起。这声音轻柔得好似羽毛，又如水汽一样，从海中升腾而起。

早晨的风速仍是20节（约38千米/小时），天空乌云密布，但我依然在这里！天亮了！捕鲸船在汹涌的波涛后依然顽强地漂浮在海面上！（虽然它已明显受损。）怀着感恩之心，我走到甲板上，仔细察看了整个海湾。我沉浸在自己依然活着的喜悦中，突然，我注意到甲板上有一大滩血迹。随后，我发现在它右上方的舱门上有一道长长的污渍，就像是一只染血的手往下抹出来的。而在污渍前面、靠近船首的地方，有更多的血迹，像小湖泊一样。事实上，这里到处都是血迹；这些最近才涌出的鲜红色血液还在不停地滴落。恐慌中，我通过对讲机联系了彼得。他听起来很有精神，想必是休息得很好，对讲机一接通他就开始形容昨天的晚餐，接着又说甜点是巧克力香蕉戚风蛋糕——显然这是一道素菜；他还说要带一块给我……

对讲机上不能两人同时说话，必须等一个人讲完，说"结束"，再松开发送按钮后，另一个人才能讲话。轮到我时，我还处于混乱中，尖叫着告诉彼得这里有鬼的低语和大片的血迹。

"放松点，"彼得告诉我，"一定是某只鸟撞到了船上。而且从血量判断，可能是一只像鸬鹚一样的大鸟。"

他非常镇定地让我去找一根羽毛，以便他能够识别鸟的种类。彼得还解释说，如果是一只大个头的鸟掉了下来，还流了那么多血，肯定会有羽毛留下。对，是的，只是一只鸟。我会找到羽毛的。然而在接下来的半个小时里，我找遍了整个甲板，也没见到一根羽毛。

◇ 恐惧侵袭 ◇

第九章

危机时刻

我很好奇，如果鲁滨逊·克鲁索被海浪冲到这座岛上，他会如何生存下来？

——查尔斯·沃伦·斯托达德
与法拉隆群岛上的鸟蛋贩子们一起，1881年

2003年9月30日—10月6日

"好吧，我认为象海豹不可能出现在这里。"彼得又花了十分钟在甲板上搜寻，但没发现任何神风鸟羽毛的踪迹。

"确实不可能，除非他们能漂浮在6英尺（约1.8米）高的空中，并且将这些栏杆清理干净。"我的声音里透着些许不耐烦。

彼得和我结束了对讲机通话，开始检查不明生物留下的血迹，我希望他能找到它们的来源。彼得吓了一大跳，他看到从船头到船尾到处都是血，似乎整个甲板上曾进行过一场鸟类之间的生死决斗。彼得指着一块血迹旁的绿点说："这看起来像大叶藻。所以不管这是什么动物，它的食谱中肯定有大叶藻。"

"那是鳄梨酱。是有一次我把坏掉的墨西哥卷扔在那里留下的痕迹。"

"哦。"

看来，血迹的来源一时半会儿也搞不清楚；我们决定继续前行。莫名其妙的声音已经够烦的了，现在又遇到这玩意儿。我在法拉隆群岛见过许多血迹斑斑的场景，但这次无疑是最令人困惑不安的。或许那个该死的通灵板才是罪魁祸首。和往常一样，我对超自然现象的看法有点自相矛盾。我不相信有什么喷溅着血液的鬼魂曾来到这艘船上，但我也巴不得有机会弃船而逃。我心如乱麻，迫切地想要离开这艘杀气弥漫的船，于是我俩顶着残酷杀戮的阴影，在阴

· 218 ·

沉的天幕下，驾着捕鲸船继续前行。今天清晨，彼得在东登陆点做修补工作时，看到一条腾空而起的大鲨鱼在舒布里克岬附近溅起了巨大的水花，她很有可能是一条姐妹鲨。现在，我们正赶往那里。

众所周知，大白鲨在捕猎时会跃出海面，他们的飞行绝技甚至催生了著名纪录片——《空中巨鲨》。那些连续镜头取景于南非福尔斯湾海域，在那儿，鲨鱼总是蹿出海面，对一群跃动的软毛海豹发起攻击。这种跳出海面进行攻击的行为在法拉隆群岛并不常见，也许是因为这边都是些笨拙的象海豹，不费吹灰之力便可以拿下。1982年，彼得有生以来第一次目睹鲨鱼跳到空中。他原本以为那是一头鲸鱼，但随着时间的推移，才明白那是一条跳跃出水的鲨鱼。斯科特认为，当鲨鱼从下往上冲向海豹，却未能咬中时，才会用力过猛跃出海面——但彼得却不这样认为。在他看来，鲨鱼连续三到四次跃出海面并不能用草率的捕猎来解释。他猜想，反复的跳跃看似在炫耀，但或许那是一种社交信号，或交配之前的才艺展示。

"我们对鲨鱼的交配过程一无所知，"他说，"他们是怎么聚到一起，又是怎么选择配偶的呢？雄性鲨鱼肯定会做些什么事来吸引雌性。"还有一种不那么浪漫的可能——这些鲨鱼只是和鲸鱼一样在努力摆脱他们身上的寄生虫。

这次是我在驾驶捕鲸船。我曾试图摆脱这项任务，但毫无作用。彼得是不想看到这浑浊不堪的海水，而我只是单纯地不想干这活儿。我不想思考，不想操心，不想施展任何一项技能。我只想坐在捕鲸船船头下凹的地方，消极地盯着海面，等待一些神奇的生物把他们的头探出来，这对我来说就足够了。但彼得并不同意我的想法。他那令人畏惧的眼神仿佛在说：你这种态度是不对的。为了鼓励我，他说："我们期待已久的鲨鱼袭击就要出现啦。"他是对的——姐妹鲨一向都神出鬼没。在印第安黑德和象海豹湾，我们新发现了许多鲨鱼，有的体型较小，有的令人捉摸不透；但我们还没在岛的东端遇到过鲨鱼。

捕鲸船迅速在海浪中穿过，利刃般的浪头从四面八方接连劈砍过来。面对这样的险恶情形，初出茅庐的捕鲸船驾驶员一个不小心，就可能酿成沉船大祸，或者吓得咬断自己的舌尖。在法拉隆岛以东200码（约183米）的地方，我听到发动机发出刺耳的声响，心里顿时一惊。我猛地提速，发动机却转得更慢了，然后索性罢了工。它发出噼里啪啦一阵响声，就此熄火完蛋。

彼得走过来，重新发动了几次，但都以失败告终。"不要让它进水了。"我提醒说。他态度和蔼地忽视掉我的话，转身走向船尾，然后拆开引擎盖，检查燃油管道。此时刮来的西北风风速至少达到10节（约19千米/小时），我们在巨浪中左右歪斜，被猛地扯向东边，很快就漂离了岸旁。还好，我们没有与发动机纠缠太久，目前仍处在对讲机信号区域之内，于是彼得向岛上请求了救援。几分钟后，伊莱亚斯驾驶着"餐盘号"朝我们驶来，他穿着防浪服，看上去十分勇猛，就像儿童冒险故事书里的玩具船船长在执行任务。看见他，我们顿时松了一口气。此时的海水已转为黑色，仿佛一大块不祥的黑曜石。我回头朝"想象号"望去，只见渔人湾正笼罩在一团浓雾之中，白色的浪花隐约可见。

差不多就在彼得早上看见鲨鱼的地方，我们扔给伊莱亚斯一根拖绳，然后爬进了"餐盘号"。我在船上四处打量，心里惴惴不安，暗想这艘船是比"塔比号"要坚固，但也好不到哪去。显然，捕鲸船已经彻底毁坏了，于是他们把我一个人留在"想象号"上，返回东登陆点，那儿可以用绞车把受损的捕鲸船拖上岸进行维修。

伊莱亚斯和彼得在阴郁的雾气中消失远去，我站在甲板上眺望着外面可怕的景象。云朵交织成一片铁青色的面纱，此时的世界只剩黑白两色。我迎着风站在几滩已经风干的血迹附近，闻到一股明显的下水道味。臭味源于一个银色装置，它外形美观，但显然不是装饰品；污水从里面流出，发出嘶嘶的声音。舱顶怎么会渗出这种恶心玩意儿？正当我百思不得其解之时，不知从哪儿冒出来一艘运动型双体船，紧贴着我们的船来了一个180度大转弯。说实在的，靠得也太紧了。它贴得很近，开得很快，转弯稍有差池就会撞上"塔比号"——不对，应该说幸亏当时没有浪头打过来，不然真就撞上了，会比汤姆他们在转舵时撞上"想象号"右舷那一次还要撞得惨。这艘叫作"大乐趣号"的船一闪而过，船长眼中透露出的恐惧显而易见。他戴着巴拉克拉法帽，穿着雨衣，独自航行在这片波涛汹涌的大海上，用尽全力想要快速逃离。违反了航海核心规则的他并没有闲心向我挥手打招呼。

彼特通过对讲机来确认这里有没有鲨鱼，今天的任务就算完成了。他说他会留在岛上，处理捕鲸船上坏掉的燃料过滤器。当然还有些其他的事务要处理，修理那些损坏的管道啦，观看巨人队的比赛直播啦。我完全能理解我为什么会被抛弃在这艘船上。除非被逼无奈，不然怎么会有人愿意待在"想象号"上？可是现在才两点钟，我还要独自度过漫长的下午、黄昏和黑夜。

我走下甲板，想在睡袋里躺一会儿，阅读一本我以前带来的，关于自然界中食肉动物的书籍，然后可能会做几个引体向上。游艇顶棚上凸出来的木扶手是这项运动的理想助手，虽然我知道这些扶手是用于其他更乏味的场合的——比如当船剧烈摇晃的时候，我们可以靠它来保持直立。不管怎样，它们有我最喜欢的特点，或许是因为看起来超乎寻常地坚固，不易折断。我做了十七个引体向上，这是我有史以来做得最多的一次。

船只上下颠簸得厉害，导致我无法阅读。于是我爬上自己的铺位，捆紧带子。从某种程度上说，这次鲨鱼季与我想象的大相径庭——不但独自待在船上忍饥挨饿，就连这艘状况百出的船本身，也似乎是在对这场被迫进行的旅程实施报复。另外，姐妹鲨到底在哪里啊？

按道理来说，姐妹鲨离我如此之近，我早该亲眼看到她们了。在我的想象中，她们栖息在深不可测、弯弯曲曲的水下洞穴里，只在恰当的时机才游出来，就像偶尔才会开出来的法拉利跑车一样。彼得曾打电话给斯科特，讨论雌性鲨鱼数量的稀缺，虽然严格来说，这个季节谈这事还有点早。斯科特一直对鱿鱼捕捞船的作用表示怀疑；他认为灯光的照射、渔网在水下被拖来拖去时发出的噪音以及引擎的轰鸣声，肯定会影响鲨鱼的狩猎模式。

"它们很聪明，会去别处的。"斯科特说，但是马上又补充道，"猎杀不成功，她们绝不会善罢甘休。"在十月份，鲨鱼的攻击频率为平均每天一次，有时甚至多达每天五次。现在我们每天都能见到鲨鱼，但主要是在它们袭击诱饵的时候。也就是说，我们不常见到真实的猎杀场景：鲜血浸染了整个海面，到处都是海豹的尸体和白森森的牙齿。

彼得把斯科特的话转述给我听，并且说道："等斯科特来了，咱们就会转运啰。你看着吧，运气一下子就会变好。"

正当我睡得迷迷糊糊之时，"想象号"猛地一摇把我惊醒。这时太阳还没下山。虽然锚链仍在与礁石发生摩擦，发出阵阵哀嚎，系船的绳子也在不断拉伸勒紧，周围却安静得出奇。我忽然意识到，今天捕鲸船不在，所以"想象号"不会和别的船只碰撞作响。迷迷糊糊地把头伸出舱口，我看到海水变得异常汹涌，仿佛要吞噬掉低矮的天空。小海峡的另一头，汹涌的海浪横扫过礁石密布的蒙泰湾水域，以前我从未见过这种情形。而风力还在不断升级。

惊慌之中我迅速打开"天气之声"，刚好收听到来自亚雷纳岬的天气预报："小船气象预警。风时速20～30节（37～55.6千米/小时）；浪高10英尺（约3米），周期11秒。""天气之声"用机械般冷酷的声音播报完这条信息。但随着船只在迅速降临的暮色发出吱吱嘎嘎的噪音，我也无法再保持镇定。和这些新的、更加可怕的数字相比，昨天晚上几乎不过是一阵微风。我朝正在里面做晚饭的彼得叫喊，他故作镇定地安慰我，那语气就像在电影里面，当空管人员得知飞行员无一幸存，试图说服没有飞机驾驶经验的人迫降波音747时，所采用的语气。

"外面的样子太可怕了，"我一边说，一边努力平息声音里的恐慌，"就连鱿鱼捕捞船都看不见了！"。

对讲机那边是长时间的沉默。我喊道："我讲完了，你听到了吗？彼得？你听清楚了吗？"

"这正是我所担心的。"彼得疲惫地回答。

这句话可不怎么能够给我安慰。

"这艘船不会被风浪掀翻的，对吗？"

"不，不，不，不可能的。它有一个久经风雨的大龙骨。"

我暂时松了一口气，直到他继续说："但问题是，如果绳子或者锚链断了，这艘船就会漂向塔瓦岬……"

"什么叫'如果绳子或者锚链断了'？"

"我想我最好出去一下。"

彼得在足足有10英尺（约3米）高的巨浪中划过渔人湾时，已经九点多了——"塔比号"的船主手册上明确禁止在这样的风浪下出航。舱口打开时，强风裹着风浪的轰隆声涌入舱内，紧接着是彼得的靴子走下梯子的声音。我戴着头灯坐在桌子前，看到彼得时，既感觉有些尴尬，又不觉松了一口气，特别是看到他给我带了一些食物之后。"那是什么声音？"他眉头紧锁着，担忧地问道。

"你指的是哪一种声音？"此时，船上交织着各种瘆人的噪音，仿佛水下有一支魔鬼组成的管弦乐队正在演奏交响乐。当狂风从西边袭来时，"想象号"朝着塔瓦岬猛地向东一沉，右舷的舷窗差点淹没在水里。

"就是那种刺耳的噪音。听起来就像是有什么东西在刮擦着礁石，以前从来没听到过这种声音。我去看看锚链究竟是怎么回事。"

彼得爬上梯子，走进狂风中。十分钟过去了，他还没回来。我开始担心，等到我不得不走上甲板时，他已经消失不见，只留下一滩来历不明的鲜血。但几分钟后，他重新出现在舱口。"嘿，外面的风可大了。"他摇着头说，手里拿着一条已经磨损得不成样子的绳子，那是汤姆为了加固锚链缠上去的。有了这条绳子固定船头，"想象号"颠簸得轻了一些，但随着绳子的损坏，重新松开的锚链又开始剧烈摇晃。

"我并不是一点儿也不担心。"彼特边说边检查绳索。

锚链摩擦暗礁边缘发出的沙沙声更加刺耳了。这音调的变化让人难以忽视。

"好吧，"他转向我，语速低缓地说道，"如果'想象号'一直晃动个不停，撞上了礁石，'塔比号'会帮助我们脱险。到时候我们可以跳上'塔比号'离开这里。"

我表示同意——有划艇可坐，总好过大半夜下海游泳。

舱顶传来可怕的隆隆声，伴随着一声物体飞滚过甲板的巨响。

"那到底是什么声音？"

"是油气罐吧，也可能是台闲置的收音机什么的。我们最好在它滚到海里之前把它捡回来。"彼特爬上梯子，不一会儿就拿着一个摄像机包和一个锡罐返回舱内。

"我猜那个大桶撇下我们航海去啦。"他说。

那还真是个损失。船上管道情况不容乐观，我正需要那个桶。

突然又传来几声空响，同时一个巨浪从船头打过来，伴随着巨大的吱呀声。"什么声音！"这次轮到他惊讶了。

"我不清楚。但是已经不止一次听到这种声音了。"

"嗯，我真想它现在就停下来！因为我上船之后从没听到过这个声音。它这会儿听起来就像是……"

"这不是新的噪声。我听起来很耳熟。"

彼特坐在桌子旁，神情凝重。"我在想是不是另一根绳子断了。"他说。我递给他一大杯红酒，用一个超大号塑料杯盛着，接着自己也喝了一大口。现在我们的船在海面上颠簸得越来越厉害了。"如果有什么重大事故发生，我们就会知道了，"他说，"如果真的到了那个地步，整个行动计划都要改变。如果没有事情发生……我想这不可能。"

刺耳的噪音响彻船底。那是一阵剧烈的碰撞声，一种撞到硬物时发出的声音。可能是撞上了暗礁，也可能是沉船的残骸——那是蠢到一定程度，曾在这里下锚停泊的船只。然而我们随即发现，那其实只是海浪在海湾中激荡时产生的冲力。收音机和电池都摔到了地板上，正中裸体女人雕刻的头部。

"造船的时候就考虑了在这种恶劣的天气下航行，"彼得说，尽管听起来毫无说服力，"在辽阔的大海上，它们经历过比这更糟糕的情况。"彼得没有说，也没有必要说的是——当船真正在海上航行时，它会随着风向自动漂流。

我问他和斯科特是否曾在这样危险的天气中，出海观察鲨鱼袭击。我很难想象在这样恶劣的条件下，还能驾着捕鲸船，在几条大开杀戒的鲨鱼周围转悠。

"噢，这样的情况太多了，"他回答说，"大多数时候，那些鲨鱼不值得我们冒险，你想要拍他们的时候，那些机灵鬼总是溜得很快，只剩下船在那儿不停地摇晃。不过，我也干过一次厉害的。"

那发生在几年前的一场暴风雨里，他说。时值九月末，正是鲨鱼出没的主要季节，当时他航行在甜面包岛以北1英里（约1.6千米）的海面，发现有两条大鲨鱼就像潜望镜一样安静，一动不动。当时晴空万里，但没有海鸥聚集，也没有染红海面的鲜血。彼得感到很奇怪，在用对讲机通知了在灯塔的斯科特之后，就赶紧朝着鲨鱼的方向驶去。突然，鲨鱼开始猛烈地摆动身体，空中水花四溅。斯科特一见，赶快冲下船舱，发动了"餐盘号"。

彼得在朝着这场袭击行进的途中，意识到他离海岸的距离比他预料的还远了差不多2英里（约3.2千米）。在三条大鲨鱼包围之下，一只海象的尸体快速地上下摆动着，身体边缘被嚼得支离破碎，如同丝带一般在水中浮动。这三只鲨鱼绕着尸体不停游动着，奇怪的是他们并没有要吃它的意思。这一切都给人一种不祥的预感，就像是《麦克白》中的女巫们围坐在熬煮毒物的大锅旁，口吐令人不安的预言。就在那一刻，他转过身，注意到整个西方的地平线已消失在巨大的云墙背后。斯科特到达时，风速正开始加快，他只看了一眼就建议紧急撤退。在这场海洋风暴中，"餐盘号"和捕鲸船都不是安全的地方。

彼得猜想他们会碰到一些有趣的事情，所以迟迟不愿离开，但当风速达到25节（约46千米/小时）时，他也只好掉头返回了。等到他抵达陆地时，狂风怒吼着，倾盆大雨夹着冰雹劈头盖脸地砸下来，这样的天气里完全不可能使用吊杆。斯科特连同"餐盘号"一起被困在渔人湾；巨浪使他们无法绕着舒布里克岬环行。彼得把斯科特载到北登陆点后，系好浮标，准备在必要时用两艘船安全躲过这场风暴。但暴风雨来得快去得也快，不到一个小时彼得就回到岸上，缩进毯子里。

不幸的是，今晚天气并没有任何好转。不过似乎也没有变得更糟。于是我一头扎进床铺，留下彼得独自待在那令人毛骨悚然的驾驶舱内，彼此都担心着"想象号"会在夜间径直撞上礁石。在我用睡袋把自己裹得严严实实的时候，我意识到我必须给法拉隆群岛赋予新的认知——即使这个地方千方百计地想要毁灭我，但我从未感觉像现在这样真实地活过。

◇ ◆ ◇

第二天早上，彼得不见了。我在爬梯处发现他留下的便条，说船上的噪音令他彻夜难眠，所以四点就返回了岛上。我用对讲机回复他："我简直不敢相信，你是划着'塔比号'回去的！"

"确实有点艰难。"他承认说。

今天又是一个小船气象预警日，各种迹象显示天气还会进一步恶化。但捕鲸船已经修好了，尽管环境恶劣，我们还是决定出海。我们在印第安黑德扔下冲浪板，顺流而下来到了鲨鱼小道。彼得看起来异常安静。我问他在想什么。

"我担心把船停在这儿是一个错误的决定。"他说，表情看上去有些痛苦。他想到了我待在"想象号"上，任由天气肆意摆布的那些夜晚——食物腐烂，厕所无法冲水，来历不明的血液溅满整个甲板。

我安慰他说，我觉得一切都会好起来的。我说的基本是真心话，但我也知道，如果天气持续恶化，保险的做法就是把"想象号"拖走。但这需要汤姆帮忙，而他这周正在旅行。不管怎么说，斯科特快到了。他和彼得联手，一定能把系船的索具修好。

我很清楚，我得和"想象号"一起离开。但我对此没做丝毫的心理准备。我还没见过姐妹鲨，还没花时间陪陪斯科特。如果我现在退出了，我将缺席所有与鲨鱼季有关的故事，只能再次回到大陆上，以局外人的身份远远地旁观。

"这是一次宝贵的塑造人格的经历。"我安慰他说，努力使自己的声音听起来乐观一点。可他却没看向我。在我开口前的十亿分之一秒内，靠近冲浪板的海面上出现了一个小涌浪，彼得注意到它时，鲨鱼刚好浮出海面。那是一条中等大小的大白鲨。他在冲浪板周围以"8"字形轨迹迅速游动，然后开始撞击船只。他侧着身子，摆动着尾巴，用一只漆黑深邃的眼睛仰望天空，然后便消失不见了。这条鲨鱼头上布满了长条的白色刮痕。

"他的名字叫'普林普顿'。"彼得说。

与大白鲨的邂逅缓和了紧张的气氛，似乎也结束了如何让逆风行驶的船只幸免于难的讨论。接下来的夜晚依旧阴森可怕，噪音再一次使我的神经紧绷，我整晚朝塔瓦岬的方向眺望，期盼它高耸的身影突然出现在舷窗中。彼特通过对讲机问我怎么样，我告诉他渔人湾情况大有好转；总之一切都好。

这也不完全是谎言。在接下来的两天里，尽管天气状况还是让人担忧，但"想象号"没再出现新的故障。岛上充斥着链锯和气锤作业时的嗡嗡声，到下周，海岸警卫队承包人员就会用直升机将他们作业时留下的废弃物运走。从甲板上望去，我看见海岸警卫队人员正站在北登陆点的礁石上捕鱼。法拉隆群岛从来都不是他们这类人喜欢待的地方。事实上早在几年前，有一支特殊的队伍就曾抗议这里非人道的工作条件，还提到了可怕的海藻扁蝇。而他们来岛工作不过一个星期，任务也不过是发射一个碟形的卫星天线接收装置。彼得告诉我，现在岛上这些家伙的食物大多是空运来的。他们的菜单破天荒地从生物学家食用的有机健康食品，转变为摩尔炖牛肉和墨西哥风味的多力多滋玉米片。随着承包人员在海岸警卫室的入住，这里陆续出现了五花八门的包装商品。

在渔人湾，我有了新的伙伴。她是一只灰鲸幼仔，已在离船头不到20码（约18.3米）的地方停留了几天，每当我站在甲板上，似乎总能见到它的身影。从外形上看，它与史前时代的鲸如出一辙，脊背弯曲，恰似悬在水面上的拱桥；长满藤壶的尾部优雅而俏皮地摆动着。我们偶尔会有眼神交流。就鲸鱼而言，这一只的个头实在称得上"袖珍"，就连彼得都怀疑鲨鱼会不会把她吃掉。

以前，没有人看到过鲨鱼袭击鲸鱼，但鲸脂确实是鲨鱼的终极美味，因此，没有任何地方能比漂浮着刚开始膨胀的鲸鱼尸体的"血三角"地区，更容易发现大白鲨了。斯科特有一群捕鱼的伙伴，无论什么时候，一旦有鲸鱼尸体漂浮在海面，他们就会通知斯科特。只要尸体还没腐烂发臭，鲨鱼就会出现，咬下一条条长长的鲸脂，然后扬长而去。

此时此刻，法拉隆群岛聚集了大量鲸鱼。我们曾在捕鲸船上和一群突然浮出水面的座头鲸迎面相遇，距离近得几乎让我们感到不适。这些座头鲸经常成对出现，体表富有光泽，行为优雅，带着长锥鳍在海中来去自如。在较远处觅食的是高贵的蓝鲸，他们是地球上最大的动物。当蓝鲸跃出海面，或以排山倒海之势从远处游来，或从背部长时间喷射出水花时，场面都非常震撼。大海中曾遨游着二十万只这种和车厢差不多大小的哺乳动物，如今仅剩下不到一万只。

回想起捕鲸业繁荣的日子，灰鲸被称为"恶魔鱼"，因攻击渔民和船只而臭名昭著。但人们后来发现，这其实与插入他们背部的鱼叉有关，而非他们天生具有攻击性。捕鲸行为被禁止后，人们认识到灰鲸其实是十分友好的生物。例如，在巴哈的圣伊格纳西奥环礁湖[①]，灰鲸会不约而同地聚集起来，用他们的鼻子蹭蹭观光船，并且允许游客抚摸自己。他们似乎很享受人类对自己肚皮的爱抚。这让我想起了我的那只小灰鲸，她显然对"想象号"很感兴趣。或许这与气味有关。有个鲜为人知的事实——从鲸鱼的呼吸孔里以一种极其优美的方式喷出的水，其气味其实难闻得紧，就像能熏死人的臭屁。而船上的气味也是如此，特别是位于嘶嘶作响的银色装置下风处的气味。

◇ ◆ ◇

　　蒙泰湾是这座岛上最危险的地方。它覆盖面最广，有着汹涌澎湃的海浪、危机四伏的暗礁，以及激烈凶猛的洋流，轻易就能将你吞噬其中。东南法拉隆岛本身就已经够可怕了，蒙泰湾却比它周围的海域还要危险。对航行的船只来说，这儿绝不是一片理想的海域，因为受到强劲的西北风以及冬日里来自西方的涌浪影响，它们会被裹挟着径直前行。如果在这里陷入麻烦，那你真是够倒霉的。这里的海岸线极其陡峭，没有任何可以供飞机紧急迫降的余地。人们还后知后觉地发现，蒙泰湾一直是沉船事故的多发地点——那些沉船的残骸会在落潮时显露出来。彼得和斯科特在这片海域行驶时往往很谨慎，发生鲨鱼袭击时则表现得更加小心。因此，这里能够成为鲨鱼的天堂也就不足为奇了。

　　1991年的一个早晨，斯科特刚登上灯塔，准备开始他一天的监测。他先喝

....
　　① 圣伊格纳西奥环礁湖（Baja's San Ignacio lagoon），位于墨西哥下加利福尼亚半岛地区，是东太平洋灰鲸的越冬地之一。——译者注

了点咖啡，一边在纸上涂着鸦。这时，他偶尔抬了一下头，猛地看到蒙泰湾的中心位置处，有一个人正在上下沉浮，两腿之间还夹着亮橘色的救生用具。他周围只有几个漂浮着的冷却器，而不见船只的踪影。斯科特百思不得其解，心想这个家伙总不会是从天而降吧——因为并没有人曾看到有任何渔船向这座岛靠近。

斯科特用对讲机通知彼得"蒙泰湾有异常情况"，彼得想当然地认为斯科特指的是鲨鱼。当他得知有人被困在那里时，还有点不太相信，但还是立即开着捕鲸船赶了过去。对于那个漂浮在11月的蒙泰湾上的男人来说，生还率并不太高，但彼得还是设法单枪匹马地把这个200磅（约90.7千克）重的家伙拖上了船。一架海岸警卫队的直升机稍后出现，将那个叫作比尔·卡布斯的男子送去了医院。在整个救援过程中，卡布斯因惊吓过度而一言不发；事后人们也从来没接到过他的来信，没有得到只言片语的感谢。不过，他们倒是找到了他那艘船的残骸，船上原有的捕鱼工具改装后正好适合把冲浪板扔出去吸引鲨鱼。国家海洋保护区十分认可彼得对卡布斯的施救方案，并授予他"奥尼尔航海技术奖"。但并非每个人都能欣然接受这样的收尾——"我始终相信鲨鱼计划是能够救人一命的。"斯科特说。

今天下午，当克里斯蒂从灯塔向我们发来鲨鱼袭击的消息时，彼特和我正打算漂离舒布里克岬，但我们的船在汹涌的海浪上颠簸得实在太厉害，迫使我们一度想要放弃。

"蒙泰湾没戏了。"彼特瞥了我一眼，发动引擎，说了两个字："抓紧。"接着他重重地轰下油门，捕鲸船猛地冲上浪峰，几乎飞了起来。

当我们到达甜面包岛附近时，映入眼帘的先是成群的海鸥，然后便是这血腥的一幕——一具海豹尸体深陷在深红色的血泊之中，十分醒目，数千米之外都能看见。四周薄雾笼罩，光线暗淡，一片寂静。彼特驾驶着捕鲸船向尸体靠近，把船切换到空挡后便伸手去抓他的相机杆。而当我笨手笨脚地去安置顶端

· 230 ·

的摄像头时，才恍然发觉这样做有点困难，因为我的一只手必须死命地抓住栏杆，但另一只手却不听使唤的哆嗦。于是我只好暂时把相机放在夹克口袋里。说实话，我不喜欢蒙泰湾。看着它那危机四伏的暗礁，搅拌翻滚的巨浪，你会感觉它就像一台充满恶意的洗衣机。

不一会儿，一条鲨鱼出现在我们旁边。这是我见过的最大的一条鲨鱼，它至少有16英尺（约5米）长，腰身简直有一辆房车那么粗。在这样的情境下，任何一点风吹草动都会使我坐立难安：来势汹汹的海水、体型硕大的鲨鱼、让人时刻警醒的鲜血，还有那群格外凶猛、在我头顶上方不断尖叫的海鸥。这是我第一次体会到，在海上遇袭身亡是一件多么轻描淡写的小事。彼得一边忙着拍摄，一边急着冲向控制台，调转捕鲸船行驶的方向，避免撞上礁石。这条鲨鱼在咬下一块尸体后，便潜下水去，留给了我们调整船身的片刻时间，但下一秒又浮出水面。他似乎对这艘船感到愤怒，用尾巴使劲儿撞击船帮，飞溅起的海水使我们浑身都湿透了。终于，海豹的尸体被撕成了三片，残尸的碎片在海面漂散开来。

"当心鲨鱼。"站在船边的彼得一边望着海面，一边提醒我说。

我俯身越过船只边沿，试图在昏暗的海水中找出有关鲨鱼的线索——形状、阴影、涌浪。

"在那儿！"彼得大叫着，用手指给我看。

一个巨大的身影一闪而过，我赶紧将相机聚焦。这条鲨鱼似乎专门为我的特写镜头而来，它冲到海面，迅速咬下一块海豹的尸体。我从未如此近距离地观察过大白鲨——他的脸，他那奇特的脑袋，还有他凸起的喉咙下脆弱的白色区域。那一刻时间仿佛静止了。

到目前为止，我见过的鲨鱼已经超过12条，但每当有鲨鱼隐约出现在船下时，我还是会发自内心地感到惊喜，而且惊喜之情不减反增。

产生这种情感再正常不过了。斯科特曾向《动物星球》频道讲起他对鲨鱼的敬畏之情："我看过的白鲨袭击事件可能比这里任何人都多，我敬佩他们的能力。因此，我从未动摇过一直拍摄下去的信念。"他对我说得更加简单："我真替那些从未见过鲨鱼袭击的人感到难过。"

我们在蒙泰湾呆了一个小时，在拍摄时尽量远离有暗礁分布的危险地带。等到海面的血泊逐渐扩展消散，海豹尸体也只剩下烤肉串般大小，彼得开始收听早在鲨鱼袭击时就已开始的巨人队比赛。这是一场生死决战，如果输了，他们将无缘世界职业棒球锦标赛。他对棒球的关注程度似乎高过一切。

"我看到过那条鲨鱼，"他突然说，随即开动捕鲸船，"我认出了他身体右侧的斑点，那是一条大个子雄鲨。"

这真是个令人失望的消息。我刚还在期待她是一只体积足够庞大的姐妹鲨。彼得笑着告诉我，那条鲨鱼的个头和姐妹鲨差得也不多。"不过等你看到一条大个子姐妹鲨，你才知道她们能有多牛掰。"

我很好奇当水面漆黑一片时，他是怎样设法看清东西的——反正我没有发现鲨鱼身体右侧的斑点。彼得和斯科特都有惊人的追踪能力，能掌握绕船游动的鲨鱼动向；甚至当鲨鱼潜下海中之后，他们都知道他会从哪个位置重新浮出水面。如果海水平静而清澈，即使鲨鱼在20英尺（约6米）深的水下，他们也可以精确地定位。而在大多数时候，海面对我来说就像一大片不透光的油漆，鬼知道下面有什么东西。

"你得学会观察阴影，"他停下来说，"这样才能和潜在的危险保持一定距离。"

他驾船驶入渔人湾。"今天没有拍摄到小海峡。"我提醒他说。此时，涌浪的通道中塞满了泡沫。

"除非你还想再来一次塑造人格的经历。"

天色逐渐变暗。"我们今天的任务完成了。"彼得心不在焉地说。话音刚落，他又补充道："你把我放在北登陆点吧。"正全神贯注地收听第九局棒球赛的他，并没有察觉我的脸色变得惨白。他随口一句"把我放在北登陆点"，背后的意味却无比深长。这简直就像是有人漫不经心地说"等飞机飞到35 000英尺（约10.7千米）就跳伞"，或者"把那颗眼珠子递给我"。

为完成这项常规任务，我不得不从事高级的航海作业。我不得不在北登陆点狭窄的入口处顶着碎浪，把捕鲸船开到离岩礁足够近的地方，方便彼得上岸，然后在下一个巨浪翻涌而至之前迅速离开。这个过程需要对反向行驶非常熟练，不允许出现踩到空挡这样的失误。紧接着，我得在夜幕降临之前赶回"想象号"，在15节（约28千米/小时）的狂风中，把"想象号"和捕鲸船并排停靠在一起，并把捕鲸船固定好。以前我停船的时候，身边至少有一个人伸手帮我抓住保险杆或绳子。但是即使有人帮忙，我也未必能表现得多么出色。

可是我还有选择吗？我紧握方向盘向前冲去。捕鲸船反复驶过岸边五次，才让彼得有机会和海岸靠得足够近，然后跳了出去。即使这样，他还是得向上爬一截，那些溅起的水花越过他的鞋口，溅进了靴子里。我打反方向时用力过度，船一下子撞上了礁石然后弹开，发出让人很不舒服的呜呜声。事情本来还可能更加糟糕。不管怎样，我还是得说，这次入坞堪称完美——除了捕鲸船上的栏杆不知怎么被碰掉了。

◇ ◆ ◇

我和斯科特坐在"想象号"上那嘶嘶作响的银色装置的上风处，沐浴着日光，喝着一款名为"北岸海豹"①的啤酒。这款啤酒的宣传语是"人生苦短，不如饮酒"，酒瓶标签上绘着一头还没被鲨鱼咬掉脑袋的海豹，而在灯塔山的小型啤酒厂建立之前，恐怕在法拉隆群岛也找不到比这更合适的啤酒了。斯科

---

① 又名海豹啤酒，是北岸酿酒公司出品的一款琥珀啤酒，在美国非常流行。——译者注

特是昨天才到的，他看上去十分健美，浑身散发着野性的灿烂光辉——此君出场，这该死的天气还不赶快好转！果然，风势减弱了，雾气消散了，乌云也漂成了白色。

作为一名经验丰富的渔夫和水手，斯科特对船只的一切了如指掌。检查完捕鲸船被撞得粉碎的船帮，毁坏的栏杆以及变形的船沿后，他又看了看"想象号"系船的索具，摇头便说：不！斯科特刚一到，彼得就忍不住向我表达他的愉悦，说什么"现在终于有人帮我分担这里的一切了"。他显然轻松了不少。我敏锐地意识到，"这一切"指的是我和这艘破船。

我们无论如何都要把"想象号"转移到东登陆点；维修计划正式启动时，支奴干直升机①将盘旋在渔人湾的低空，咆哮着拖起"想象号"的残骸，螺旋桨产生的涡流将会把海面搅成杜松子汽酒。船只禁止在此航行。直升机在飞进一小片吊装区域后，会将几吨重的陈年木材吊到我们的头顶上方；没人敢保证此次操作能不出任何意外。我甚至联想到一块100英尺（约30.5米）长的木头从天而降，刺穿"想象号"甲板的场景。

昨天斯科特花了一下午的时间清洁并检查他的装备，一丝不苟地准备好所有他要用到的工具。在这样混乱的一个地方，一不留神任何事物都可能出现意外，他对遇到麻烦事深有体会，自然知道细心准备的重要性。我欣赏这种处事哲学，不过不知为什么，我却无法将这种哲学应用到"想象号"上的生活中——那是一种完全跟着感觉走的生活，终日与破破烂烂的机械系统和不期而至的烦心事相伴。

今天，我们三个将带着"海豹宝宝"出海，这是斯科特用灰色地毯改造成的鲨鱼诱饵。以前，"海豹宝宝"几乎每次入水都会遭到攻击。正当我为它逼真的外形而惊羡不已时，斯科特的脸上闪过一丝笑容。"它看起来真像海豹

----

① 一种由美国波音公司研发并制造的中型运输直升机。——译者注

呀，宝贝儿！"

　　用地毯做成的假海豹有一个最大的优点：像大多数时候一样，当他受到攻击时，斯科特看不到他脸上的恐惧，或是意识到死亡临近时的痛苦。事实上"海豹宝宝"是没有表情的，更没有一双能在受到惊吓时张得如鸡尾酒杯垫般大小的眼睛，但这正是刻意为之的绝妙设计。尽管斯科特很少见到这样令人作呕的场面，但他还是讨厌这样的遭遇，因为他至今无法忘却一条只剩下半边身体的海狮拼命地想摆脱海水的画面。在这儿，不幸的遭遇随处可见。罗恩就曾看到一只被鲨鱼追逐的象海豹宝宝，使尽浑身解数想要爬到"大白号"上去，惊恐无比的表情深深地印在长着胡须的小脸上。十天前，我和凯文驾驶着"塔比号"去一个深凹形的海湾检查一只被鲨鱼咬伤的海狮，他曾拖着受伤的身体爬上了礁石。这只动物身上横布着三条伤口，每一条都至少有2英寸（约5厘米）深。尽管这只海狮的伤口特别严重，但他还是极有可能复原的；最后，这些生物都会从恶意的残害中生存下来，就像是一块块分开的弹性橡皮泥，揉在一起就重新恢复成一个整体。然而，我们人类却要忍受动物那充满痛苦的神情带给我们的折磨。这时，我仿佛看见了他在缓缓地眨着眼睛，眼神里满是悲伤；当苍蝇在他的伤口上撒野时，他只能无奈地叹息。

　　今天早晨，尽管心情躁动不安，但好在天气晴朗。我们一路与大约五十条座头鲸、十五条蓝鲸，还有我的小灰鲸相伴，在蒙泰湾和印第安黑德一带巡游，并到达了海湾东端。"海豹宝宝"呆在船上，听候斯科特发落；然而就在此时，他莫名其妙地被另一种生物深深地吸引住了。"瞧瞧这些疯狂的无脊椎动物！"他一边说，一边拿着塑料量杯将身子伸出船边，从无数只生活在这片海域的栉水母中舀上来一只。

　　栉水母是和那些呈伞菌状，颜色为黄色或橙色的金水母属水母一起，迁移到群岛附近的。前者大多数的体积比人类脑袋还大。当然，这里也有许许多多体积较小、外形更加奇怪的凝胶状生物。他们的名字非常拗口——异足水母、栉水母、管水母和钵水母，紧挨着船体漂浮的他们看起来就像科幻小说中的精灵。在来到法拉隆群岛之前，我从来没有听说过这些生物，但这不足为奇，因为他们像肥皂泡一样转瞬即逝。

生活在离海面最近的水母虽然是透明的，但他们的身体边缘却犹如被光纤追踪一样发着亮光，不停地闪烁着、起伏着，如同霓虹灯一般。他们极其微小，如果不加注意，即使他们从你身边游过，你也丝毫不会察觉；但只要你意识到他们的存在，你的目光就无法从他们身上挪开。

他们形状迥异，大小不等，颜色丰富——有长度超过120英尺（约37米）的巨型管水母，那是一种由许多个体组成的丝状体（你可以想象成许多人排成一行，手拉着手的样子）；也有一小粒口香糖那么大的侧腕栉水母。他们有的像带着闪闪发光的眼睛的大象，有的像靠耷拉着的耳朵就能把猎物卷入口中的兔子。有的像翅膀，有的像拉链，还有的让我联想起了梦幻般精致的宇宙飞船。他们大多都会蜇人，包括管水母目中有名的蓝瓶僧帽水母。他们全都是肉食性动物，以吃浮游生物、鱼类幼仔，甚至同类为生。

在他们的世界里，他们是健壮的小食人族，但他们凝胶状的身体一旦被网网住便会瓦解。科学家们只能寄希望于把他们赶进一个桶或玻璃容器里，然后小心翼翼地把桶提上来，使他们漂浮在海面上。但大多数时候这个方法也不管用：凝胶物仍会漏气或者破碎。除此之外，还有一些物种的身体是完全透明的，他们能巧妙地避开所有捕获。他们难以保存。多数情况下，人们只能通过图片或近距离观察研究这类动物。由于他们大多生活在海洋深处，研究变得非常困难。

斯科特一把量杯放进水里，一串小红点便浮在水面上，看起来就像一根清晰的意大利细面条。这是一只管水母，带有极小却邪恶的刺。"我想感受一下。"彼得说着卷起袖子，露出前臂内侧柔软的皮肤。

"彼得，你如果真想感受一下，不妨把它放在你眼睛里。"斯科特说。他把一团管水母放在彼得的手臂上，然后用触须碰了下他的手腕。

"苏珊呢？你要不要试试？"

我伸出手腕。一阵刺痛袭来，但并不剧烈。总之，我早上接触索具时所受的擦伤要比这疼一万倍。

彼得伸出手臂准备拥抱我和斯科特。"这举动太过亲密了吧。"斯科特不自在地把头偏向别处。我逐渐察觉到彼得并没有把"想象号"的去向问题放在心上。他面临的那一堆乱七八糟的后勤工作，以及使我来到这里的错综复杂的条件，都使他感到心烦意乱。他不想招惹别的麻烦——不想招惹我，不想招惹突然降临岛上的形形色色的海岸警卫队承包人员互助会，也不想招惹他所研究的那群茁壮成长的鲨鱼。我发现彼得经常以鲨鱼为话题开展演讲，并将他们拟人化——比如说什么"'白斩'是我们中间个头最大的女性"——斯科特却对与有关鲨鱼的经历守口如瓶，就像守护一个幸福的大家庭一样，将他们写进科技论文，偶尔在某些特殊场合提及。他在法拉隆群岛时，把全部的精力都投入到大自然中去了。尽管他一直都很友好，但我注意到，当着记者的面，他表现得还是和平时略有不同。

斯科特举起装有管水母的量杯，小家伙在太阳的照射下闪闪发光。回到岛上后，斯科特搭建了几个有机水族箱，他准备以黑色为背景来突出水母。由于鲨鱼计划进展缓慢，他研究起了栉水母、管水母和萨尔帕属被囊动物（一种完全不被欣赏的生命形式），精心为他们录像，不断为画面补光。录像成品完美地展现了这些生物精巧而又闪亮的特点。

"给'海豹宝宝'洗个澡怎么样？"彼得问。

我们并没有故意赶走鲨鱼，可鲨鱼却迟迟不肯出现。看得出斯科特并不愿意把地毯海豹扔进海里，尽管他对此没作出任何解释。

"他显然不够活跃，"他说着，深吸了一口气，炯炯的目光扫视着海面，将一切尽收眼底，"凭借我多年的经验，刚开始的时候进展迟缓，但要不了多久它就会晃动起来了。"

◇ ◆ ◇

"浪高10英尺（约3米），周期为10秒，风速为15～25节（28～46千米/小时）。"昨天早上，亚雷纳岬的"天气之声"播报了这一则消息，等到晚餐时分，预报中的天气如约而至。整个夜晚船只都在相互碰撞，试图摧毁对方，捕鲸船也依靠毁坏后尖锐突起的栏杆边缘进行反击。和往常一样，我被船晃得东倒西歪。我们计划在接下来的几天内把"想象号"拖走，事不宜迟。在渔人湾，我感觉自己时刻游走在悬崖边缘。昨晚，我有一阵子变得疑神疑鬼，拿出笔记簿用大写字母写下："这个海湾想把我逼走。"

今晚，"天气之声"又发布了一条小船气象预警，预示着明天的天气状况会更糟，接着，它发出一阵悠长的恶魔般机械的笑声。好吧，它不可能会笑。但在这个可怕的、辗转难眠的深夜里，这确实是个令人沮丧的消息。而且天气似乎永远不会好转。来自另一个海峡的远程天气预报，显示情况也是无比的糟糕。

总的来说，事态非常紧急。昨天，"爱国者号"防鲨笼潜水艇抵达了我们所在的地方，其中一个船长朝我们友好地招手，仿佛想要把船停在我们旁边，同我们闲聊片刻，而斯科特却把脸偏向礁石，然后紧踩油门使捕鲸船朝相反的方向移动，这让我感到有些惊讶。最近，鲨鱼研究人员和防鲨笼潜水员之间的关系似乎有所缓和。事实上，在这周的早些时候，"爱国者号"上的潜水员们就给我们打招呼，向我们示意发生在他们附近的鲨鱼袭击事件。当彼得和我赶到象海豹湾时，看见三只鲨鱼正在疾速巡游，其中包括那只名叫"卡尔·裂鳍"的巨型大白鲨。"卡尔·裂鳍"很容易就能被认出来，因为他的背鳍上方被咬掉了一块，那是上个季节试图从姐妹鲨那里偷抢食物造成的。

多年以来，斯科特都希望"爱国者号"能像其他潜水笼项目一样遭受挫折，最终关停。但这并没有如愿。相反，格罗斯一直在发展着自己的事业，设法在法拉隆的日程表上安排更多的潜水日程。

每个人都感到岛上的情况令人担忧，承包人员要么拿着拆除器械到处乱跑，要么举办户外烧烤聚会，一个劲儿地吸烟。生物学家还给他们起了绰号：死胖子、臭老头、大笨蛋、独裁者、醉汉，等等。房间里的每个人都拥有自己的文化习惯，彼此和谐相处并不容易。大家的脾气都很暴躁，我的心情也不太好。"想象号"这艘破船上的状况没有任何好转，船上的水管仍在持续喷涌出可怕的物质，电压蜂鸣器依旧在不断哀嚎着，各种令人头疼的噪音花样百出。阳光早已成了奢侈品，我已经连续几天待在这风浪大作的昏暗环境中，连花生酱三明治都没得吃。实际上，食物对于现在的我来说不过是美好回忆罢了。我最近甚至连石斑鱼都没吃到。

"我快要崩溃了。"我告诉彼得。

"看得出来。"

是时候提出这个不情之请了，过去的24小时内我都在练习如何开口——我能在灯塔暂住一晚吗？话语中夹杂着惶恐，想必是幽闭恐惧症或神经错乱在作祟——如果我能安安稳稳地睡上一觉，调整好自己的状态，我便能再次面对"想象号"带来的挑战。我寄希望于彼得心软，不忍拒绝我的请求。事实证明我是对的，他答应在我偷偷溜走的时候睁一只眼闭一只眼。我最终决定在天黑前向海岸出发，再悄悄地爬上灯塔山的背面。今晚有个好机会——一场至关重要的棒球比赛将在奥克兰运动家队和波斯顿红袜队之间展开，届时，每个人都会捧着一大碗薯条，盘坐在海岸警卫室里目不转睛地盯着电视机。

傍晚时分的渔人湾风高浪急，我站在甲板上，望着飘荡不定的"塔比号"。除非万不得已，我是不会从"想象号"跳进去的，你不知道这过程有多艰难。在起跳时，我尽可能地压低身子，避免划艇在最后一刻被海浪掀翻。这是我第一次在"塔比号"上掌舵。当我伸手去拿桨的时候，一只桨从支架上飞出去掉到海里，向着塔瓦海岬漂去。彼得早就提醒过我，这个支架的设计存在缺陷。有一天早上，他把两只桨都弄丢了，只好倚靠在船的一侧，用双手划着船去把桨打捞回来。捡回那只调皮的桨后，我由一条十分湍急的水道登陆，在抵达布满藤壶的礁石后，我企图跳上去，可是却失败了，就这样一只脚在岸上，一只脚在船上地跨在半空中。突然，一个巨浪袭来，将我打翻；但幸运的是，它也把"塔比号"推向了我倒下的方向。我一边拖着划艇，一边吃力地往上爬，最后终于登上了岸。

我已经十三天没有踏上坚实的地面了，现在，它终于出现在我面前。乍一登岸，我就失去了平衡，感到头晕目眩，无所适从。我抬头仰望，只见夜空依旧晴朗，但已有雾气萦绕在灯塔顶端，而且在朝我这边飞速扩散。我开始攀爬。

岩石的凹处适合借力，但却容易崩裂，且非常滑溜，更不用说上面满是怒气冲冲、随时可能啄你一口的海鸥。交替前行的每一步都需要非常小心，避免踩塌任何海鸟洞。我注意到前方三分之一的路都是一个陡坡。我有过攀岩经历，懂得保持冷静，紧贴岩壁移动。纵然如此，这段路仍然走得不太顺利，我一直步履蹒跚，摸不清方向。在我下方，巨浪朝着北登陆点翻滚而去。我脑海中浮现出摔碎的鸡蛋和身体飞甩出去的样子。我背上那些笨重的装备——睡袋，"梦幻时光"睡垫和背包——真是一点用也没有。我感觉我的身体重心好像转移到脖子后面的某个地方去了，摇摇欲坠。

我刚移动到最陡的地方，左手就突然打滑，导致身体向后倾斜，吓得我差点昏厥，幸好最后还是恢复了平衡。后来，我意识到那次还真是死里逃生，当时是那么惊心动魄，我什么也没敢多想。但我还是朝我本该坠落的地方瞥了一眼，那儿正有几块碎石湮没在滔天的巨浪中。

山顶狂风呼啸。我通过对讲机告诉彼得我成功地登上了灯塔山。丝毫未提及我侥幸脱险那一幕，我向他保证我一切都好。除了我不经意提到的我快被这儿的狂风卷下悬崖的事。

"噢，我完全能体会，"他说，似乎有点不耐烦，"我可是在那上面待过几年的。"

海鸥掠过水面，在上升的暖气流中表演飞行特技。东面，一望无际的海面波光粼粼，冒着寒意。南面，最适合进行冲浪运动的浪头迸起漂亮的浪花，又无情地在浅滩的礁石上撞个粉碎。昨天，当我们沿着鲨鱼小道漂流时，我就无意间听到彼得和斯科特在议论它。他们当时正面对海岸，望着这一层层破碎流散的浪花。

"我想你会一个人跑去那儿，"斯科特十分肯定地说，"反正我是不会去的。"

"你难道都不送我吗？"

"啊，我可能会送你过去。但这又意味着我将不得不去接你。"他的声音里带有一丝不安。他们都知道这音调的转变意味着什么。

彼得沉默了一会儿后说："不，如果是那样的话，我就留在那里。"

我把睡袋扔进门内，只见房间里的所有东西都蒙上了一层灰土。为灯塔供电的工业电池沿着一整面墙排成一排，发出的巨大的嗡嗡声在空气中蔓延。这让我想起了一部低成本的恐怖电影——其中的背景音效就是这种疯狂的嗡嗡声。在这些电池的上方有一个危险标志牌，提示这里存在爆炸和蓄电池酸液泄露的风险。

唯一可以睡觉的地方就在门廊里，紧邻着堆放酸性电池的位置。可是那里非常阴森恐怖，而且害虫也不少。走廊的宽度也刚好可以放下豪华版的"梦幻时光"睡垫。还有一种选择就是，再往远走一些，回到那栋建筑里。那就意味着要在古老的灯塔里睡觉，睡在它那废弃的旋梯旁边和令人窒息的空气里。睡在靠近门口的地方，至少必要时我还可以闩上门。我走出来，进入一片狭小且隐秘的区域。我在灯塔边缓缓移动着，双手紧紧抓住栏杆，转身低头，望向大片云雾包裹中的北登陆点。天色已晚，"想象号"也不见了踪迹。晦暗的夜色迫近了，我真不知道自己还能坚持多久。

我站在门口，用睡袋把自己包裹住。光线越来越暗，靛黑色的夜晚降临了，昼间景象的严酷之美让位于夜间的恐怖之美。在下面的房子里，温暖的光芒照射之下，十几个人坐在一起，边吃晚饭边聊着棒球；他们不知道此时有人正看着他们。再过一会儿，斯科特和彼得会喝着威士忌，全神贯注地观看鲨鱼录像带。而在他们头上，就是法拉隆群岛版的"阁楼上的疯女人"。我只要穿一条白裙子，就能完美地扮演这一角色。

月亮露出大半张脸爬上夜空，火星则像保镖一样守护在她旁边，发出耀眼的红光。海鸥的羽毛在狂风中翻滚飞舞。此时大海与天空融为一体，这双重的虚空中只剩一个玄妙的声音，讲述着无限的真义。头顶上方，灯塔的探照灯不断向四周发射光芒。恍然间，我觉得自己伫立在世界的尽头：举目望去不见陆地，只有无边无际的海水包围着我。

◇ 危机时刻 ◇

第十章

迷失之船

小船气象预警升级为狂风预警。

危险的海域。狂风，严寒，暴雨。

——法拉隆群岛巡航日志，"简直就是场噩梦"！

——"鸬鹚"直升机航行日志，1983年春

2003年10月7日—9日

早上七点半，彼得来敲灯塔的门，那时我还睡着，但睡得不怎么安稳。灯塔里的地板材质是子弹都打不穿的水泥，上面又铺了一层厚木板，因此质地坚硬，硬币掉下去都会弹起来。况且"梦幻时光"睡垫也没有宣传的那样舒适。这里的夜间并不静谧，有呼啸的风声，还有电池组发出的轰鸣。老鼠整晚都在我的睡袋上跳来跳去，像在玩捉人游戏一样，扰得我无法入眠。还有头上的鸟虱也让我痒得睡不着。我打开门走了出去，发现自己无法辨清方向，方圆6英尺（约1.8米）外的一切都已消失在朦胧的雾气之中。彼得正拿着一杯橙汁和一个香蕉站在那儿。他看起来被我的样子吓到了，于是对我说："还想睡就回去睡吧。反正雾气要是不散的话，'探鲨行动'也没法进行。"我用手理了理头发，确认一下没有海鸟在里面做窝。

被困在这儿也不是一点儿好处都没有。既然从山坡下面看不清灯塔，我就不用从灯塔背后的悬崖直接下去，而是可以沿着灯塔正面的小路慢慢溜下去。尤其是回想起昨天在路上绊的那一下子，我也不会再想走背面那条路。我眯着眼睛看着雾气，心想还是在大雾的掩护下逃回船上比较好。

彼得和我达成了一致意见——我慢慢沿着小路下山，三十分钟后和他在北登陆点汇合。之后他会开着"塔比号"把我送到"想象号"上，然后再返回岛上。

今天上午晚些时候，他再和斯科特乘船离岛。我们必须在今天之内把船开走，如果大雾消散，直升机将会飞抵这里，到时渔人湾一带必须保持航行通畅。

我沿着蜿蜒的小路下山。尽管什么都看不清，我还是半蹲着身子，以百米冲刺的速度一路狂奔，心想自己要是像飞贼那样灵巧就好了。顺便说一下，我后来没再用过"梦幻时光"床垫，把它丢进了老旧灯塔里蛛网密布的角落。眼看快要到达灯塔山的中段峡谷了，我马上就可以绕到峡谷背面，走一段相对平缓的下山路。然而就在这个时候，我突然在岩石上滑了一跤，膝盖处的裤子都磨破了。

我站起来擦掉身上的泥土和血迹，看来这趟灯塔山的冒险之旅并不像我想的那样容易。我仍然感觉头晕乏力，走路时腿软得像橡胶一样。我真想立刻回到那条该死的小船上。

大雾始终没有散去。正午时分，"塔比号"终于穿过了浓雾。当我把船停靠在渔人湾时，斯科特和彼得登上了"想象号"。我想尽快驶离渔人湾，但任务十分艰巨——解开乱得像团意大利面的绳索，拔起时常罢工的锚链，还要开动这艘顽固的帆船，想想这些我就感到气馁。当斯科特用绞盘把锚拉起来的时候，彼得把捕鲸船开到了浮标处并解开了绳索。出乎意料的是，这些工作并没有花多少时间。转眼间，我们便行驶在海面上了。斯科特自信地驾驶着"想象号"平稳前行，"塔比号"和捕鲸船则跟在我们后面。

当船队行驶到舒布里克岬附近时，我们遇到了"冬青号"。这是一艘长达133英尺（约40.5米）的大船，美国鱼类及野生动物管理局租用它来转运垃圾；直升机则会把货物吊放到它的甲板上。"冬青号"就像一艘微型的集装箱船，像相扑选手一样坚毅强壮。它的泊具就挂在东登陆点航标附近。对"想象号"来说，它的最佳抛锚地点就在"冬青号"的旁边，也就是赫斯特浅礁——一片位于航标和马鞍礁之间的暗礁旁边，那里距岸边有150码（约137.2米）。我很喜欢这个位置：从这里能看到灯塔，而且能停在一艘大船旁边也挺不错的（不过，"想象号"也保不准会一头撞到这艘大船上去）。说不出为什么，有其他人在身边，尤其是懂得航海的人，我心里就觉得踏实。

斯科特不安地发现"想象号"的锚链上没有长度标记，只能大概估算放出的锚链长度。这样做有很大风险，因为有可能手中的链条就要放完了，你却不知道。不过他还是轻而易举地把船停稳了，这和我们第一次下锚时乱成一团的样子形成了鲜明的对比。这一点多少有些奇怪，还让人没有安全感，就像那次在汤姆把锚链抛下去的时候，锚链差点滑脱一样。不过斯科特对于海况的了解是我们中间最好的，可能只比罗恩略逊一筹。他小心地估测着锚链下水的深度，控制着链条以免它落入海底。

斯科特说给船下锚绝非易事，还转述海员们的话，称这是一种"对人际关系的考验"——下锚的过程通常伴随着争议，在哪里下锚，怎么下锚最合适，人们的观点各不相同。不过，此刻可没人争论这个问题。这样的安排很好——"想象号"摆脱了双重的束缚，在洋流和海风中随意漂泊。虽然刚开始我们觉得这处泊船点过于暴露，但随着西北风的到来，我们发现这实际上是岛上一处天然的避风港。我立刻感受到了差异：此刻，"想象号"才更像一艘船该有的样子，而这之前，它像一只愤怒的、失去了自由的动物。

甲板上有些地方气味很难闻，像是死骆驼的味道。我们三个躲得远远的，坐下来等待着直升机。海面上雾气正在消散，但还是不见灯塔的轮廓。海岸警卫队的承包人员们干劲十足，他们只想赶紧干完活，然后离开这个鬼地方。不过法拉隆群岛恶劣的天气可丝毫不欢迎这些新面孔，他们中有些人因为生病，已经在海岸警卫室里躺了十天了，这让他们足足耽误了九天工期。

"船在渔人湾航行的时候，可不光会倾斜，还会剧烈颠簸，"斯科特说，"你也知道，这样一来……"他忽然停下，"那条鲨鱼在干什么？"

我顺着他的话音转身，那条鲨鱼在我们西边30码（约27.4米）处，背鳍和尾鳍都露出海面。他的整个背部拱出了海面，好像在试着把什么东西从海里拽出来。

彼得用望远镜看了一会儿，说："我可没看到海豹。"

斯科特放出了"海豹宝宝"，那条鲨鱼和他的神秘猎物激战了一番后潜入海里，不一会儿又折返回来，从"海豹宝宝"旁边游过，然后惊慌失措地逃走了。

"在这片区域一定能看到'塔比号'。"彼得推测说。

"我想你是对的。"斯科特说，还特别强调从这里把船划回去是不可能的。我们的船停泊在一片鲨鱼活动频繁的海域，那里有一条鲨鱼游弋的通道，位于海豹聚集栖息的东登陆点峡谷和马鞍礁之间。这片海域曾发生过一些事情，当时引起了轩然大波。

我想起彼得很早之前告诉过我的一段经历，事情的经过几乎令人难以置信。那是在一艘名叫"新假日二号"的租用船上发生的疏忽事件。一个秋天的下午，这艘船莫名其妙地出现，停靠在了东登陆点，船上下来20位体型丰满如海豹的乘客，一一跳入水中开始潜泳。那天彼得就在灯塔里面，他目瞪口呆、难以置信地从望远镜里看着这幅情形，只感到一阵眩晕，然后拼命在无线电广播里大喊："'新假日二号'！'新假日二号'！赶快离开那片水域！再重复一遍！赶快离开那片水域！"他还打算叫来一架救援直升机，如果有伤者需要救助的话，正好能派上用场。

彼得至今都不清楚，"新假日二号"的船长是否听到了他通过应急频道发出的喊话——更有可能的是，船长没有听到，但某个下水潜泳的游客自己看到了鲨鱼。总之，无助的彼得从灯塔里看到那些潜水者满脸惊恐地爬上船，然后"新假日二号"飞速驶离，再也没有出现过。就在同一个位置，那只受伤后康复的海狮"斯维西"可就没那么幸运了，斯科特的许多冲浪板也是如此。

下午慢慢过去，大雾依旧笼罩着岛屿。消息很快得到了确认，直升机明天才能到来。

我们开了一瓶"北岸海豹"啤酒，我打算借此机会解决积攒下来的疑问，主要想听斯科特和彼得谈谈他们遇到姐妹鲨群的经历。正在这时，我们注意到

"冬青号"上，人们正把一个防鲨笼放进水里。

防鲨笼里有一个穿着比基尼的女人和一个抱着笨重相机的男人，整个笼子看上去很不稳固。他们下水的时候没有穿潜水服，此时海水只有12.8℃。我们看着笼子被涌浪拍打得摇摇晃晃，向船壁倾靠过来。"唔，他们在里面待不了多久。"我说。

"这是……？"彼得用对讲机问他们在干什么，一个嗓音低沉又沙哑的女人说他们正在拍摄"广告宣传"片。果然，不到一分钟，防鲨笼就被拖回到船上，笼里的男女踉跄着回到甲板上，他们看上去吓得不轻。

后来，彼得在航海日志中提道：这件事让他想起了"1984年环球小姐的来访"。那次他接到任务，要陪环球小姐到岛上观光——按照原计划，他们要待在防鲨笼里下潜一小段时间，并让人把全过程拍下来。但天气却不如人意，环球小姐一直在岛上未能下海。那可是她的损失：彼得本打算驾驶"餐盘号"和环球小姐到赫斯特浅礁，就是我们刚刚抛锚的地方，在那里她说不定能遇到"白斩"————一只非常友好的姐妹鲨。

身长18英尺（约5.5米）的"白斩"是一条适应力很强的鲨鱼，彼得说她"温柔并富有母性"。"白斩"急切地想要对捕鲸船一探究竟，因为她认为捕鲸船和食物之间存在某种联系。这种联系仅仅建立过一次——事情发生在1996年。当时，斯科特和彼得的船漂浮在一只刚被杀死的海豹旁边，等待着其捕食者返回。30分钟后，重达4 000磅（约1814千克）的"白斩"来了，对着那头海豹大快朵颐，研究人员就在一边拍摄她。"白斩"快要吃完的时候，人们驾船离开，她却放弃了最后一口食物，跟在船的后面。彼得和斯科特都惊呆了，他们从没遇到过这种事情。

据他们猜测，那头海豹并不是"白斩"自己捕杀的，她只是凑巧在捕鲸船周围碰上了海豹尸体。从那以后，捕鲸船再经过她的领地时，"白斩"经常会突然出现，满怀期待地游到船尾，希望能再发现一只海豹。她总是准时出现，打着不劳而获的主意，这两点使她成为鲨鱼计划的完美大使，所以彼得多次驾船带着来访的贵宾去看她。据他回忆，"白斩"身形庞大，体宽好似一辆公交车，喜欢在船尾来回徘徊，脸上仿佛带着微笑。

◇ ◆ ◇

第二天早晨，太阳出来了，狂风大作。国民警卫队的支奴干直升机群遮天蔽日地飞来，仿佛北欧神话里的女武神。彼得和斯科特在岸上，我站在"想象号"的船尾观察着周围的一切。按照计划，探鲨工作暂时中止了，正因如此，就在离"冬青号"的船头不到50码（约45.7米）的地方，鲨鱼跃出海面发动袭击，浪花四溅。我刚端着咖啡爬到甲板上，攻击便开始了。鲨鱼跃出海面时，我看到了他那泛着白光的肚皮。

接着，我听到那个嗓音沙哑的女人用扬声器大声喊着："好戏来了！大家各就各位。看，那条鲨鱼袭击了右舷！"一群人趴在"冬青号"的围栏扶手上，叫嚷着指向发生袭击的地方。与此同时，一层黏稠的血膜向着岛边飘去，随着直升机螺旋桨的转动，一股浓郁的哺乳动物油脂气味被吹散到了空中。尽管那条鲨鱼费尽心力捕猎，大家也都等着看他进食，他却再也没有回来，只有猎物的残骸渐渐浮出了海面。

这时，我的对讲机响了，彼得向我转达了"冬青号"上一位摄影师的请求。那个摄影师想登上"想象号"，以便拍摄更多"冬青号"的宣传照。我说："当然可以，随便拍。"

于是，一艘和"餐盘号"同等大小的船朝我的方向驶了过来。船上有两个人：一个瘦削结实，看起来大概有七十岁，自称疯狂路易；另一个是卡尔，二十多岁的小伙子，红头发，留着小胡子，身上挎着几个笨重的相机盒。他们都曾亲眼目睹鲨鱼跃出海面，恨不得立即从自己的小船里跳上"想象号"。冲上船之后，他们马上劈头抛出一堆问题。

"既然鲨鱼来捕食过一次，是不是说明他们还会再来？"卡尔异常激动地问我们，"我可算是见过一条鲨鱼了，可我还想多见几条。请你帮我问问那些生物学家，他们还缺不缺摄影师？"

我内心产生了很多疑问。昨晚，"冬青号"上热闹非凡，一直到凌晨时分，我还能听到叫嚷声和欢笑声回荡在水面上。这种情形和昨天穿着比基尼的女人前来拍摄的事激起了我的好奇心。"你们这些家伙在那儿干什么呢？那个防鲨笼怎么了？"我问疯狂路易。

"哦，那个嘛，我们在摄影。计划不是很周全，搞得挺危险的。"他回答说，然后不屑地挥了挥手，哼起了一首诗，那是一首关于蚊子叮咬灰熊那玩意儿的歪诗。就在他嬉皮笑脸地向我讨巧时，几架直升机盘旋而过，在我们的船后搅起一阵回浪。不知从何而来的六架战斗机列队呼啸而来，快要逼近小岛时，又迅速像他们来的时候那样返回天际。战斗机巨大的声响让数百只海狮受到了惊吓，纷纷逃散到水中。我吓了一跳，朝着彼得大喊："那是什么？"

"那是'蓝天使'海军飞行表演队①，"他说，"他们在为舰队周②做演练。真是见鬼了，他们不应该这么靠近小岛。我要让法院给他们送张传票！"

卡尔推了推我，说："问问他，我能上岸和他聊聊鲨鱼的故事吗？"

支奴干直升机载着油箱和大量木材，侧飞到"冬青号"上空准备卸货。船在海浪中来回晃动，我伸长脖子看着从上空吊下来的货物左摇右摆，感到一阵恶心。于是，我从天空收回目光，把注意力都放到了"冬青号"上。人们原先大概

---

① "蓝天使"海军飞行表演队（Blue Angles）是美国海军的一支飞机编队，通常为纪念美国的国殇日（Memorial Day）而进行空中特技飞行表演。——译者注

② 舰队周（Fleet Week）指部署在海外的现役军舰在主要城市进行为时一周的停靠。这是美国海军、美国海军陆战队和美国海岸警卫队的传统。船只停靠在码头，船员们可以游览城市；公众则可以在特定的时段，在导游的带领下参观舰艇。通常情况下，舰队周包括军事展示和航空表演。——译者注

没想到有这么多货物，就目前这艘船，根本没有足够的地方装下所有杂物。悬挂着的柴油罐一下下地撞在防鲨笼上，把笼子撞得好像一个变形的易拉罐。大捆大捆的钢材在半空中剧烈摇晃，时不时地猛撞到船身，甚至差点掀出去几名水手。

疯狂路易缩了缩身子。"这船长倒是挺有本事的，不过还是太年轻，"他想了想，说道，"我们都死里逃生好几次了……哦，快看那儿！他妈的靠这么近，船尾的桅索都要让你们弄断了！"

彼得用对讲机告诉我蒙泰湾发生了袭击，但又说："我们没法去现场看。"先前长时间的盘旋几乎耗尽了直升机的燃料，承包人员们也表示今天的任务已经完成，他们打算返回陆地。岛上的生物学家们看着他们争先恐后地挤上最后一架直升机，场面犹如越战时西贡沦陷的一幕。

当他们坐上直升机朝东飞行时，疯狂路易转向我说："今天晚上来我们这儿玩吧。如果你愿意，也可以带上那些生物学家，我们要办一个大派对。"

"是啊，"卡尔说，"或许他们能多告诉我们一些鲨鱼的消息呢？"

疯狂路易接着说："但是我们没酒了，你能给我们带点儿来吗？"

"我们也没食物了。"卡尔提醒他。

"不，我们不缺食物！我们有食物！"

"好吧，我猜我们还有，一些鸡蛋和其他什么的吧。"

"我们喜欢在'冬青号'上开派对。"

我尽可能礼貌地回绝，拿后勤方面的问题作为借口：行船、夜间安全、鲨鱼，等等。他们驾驶着汽艇离开后，我冲进船舱，爬到船长的铺位上，像胎儿一样蜷曲起来。我最不想做的事就是去船上参加派对。胃里一阵翻腾，我不知道是因为之前看了直升机，还是因为船改变了航向，也有可能是在"冬青号"上吃了鸡蛋做成的快餐，又或者是我刚刚吃的那个苹果，总之我担心了好几周的情况终于发生了——我晕船了。

白天辗转于蒙泰和印第安黑德两地，晚上处理小船气象预警，我觉得晕船的状况毫无好转，不管是与人谈话还是吃点水果，都没有任何帮助。我之前太高估自己适应海洋的能力了，甚至还停用了每天一次的晕海宁，真是不应该。晕船让我干什么都不耐烦，痛苦达到了难以忍受的程度。经历过晕船的达尔文曾一度绝望，将其称为"不可轻视的灾祸"。我躺了一个小时，中间有几次冲到甲板上靠着船边干呕一阵。不过，虽然身体的强烈不适让我无心他顾，我还是留意到了头顶密布的黑云，眼看着它们就要侵占整片天空。此时风势暂缓，但我能感觉得出它变幻莫测的情绪，仿佛随时准备翻脸，横扫海洋掀起巨浪波涛。

意识到天气的变化，我心里一阵气苦。我受够了，再这么过一晚我会疯掉的。我转身走向船尾，想要松开系着"塔比号"的缆绳。对，就这么做，我要上岸。我用对讲机联系到彼得，告诉他我无法坚持下去。我的声音听起来又可怜又难过，还带了点哭腔。

这时候，那些可怕的声音再一起响了起来，我才意识到自己竟然把锚抛在了当年"卢卡斯号"沉没的地方，有23人曾在这里丧命。"救命啊！"我大喊着。天啊，放过我吧。鱼类及野生动物管理局的工作人员已经走了——我能独自一人返回岸上吗？我告诉彼得我可能要自己上岸了。对讲机的信号断断续续，不过我还是听到他惊慌的声音："不！不要从东登陆点上岸！离'塔比号'远点！"之后，他过来把我接到了捕鲸船上。我知道他会来，就算出于人道主义他也会这么做。

我从东登陆点向灯塔走去的时候，双腿软得一点儿都站不稳，仿佛它们根本不是我身体的一部分，地面也跟着不停旋转。斯科特站在前面的台阶上，我告诉他我一直在晕船，现在在陆地上也觉得晕。

"慢慢适应吧，"他说，"你至少还要晕24个小时呢。不过就我个人来说，我倒感觉还不错。"

我可不这么觉得。我想坐下来缓缓，但感觉更糟糕了，于是决定出去散散步。事实证明，这是一个不明智的举动。过了一个小时，我还是觉得有点儿辨不清方向。等到我回去，又发现灯塔里面空无一人。

正当我坐在厨房里，猜测他们都去哪儿了的时候，彼得和斯科特一脸兴奋地走进来，说我刚错过了一场绝妙的攻击。那时我去哪儿了呢？在我慢慢踱着步子，想要找回平衡感的时候，象海豹湾那边发生了一场荣耀之战。当时出现的鲨鱼群中，有一条声名狼藉的鲨鱼"深痕"，就是他当初杀死了那只已经痊愈的海狮"斯维西"。因为他头上有三条独特的伤疤，所以彼得和斯科特一眼就认出了他。"深痕"的伤疤去年还红肿着，但现在已经彻底痊愈了，他也开始继续捕猎。斯科特紧跟着他，他们花了一个小时才到达象海豹湾。灯光一落到海面上，各种各样的鲨鱼就出来一探究竟。现在，彼得和斯科特正坐在厨房里，边喝啤酒，边谈论着刚才的所见。

忙碌的直升机工作让每个人都筋疲力尽。现在，岛上又变得冷冷清清，恢复成原来人烟稀少的模样。承包人们虽然很快离开了这里，但他们的很多装置还留在岛上，大量物品堆放在直升机停机坪那里。显然，明天另一架直升机会回到这里，收走这些私人物品和残留的垃圾。

我欣喜地看着晚餐，眼里放出了光，可能因为这是我在这段漫长而痛苦的时间里吃到的第一顿热餐。"我还没死。"我想，手里拿着三分之一的玉米卷饼。"从今以后，事情只会越变越好。"

航海日志中记录，今天的新客人是一只穴小鸮、一只白喉带鹀、十二头座头鲸和三十头蓝鲸。实际上，鲨鱼一天内发动三次袭击在这个季节还是头一次。十月和十一月都是鲨鱼捕食群物的好时节，但在这个季节，鲨鱼一直在袭击个体。通常情况下，袭击会一波接着一波。有时，海里的事物静得令人发毛；另外一些时候，袭击一旦开始，就几乎不会停歇。在鲨鱼更加活跃的时候，我们经常会在一具尸骸旁看到四五条鲨鱼被鲜血的味道吸引而来，饥渴地围着捕鲸船嗅个不停。事实上，因为捕食行动太过激烈，有时研究人员不得不远离现场。用斯科特的话来说："那画面太凶残了。"

斯科特说："好极了，至少我们在这儿遇到了一条饿着肚子的鲨鱼，'深痕'真的对这艘船很感兴趣。"

据目睹过鲨鱼袭击的克里斯蒂和伊莱亚斯说，在蒙泰湾发生的袭击十分血腥。由于风速高达15节（约28千米/小时），大量血液在风的作用下迅速扩散。我讲述了"冬青号"附近的那场袭击，以及船上由此引发的"鲨鱼热"，我还急切地想让彼得和斯科特也过来——最好带上一两箱啤酒——来讲讲鲨鱼的事。

没有了莫名其妙的颠簸和碰撞发出的巨响，那天晚上我睡得十分舒适安宁。这种如释重负的感觉一直持续到第二天早上八点，彼特把头靠在门框上，告诉我大风像猛兽一样正以35节（约65千米/小时）的速度袭来。他说："我觉得今天我们哪儿也去不了。"黄昏时分，"天气之声"报道亚雷纳岬浮标测量出风浪在18秒内高达19英尺（约5.8米）。他和斯科特听着播报，一言不发。

真是难以置信。我们猜到了风会越变越大，但大风是从哪儿刮来的呢？这样的大风天破坏性极强，令人难以捉摸。但"天气之声"并没有对此作出预报。我看向外面，白色的海浪猛烈地拍打着窗户。

出乎意料的是，暴风雨竟然过去了。在蔚蓝的天空下，海水泛着蓝色的光，海面上的泡沫黯然失色。蒙泰湾仿佛披上了一层白浪织成的斗篷，渔人湾则是一片碎浪交错的混沌。在灯塔前面，海浪拍打着海岸，散发着一层薄薄的雾气。如果你能忽略这七级大风、汹涌的海浪、比平时高出20英尺（约6米）的海面，以及迎风而驶的小船遭到浪头重击时，你肚子里面翻江倒海的感觉，那今天也可算是美好的一天。

然而，"想象号"在东登陆点的遭遇同样可怕。在渔人湾，即使给它拴上两道绳索，显然也不能抵御住哪怕一个小时的风暴。今天的"小海峡"汹涌澎湃，像尼亚加拉大瀑布一样气势雄伟。海洋好像吸尘器一样，能够吸入任何肮脏、污浊或缠绕在一起的东西，甚至能重新为海豹安排住所。海浪猛烈地拍打礁石，海水完全灌入了沟壑，把每个栖息在海边的生物都卷入其中，对于鲨鱼来说，这就是天上掉下来的馅儿饼。我想象着当海豹和海狮被卷入海里时，鲨鱼在海边欣喜等待的场景。今天上午早些时候，克里斯蒂看见了一只后肢被咬伤的年轻海豹，正试图凭借自己的力量爬回海岸阶地。

因为是穿着衣服睡觉的，所以我没花多久时间就起床收拾好，走在前往灯塔的路上了。斯科特在那里进行着"探鲨行动"。走出门，一股前所未有的劲风呼啸而来，它会像恶魔一样能把你卷到空中，再随它喜好将你扔到什么鬼地方。要想从风中通过，就得把身子老老实实地"对折起来"——也就是把腰弯成九十度。

有好几次，我都感觉自己快要被风给吹走了，这让我想起了过去的灯塔守护者——在风暴中，他们会从这条路上爬过去。在"想象号"上待了三个星期后，我充分展现了我的爬行能力，但在法拉隆群岛上，我却几乎要完全屈服。在塔顶，斯科特坐在靠墙的金属折叠椅上，双手塞在口袋里，把连帽衫的帽子紧紧地裹在头上。

我蹲到他的身边，听见他说："我只想说这里真让人讨厌。一想到'想象号'现在会变成什么样子，我就感到浑身无力。"

在塔顶看到的景象非常壮观，几乎可以看到地球弧形的轮廓。我不时用望远镜瞄一眼巨浪之上的"想象号"，隐隐期望它会突然做个特技翻滚动作。现在，它在那里孤零零的。早些时候，"冬青号"曾用无线电广播向岛上发出警告——"天气只会越变越糟"，然后就离开了。

彼得的声音每隔几分钟就从对讲机里传出来，听上去有些紧张。"我觉得'想象号'已经开始漂流了，它肯定脱了锚。"

斯科特摇了摇头："彼得，你打算怎么办？"说完，他恼火地松开了发送键。"风暴就要来了，嘿，我们要待在这儿等死了！"他转头对我说，"我就在这儿等着，让他好好想办法。"

他打开对讲机，彼得回复说："好吧，我会认真考虑一下。"斯科特起身走到围栏旁，望向东登陆点和"想象号"，然后回到灯塔，说："它绝对脱锚了。"

"我们是不是该在'想象号'上系一根绳子？"

"今天千万不要靠近那个浮标，不然你的手肯定得脱臼。"

"我觉得最好拿绳子把船和浮标系在一起。"彼得坚持说。

"天气太糟糕了，我们不能冒险。"斯科特的声音听上去很镇定，可实际上他已经快要崩溃了。"我觉得我们不能草率行事。"我们都清楚，在今天这种情形下，前往东登陆点将会造成灾难。

我跟斯科特换了班，他下去吃午饭了，我留在灯塔里。没人会在这样的风天去灯塔周围闲逛，但我还是溜到灯塔边上四处看了看。我看到中法拉隆岛完全淹没在海浪里，只露出一块白色的小丘，周围波涛滚滚。我听说如果遇到特大的暴风雨，就会出现眼前这种情况——还听说海浪有时会漫过40英尺（约12米）高的马鞍礁顶部。我之前听说这些传言时，只觉得无法想象，还觉得传闻是夸大其词，现在我知道了，这一点都不夸张。

两个小时的值班工作结束后，我看到一架小型直升机在岛上着陆。显然，它是前来取回承包商们留在岛上的设备。那架直升机看起来和装货箱一样结实，看着它被狂风肆虐，其恐怖程度仅次于在"想象号"上用望远镜观察海况。显然，这糟糕的天气里不仅有巨浪，也有狂风——在这种大风天里他们能做什么呢？直升机停机坪上有两个人，正努力把装好的货物和悬挂在支柱上的吊索绑在一起。直升机在天上盘旋，拖着看上去比它本身还重的货物。升空后不到十秒，在象海豹湾上方转向时，直升机遇到了一阵狂风，吹得它剧烈向左倾斜，吊索脱落了，所有的货物都掉进了海里。

一切好像慢慢恢复了平静。当时，那架直升机一秒都没犹豫，径直飞向大陆消失不见了。现在，海面上摇摇晃晃地飘满了东西。我能辨认出来的是一台天蓝色的冷却器，以及油桶，塑料煤油箱和一些大块的白色塑料碎片。克里斯蒂站在灯塔最高的台阶上，也看到了那些货物掉入水中后产生的巨大水坑水花。"这意味着最坏的情况发生了吗？"她一脸震惊地问道。

为了让所有人听见，我用对讲机朝她解释："刚刚所有东西都从直升机上掉了下来。所有东西！就在鲨鱼小道的上空。"

在灯塔里，我发现彼得正在客厅里站着，眼睛盯着水面上那些乱七八糟的垃圾。大风呼啸犹如警报鸣起，"这一切太疯狂了。"他说着，声音小得几乎像在自言自语。

为了让他安心一点，我说："看上去'想象号'没什么问题。"

他的精神恢复了一些，点点头说："整条船都是钢造的。而且呢，我觉得风浪就快停了。"

其实我反而觉得，情况还会变得更糟。不过我没有说出口。

前门突然开了，一股风直接吹进了灯塔。"外面的风真他妈的大！"斯科特说着，艰难地关上门。他告诉我们，风速计显示现在风速已经从40节（约74千米/小时）加大到50节（约93千米/小时）了。

"我们彻底被风困住了。"彼得说。

"天气之声"一直在没完没了地播报："亚雷纳岬浮标显示：海浪13秒内高达19英尺（约5.8米）。"听到这个，气氛立即冷了下来。"冬青号"预测得没错——天气越来越糟糕了。

斯科特跌坐到沙发椅上，开口道："风浪接连不断，这和之前的情况一样糟糕。"

"我们还是去跟塑料部件折腾一下吧。"彼得尽可能平静地说，"我需要去运动运动。" 我们三个朝着风蚀海岸阶地走去，那里有一大堆垃圾快要冲到岸上。彼得一直在考虑如何追上"想象号"。

他一边和我们走着，一边说："我觉得应该在浮标上缠一条绳子。"

斯科特摇了摇头，说："彼得，我觉得我们什么都做不了。我们没法把

'想象号'从那儿弄出来。"

"阴沟峡谷"的名字取得很贴切（至少目前来说是如此）。它的旁边有一段狭小的海峡，为它挡住了源源不绝的海浪。许多象海豹挤在"阴沟峡谷"里，互相纠缠在一起，周围满是软管、泡沫塑料碎片、没用完的色拉调料、独立包装的抗酸药片、一次性包装的番茄酱、坏掉的人字拖和碎油布。象海豹们看起来很凶恶，一副极其暴躁的样子。彼得毫不犹豫地走到礁石边缘，小心翼翼地压低身体。随着他一步步靠近，那群凶恶的"女巫"翻滚着，嘴里喷着气，重新找位置挤在一起，好像是为了让更好斗的象海豹找准位置，对彼得进行攻击。

过了一会儿，他们似乎平静了下来，彼得得以在他们之间来回穿梭，收集着垃圾碎屑并递上来。

下午五点左右，伊莱亚斯用对讲机发来从"探鲨行动"那儿得到的令人不安的消息："彼得，我觉得你可能想要知道这个——'塔比号'翻了，翻了个底朝天。"这是个突如其来的打击，如果再没有其他消息，这便是噩梦开始的征兆。彼得从峡谷里爬了出来，朝着登陆点走去，想亲自查看"塔比号"的惨状。斯科特和我在后面跟着。

"我不记得上次在这里发生翻船事件是什么时候了。"斯科特看着"塔比号"说。彼得盯着望远镜，没有说话。情况显然不容乐观。"想象号"乱作一团，而"塔比号"已经倾覆——它平坦的白色船底翻转朝天，在海浪中隐约可见。大约站着看了十秒钟，我们三人小心翼翼地走过海岸阶地，把直升机扔下的垃圾堆到了灯塔附近，然后走进灯塔。

风速上升到了仪器测量的临界值，安置在东登陆点附近的风速计难以承受这巨大的压强，炸成了碎片。其中一半随风卷入了空中。"天气之声"发布了一系列关于天气的预测信息，然而到目前为止都不可靠，所以没有一个人相信。它播报了很多信息，我们无意中听到这样一条："亚雷纳岬到彼得拉斯布兰卡斯岬之间的海域巨浪预警不断。一系列强劲的气候变化已经进入太平洋西北部。除了巨大的涌浪，今晚还有七级西北风将影响沿海水域，这会让海洋情况变得更加危险。水手要格外小心，在涌浪地区附近作业的水手应当采取必要措施，保护自身和财产免受恶劣海况的影响。"

我们每天都会收听无线电广播，但在此之前，"天气之声"只会给出一些数字信息，除此之外什么都没有，不给半点建议。今天的预报则是前所未有的明确，同时听起来又非常焦虑不安。这种转变实在令人担忧。

"在法拉隆群岛，你永远也不知道下一步该做什么。"彼得一边说一边生火。他正在做晚餐，依然穿着那身夹克，戴着那顶巨人队的棒球帽，把那堆吃了一半的西餐前菜从冰箱里拿出来，倒进一口大锅。他叹了口气，把双肘撑在餐柜上，朝厨房窗外看去，大风刮得窗户吱吱作响，不停摆动。实际上，风似乎把整座灯塔都刮得摇摇晃晃的。

我们坐下准备开饭，彼得收起了航海日志。他说："我不打算写太多关于直升机的事。那有什么好说的呢？那就像一坨鸟粪掉进了饮料里。"疲惫和压力让他的眼里布满了血丝。"真是难熬的一天。"

今天在蒙泰湾已经发生了两次袭击，糟糕的天气也耗光了大家的精力，所以没有记录太多细节。两次袭击发生的时候，彼得都在执行"探鲨行动"，他对鲨鱼的描述就像日本的俳句①一样简洁：

"许多大鲨鱼。四处发动着猛袭。海水已染红。"

不祥的满月挂在海上，某种程度上让核查"想象号"的工作变得容易了许多。幸运的是，我让桅灯一直亮着，以便自己每隔半个小时一次，把头伸出前门察看船的情况——只要看到桅灯亮着，我就钻回灯塔里。先前的结论是："如果'想象号'能幸存下来，它便能平安度过这个夜晚。"这样看来最坏的情况貌似已经过去了。吃过晚饭，除了克里斯蒂和我坐在客厅里看书，其他人

---

① 俳句（haiku）是日本的一种古典短诗，由"五-七-五"，共十七字音组成。——译者注

都上床睡觉了。我又埋头研究起了航海日志，仔细阅读着一艘名叫"第五大兵号"的船1994年在此遭遇险情的记录。

"海面波浪起伏"，有人在日志上写道，"大雨瓢泼，'第五大兵号'在高水位区撞上了水底的礁石，船杆和船舵全部损坏，洋流和涌浪把船送到了渔人湾的西北部——海浪将船身掀起，侧翻在岸上。12名乘客被困在东南法拉隆岛上，极力发出求救信号。"

这段描述让我想起了一些"想象号"上令人不安的经历。十点钟的时候，我冲了出去，瞥了一眼桅灯，看见它还在旋转，于是转身冲回了灯塔。"'想象号'还在那儿呢！"我在笔记本上写道，"谢天谢地，谢天谢地，谢天谢地。"

晚上10点45分，我感到非常疲惫，准备上床睡觉，但我没有径直上楼，而是打开前门对"想象号"做了最后一次检查。我非常期待能看到它的桅灯，这最后一次的检查也是为了万无一失。

我出了门，走下台阶，弯腰走进狂风中。夜空中星辰满布，似乎填满了每一个角落。这便是我花了一些时间去确定方位的原因——到底哪个光点属于桅杆呢？我感到困惑，我往45分钟前船所在的位置看去，却什么也没有看到。我努力地盯看，它不在那里！我告诉自己肯定哪里错了，我可能出现了错觉。我光脚冲到路上，走进风口。没有桅灯！没有"想象号"！

我震惊极了，立马冲回灯塔，飞奔上楼。"桅灯不见了！'想象号'不见了！"我转身跑回登陆点，彼得和斯科特紧随在后。我们四处留意。泊船处波浪翻滚，但整片区域什么都没有，更没有船。"它到底去哪儿了？"我大喊着。接着，我们看到"想象号"的桅灯在远处的海平面上一闪而过。

◇ **迷失之船** ◇

第十一章

向死而生

我们的精神处于崩溃的边缘。天气很糟糕。纵帆船还没找到，天气没有好转的迹象，烟也抽完了，情况不容乐观。

——查尔斯·沃伦·斯托达德，
与法拉隆群岛的采蛋者们一起，1881年

2003年10月10—11日

　　大海中充满了未完结的故事：无人知晓的开始旋即走向终局，盲目的猜测往往却能指向事实。1981年12月的一天，确切来说是19号，狂风呼啸，冰寒彻骨。在阿西洛玛海滩，靠近蒙特雷的地方，一块黄色冲浪板被冲到了岸上。两个人在前去冲浪的途中偶然发现了它。

　　这块冲浪板传递出一个骇人的信息：它从中间到侧边被咬出一个半圆形，边缘呈锯齿状的大洞。而所有人都知道，这是二十四岁的冲浪手——刘易斯·博伦的冲浪板。人们最后一次看到他是在圆石滩以北的海上，当时他正在一个15英尺（约4.6米）高的浪头上冲浪，然后就不见了踪影。他失踪的事仿佛就发生在昨天。现在，谜底终于揭开了。

　　随后，科学家们对冲浪板做了检测，发现上面的血迹并不是博伦的（准确地说，这是鲨鱼的血）。他们又检测了那个缺口，最后的结论为：这一定是有文字记载以来最大的大白鲨之一——长约20英尺（约6米），甚至还不止。

　　为了悼念博伦，人们在海边点燃了篝火。博伦的冲浪伙伴们把冲浪板扔进火堆，就像在祭祀鲨鱼之神。他们凝视着幽暗的海水，失去了所有对于冲浪的热情。当尸体在距离海滩半英里（约0.8千米）的地方被发现时（人们通过右肩上的海鸥纹身和其他一些证据辨认出身份），胸腔内的大部分肉已经被鲨鱼撕

·262·

掉了。据推测，正当博伦准备冲上浪头时，鲨鱼一口咬住了他和他的冲浪板。

　　在一次新闻发布会上，大卫·菲斯，一个自称是鲨鱼猎手的人宣称："我们要抓到那条鲨鱼，死的活的都行。"他发誓要一路追到法拉隆群岛去捉拿凶手，因为那里是这些食人魔鬼的藏身之所。"那条鲨鱼杀了人，"他气愤地说，"我觉得这是一场谋杀。"

　　菲斯和两个助手（其中包括一个菲斯声称可以"在两百码开外射中鲨鱼眼睛"的莫多克印第安人①）乘坐一艘18英尺（约5.5米）长的铝制小船抵达了蒙特雷，船里装满了刀具、猎枪、步枪、手枪和一根"爆炸棒"——那是一根3英尺（约0.9米）长的棍子，顶部装有0.38英寸（约1厘米）口径的弹药。菲斯解释说，他打算游到鲨鱼下面，对准他的嘴里往斜上方脊柱位置开一枪。

　　这一枪会使鲨鱼失去行动能力，但不会直接杀死鲨鱼。这时，他会套住鲨鱼的尾巴，将其拖回码头，拍卖给出价最高的人。菲斯承认他的计划存在一些潜在的危险。"鲨鱼的力气大得惊人，"他告诉记者，"我可能会惹恼他——那样可就麻烦了。"为了保护自己，菲斯打算在潜水时戴上一个摩托车头盔。

　　然而，菲斯的初次冒险最后却草草收场，因为这家伙忘了穿潜水服。他泡在蒙特雷湾仅有10℃的海水中，水温还在继续降低，最后被路过的渔船给捞了起来。渔船船长说菲斯"简直像脑子被驴踢了"，还说从海里把他拉起来的时候，他已经"快不行了"，差点淹死在海里。

　　专业人士们开始了下一步的行动。两个来自佛罗里达州的人，声称已经为水族馆捕获了大约4 000条鲨鱼，其中包括8条大白鲨。

　　他们还举行了新闻发布会。在会上，他们解释说自己的目标是帮助科学家们分析大鲨鱼袭击次数增加的原因。为了实现这个目标，他们打算用鲣鱼和马

----

　　① 莫多克（Modoc）是地名，美洲土著印第安人的原住区，即现在的加利福尼亚东北部和俄勒冈中南部。——译者注

鲛鱼作诱饵，用延绳钓法来捕捉鲨鱼。赞助商已经签署协议，提供资金支持。他们把这次行动称为"白色大远征"，本周末，他们两人就将从渔人码头出发。他们的第一个目的地是哪里呢？正是法拉隆群岛。

尽管人们齐心协力，杀害刘易斯·博伦的鲨鱼还是逃脱了，她长度达到20英尺（约6米），显然是姐妹鲨的体格。她再也没有出现过。或许她是隔年返回法拉隆群岛的那些雌鲨之———她们体长20英尺（约6米）左右，行踪飘忽不定，曾使彼得、斯科特和罗恩惊叹不已。也有可能她就是"残尾"，如今正朝另一个冲浪板猛扑上去。这一切无从知晓，因为她已经消失在茫茫大海。

◇ ◆ ◇

假如你弄丢一艘船，你会打电话向谁求助？我们现在真的弄丢了一艘船，在不到一个小时的时间里，"想象号"就从我的视野里消失了，甚至用望远镜都没再看到它。当船隐约出现在视线中时，我能看到它朝一侧倾斜着，漫无目的地在怒涛中起伏，桅杆上的灯光在黑暗中断续闪现。"想象号"时起时落，左摇右摆，在20英尺（约6米）高的巨浪中彷徨无定。在海天相接的视线尽头，仿佛浮现出一个巨大的黑色问号，标示出茫茫的未知旅途。在"想象号"彻底消失之前，我们看着它在向南飘去，但我们也抱有另一种希望：它是否也有可能向东，朝着陆地行驶？

船靠岸的时候，我们之间爆发了一场短暂而紧张的对峙，狂风吞噬了我们的声音，所以所有人都在大声争执。彼得本想立即发动捕鲸船去追"想象号"，然后——好吧，他不太确定会怎样，但至少能发现点什么。后来他描述，他曾在海面上看到一条淡淡的轨迹，他相信他可以在浪潮之间，循着那条虚幻的、风平浪静的航道找到"想象号"。

彼得承认曾经有一次，他差点忍不住飞身一跃，跳上"想象号"去。我敢肯定，他本可以这样做，甚至还有可能成功。然而，在那样危险的情况下，一旦失误，就会造成无法挽回的后果。

由于赌注太高，这个办法不值得考虑。斯科特小声但坚定地强调，现在任何人都不准乘船出海，任何船都不行。实际上，我们甚至不应该在这么猛烈的暴风雨中站在东登陆点上。这里曾发生过海浪将人从岛上卷走的事件。

如果没有斯科特的援助，我们根本无法开展搜索行动。这个行动需要多方协作，必须有人开着捕鲸船穿过20英尺（约6米）高的涌浪，其他人则需要在40节（约74千米/时）的风速下拖回"想象号"。月光照射着峡谷中汹涌沸腾的海面，巨浪猛冲向峭壁，然后炸开，就像在墙上摔得粉碎的水晶高脚杯。这时候从17英尺（约5.2米）多高的船上跳下去，就算不是自杀，也非常接近了。

从彼得的眼里，我读懂了他内心的真实想法。离开那个极其可怕、逼迫他不顾危险采取行动的地方之后，他似乎已经恢复了。这是在四分之一个世纪的岛上生活经验中养成的坚毅心智：救助人类、船只、动物，设法成功登陆——这些都是其他人做不到的事；无数次与大白鲨直面相对；成功游走在屈服于大自然的狂暴威力和与之搏斗中间的危险区域。彼得坚强地面对出现的任何问题，如果有必要，就用大段的胶带、应急设备以及三股缠在一起的粗绳把船拖回来。当然，他并不幻想这样就能轻而易举地把问题解决掉。尽管如此，当一切结束，我们离开捕鲸船返回时，我感觉所有人都松了一口气，包括彼得。

我生出一丝期盼，尽管这就像海上的3A级任务一样困难，我还是希望海岸警卫队可以找到帆船。我明白什么都需要花钱，也许花的钱还不少，但我们肯定会接收到求救信号，从而找到"想象号"，不是吗？我询问以前是否有过成功先例，但并没有人知道。从来没有发生过这样的事情——在所有的失事船只、失踪船只以及在错误的时间地点因发动机故障而遇难的船只中，从未出现过像"想象号"这样的船——船体布满了干透的血迹，甲板上的设备发出嘶鸣，灯光照亮太平洋的远方，船上却空无一人，船舷还拖着勇敢的"塔比号"。

最近的无线电台坐落于木工店，距离登陆点有50码（约45.7米）远。这是一栋又长又矮，具有霍比特人风格的建筑，里面有所有你能想到的工具和零件，对于那些有能力的人来说，这里简直就是他们的小天堂。彼得伸手去碰一个装在墙上的手持式无线电接收机，这时我才注意到他的穿着——他穿着厚重的夹克，脚上是经久不换的胶制齐膝长靴，还有他那褪色的夏威夷印花平角短裤。当他请求海岸警卫队前往16号海峡，分析海洋紧急事故的频率分布时，我正赤脚站在他旁边。我想，我们是在请求国家海洋警卫队采取一些巧妙、可行的措施，并借此获得些许安慰——但得到的回复并不令人满意。

接线员的声音昏昏沉沉的，似乎我们吵醒了他。他的声音听上去就像12岁的孩子。彼得尴尬地按照无线电的通话要求，开始进行单方面陈述，他解释说一艘停在东南法拉隆岛的60英尺（约18米）长的帆船挣脱了泊具，正在无人驾驶的情况下漂向远海。

"船上有多少人？"电话联络员问，即使我们已经告诉过他船上没有人。

"没有人在船上，"彼得说，"它是一艘遗失的船，完毕。"

"法拉隆岛是什么？船的名字？"

"啊，不是。"彼得说，"东南法拉隆岛是我们所处的位置。船的名字叫'想象号'。"

指挥员不停地打着哈欠，一边向我们说明搜寻的难度。他告诉彼得，海岸警卫队什么忙也帮不上，除非有人在"想象号"驶向海洋的时候溜上了船。他还说，我们唯一的希望是说服私人海上打捞公司去找"想象号"。就这样，我们被海岸警卫队拒之门外，转而寻找可供雇佣的船只。

有关海上救助的法律已经存在了大约三千年，说起来有点难以置信，从那时起这部法律的条款就基本没有发生改变。对于"在海上会遇到何种麻烦"这一问题，人们的答案也没有太大改变。"把一艘即将沉没的遇险船只抢救回来非常危险"——因为这样的观念世代相传,所以法律提供了"救助报酬"给任何想要尝试的人。从理论上讲,这是一件很公平的事,但"救助报酬"本身就存在弊病,其中包括根据船的价值而变化的、高利贷般的收费标准——从船的价值百分之一至百分之百不等。

救助报酬的多少取决于当事人对船只情况准确的主观描述,还与在什么情况下求救者签署了怎样的协议有关。除此之外,还包括一些海洋打捞者才知道的细微区别。这必然让乘船游玩的普通游客感到震惊,因为他们雇佣的人不是赶紧用拖缆桩救援船只,而是先转身向他们索取报酬。毫无悬念,这些纠纷最终将会闹到法庭上。但是法律明确表示:谁先踏上"想象号",谁就在某种程度上享受拥有权。这有点像海盗行为。《动力与机动艇》[1]杂志用一句话总结了海上救援的理念:"接受现实吧,那些家伙吃准了你别无选择。"

不同的是,有些人不介意在诉讼上花上几个月,有些人则只想在大海中专注自己的事业。一艘60英尺(约18米)长的钢壳船就可以装下他所有的东西。当丢失的船被找到时,它们的船顶往往布满裂缝,家具破破烂烂,电气设备也早已脱离船体,消失不见。这些并不都是偶然发生的:有些人听到紧急广播后,和我们一样迅速逃出船只。在当前这种船内无人的情况下,那群人说不定连紧致型的坎普勒尼女士内衣都会拿走;除此之外,还有一块手工制作的通灵板,以及几瓶年份不错的意大利葡萄酒。不过话说回来,"想象号"甲板上的气味很可能会吓跑任何一个想要进去洗劫一番的人。

另一头,海面紧急情况指挥员和我们交谈了不到五分钟便匆匆挂断,最后竟然对彼得说:"祝您今天过得愉快!"

斯科特难以置信地瞪着对讲机,问我:"他刚刚说的是'祝您今天过得愉快'吗?"

---

① 《动力与机动艇》(*Power and Motor Yacht*),美国著名游艇杂志。——译者注

我回答："虽然我也不太相信，但他确实是这样说的。"

彼得关掉接收机。他觉得用屋里的无线电话来跟海上救援人员联系更为合适，因为无线电波噪音更小，也更不容易被窃听。我们走出木工店便钻进了一阵狂风里，逆着风向前路走去。在前面的台阶上，伊莱亚斯蹲在望远镜后面，趁我们的船消失于黑夜之前，记录着罗盘上面的读数。我们回到客厅，斯科特扫了一眼那些数字，说："航向南，离岸顺风。"

"我觉得不会有事，"彼得顿了一下，"至少今晚是这样。"

克里斯蒂在厨房里泡茶，而我们三个人挤在厨房外衣柜大小的房间里，无线电话就放在这个房间里的桌子上。彼得拨打了电话，通话过程令人抓狂。靠着断断续续的无线通讯，我们必须吵醒电话那头的人，跟他解释这疯狂的一切，然后告诉他法拉隆群岛的具体位置，还要反复说明那艘失踪的帆船上没有人。第一个接听的救援人员冷漠地拒绝了我们，说是天气原因，还对有人在这种暴风雨天气外出表示出些许怀疑。

他提议，或许我们只用老老实实地坐着，静等有人向海岸警卫队报告他看到了那艘船。我试着想象明早打电话给汤姆的情形：他问我们"帆船失踪的时候你们采取了什么措施"，我们回答"呃，什么也没做"。不管怎样，我们不该在这里空等救援。

救援人员提出让另外一个救援组织来帮助我们，说那个人的船更大，受巨浪的威胁也更小一些。我们暂且叫他黑胡子，他是个经验丰富的老手，不畏巨浪。如果他愿意施予援手，我们肯定会毫不犹豫地听从安排。挂电话之前，救援人员问我们究竟在那里做什么，彼得回答："研究大白鲨。"

"收到。"救援人员回答，语气稍微放尊重了一点。

彼得挂断电话，说："我发现，当你有需要的时候，提一下鲨鱼总是很管用。"

我们回厨房等黑胡子的电话。大家都不吭声。时间一分一秒过去，彼得终于站起身来，开始踱步。他咆哮了一声："怎么会这样？这怎么可能！暴风雨才来过！不应该这样啊！"

斯科特抬起疲惫的双眼，看了一下他的那杯茶。"彼得，老天给我们出了一个难题。"

我随口说了一句："至少'想象号'已经脱离了渔人湾。"否则我们现在肯定在礁石堆里捡它的碎片了。

正围着桌子打转的彼得停下脚步，看着我说："我之所以没有提这些事情，是因为不想吓着你。我每天都要检查这些绳子，确保它们拴得牢牢的。但是昨天我准备把绳子从浮标上面解下来的时候，发现有一根绳子已经断掉了，其他绳子也都变得松松垮垮的，随时有可能断掉。"

换句话说，我差点就撞上塔瓦岬了。

直到这一刻，我才明白这些绳子为什么这么容易解开——因为它们早就松掉了。这些绳子挣脱拴带之前，我也差点被船甩出去。一想到这些绳子随时可能断掉，我就觉得心惊胆颤。然而我意识到，也打心底里认为，这艘船其实从一开始就想挣脱出去。

无线电话响了，彼得抓起电话，是黑胡子打来的。这通电话或许能回答我们所有的疑问，或者又是一番冷漠又无奈的回复，告诉我们最近没有人会去救回"想象号"。电话里黑胡子的声音低沉，讲话慢吞吞的，带着救世主特有的那种骄傲自大。因为黑胡子知道，人们想要摆脱困境的时候，只能打电话向他求助。

"风速如何？"黑胡子问话的语气漠不关心，就像在问你现在几点钟了。

彼得心里有点不快，回答说："我觉得大概有35节（约65千米/小时）。"

黑胡子一边计算一边说："那海浪就有19英尺（约5.8米）高……"显然，他不太喜欢这个数字。

彼得承认："是的，情况确实不太好。"

"所以那艘船会挣脱泊具。"

黑胡子没有拒绝我们，整个对话持续了很长的时间，主要是在商量费用问题。谈话期间，我还提供了自己美国运通卡的卡号。黑胡子想要我们租艘大一点的船，他还建议再租一架直升机，带上一名飞行员和一名海事观察员，后者负责辨认海面上的小件物体。

我从未觉得"想象号"只是茫茫大海中的微小尘埃，毕竟它比曼哈顿的许多公寓都要大得多。但是我开始意识到，海洋的实际规模早已超出了一个人所能想象的范围。尝试想象太平洋的浩瀚，就像想象土星到太阳的距离——大约13亿5 000万千米，脑海里可装不进这样宏伟的画面。能见度极佳的光天化日之下，一艘60英尺（约18米）长的船只似乎不可能逃离人们的视线，但事实上，大型船只在海上失踪是常有的事，就连集装箱巨轮也不例外。有时失踪的船只会在海上漂流好几个月，游遍大半个地球。一段时间之后，电量耗尽，舱底开始进水——事情变得糟糕起来，船开始慢慢下沉。鉴于"想象号"快要枯竭的电力系统，我估算着我们还剩多少时间。"想象号"拥有深蓝的外壳和白色的甲板，这使得它在白浪汹涌的蔚蓝大海上更加不易分辨。

现在才凌晨三点，天亮之前我们什么也做不了，所以我们计划先让黑胡子召集好他的船员，天一亮就和我们联系，确认侦察机已经出动。我们计算出"想象号"大约会以5节（约9.26千米/小时）的速度漂流，考虑到船锚可能已经丢失，这个速度还算合理。第一眼看过去，船可能在35英里（约56千米）开外的地方；每隔一个小时，搜索区域的面积可能就要呈指数级别增长，就像打翻一杯水以后，水会往各个方向漫流。这个事实真叫人沮丧。起初我以为拦住"想象号"就像例行工作一样简单，甚至还在脑中盘算着，过几个小时我就可以续租"想象号"。虽然事情有点麻烦，但总有一天，这会成为一个有趣的故事，虽然对汤姆来说可能并非如此。然而，我逐渐意识到，我们可能找不回"想象号"了。

"汤姆说不定会很高兴"，我忍不住说出声来，"说不定他想要换一艘新船。"

"多半会是一艘螺旋桨轮船。" 斯科特说。

血红色的太阳升起来了。彼得从厨房的窗户望出去，闷闷不乐地说了一句："今天早上的天都染红了……"外面的风速仍然是30节（约56千米/小时），有时狂风大作，可以达到35节（约65千米/小时）或者40节（约74千米/小时），涌浪终于有所平息。太阳在升起时耗尽了她火一般的红色，现在天空又恢复了清明，仿佛一场大雨冲刷掉了所有的尘埃。这么说吧，事情没有继续变糟，而且经过三个小时的睡眠，我们又重燃了希望。

餐桌上铺着一张航海地图，彼得手握一只红笔和一个量角器，趴在上面绘制航线。靠着昨晚记录的罗盘读数，他正在估测船只的大致方位。准确的猜测可以节省很多时间，这样可以避免大海捞针式的搜索。要想搞好这一切需要艺术和科学的双管齐下——对水域的细致勘测和水流变化的仔细估量。多股强大的海流会在法拉隆群岛交汇，一整年中像月亮盈亏一样有消有涨。其中有浩淼而冰冷的加利福尼亚寒流，从阿拉斯加州缓缓南下到这里；较为温暖的戴维森暖流，从巴哈奔流而至；还有北太平洋暖流，从群岛的东方回流过来。

在这些巨流之下，一股暗流沿着大陆架边缘流动。在巨流上方，风猛刮着海面上的各种东西。在估算航线时，经纬度、潮汐、风速、年份、海水盐度——所有因素都要考虑进去，就连船只的外壳是钢制而非玻璃纤维这样的情况，也必须包括在内。最后呈现出来就是一幅"漂流图"，图上的虚线代表了"想象号"的假想漂流路线。

考虑到船锚的情况，对路线的猜想就不同了。彼得认为，现在戴维森暖流也许比想象中的还要强劲，所以"想象号"可能向北驶去了。黑胡子坚信船只驶向了离岸不远的地方，或者可能朝着海岸去了。总之，不会是正南方。再过一会儿，海岸警卫队的电脑会基于这些具体的数字得出一个官方版本，但是鉴于之前"天气之声"的错误报道，再听到其他机器对这些因素的解读，我们已经很难再激动起来了。

我们收到消息，侦察机已经出动。很奇怪的是，今天就像飞逝的一瞬间，一眨眼就过去了。斯科特爬到了灯塔上，只有他在那里目睹了另一场在蒙泰湾发生的鲨鱼袭击。攀爬着这崎岖蜿蜒的小路，我紧张的情绪也随之消除，最后终于到达了山顶。斯科特扫视着四周，我坐在台阶上呆呆地看着眼前的景色。直到刚刚那一瞬，我才发现这些岛屿的美——海风呼啸，水面波光粼粼，还有数不清的鲸鱼，他们在周围的海里游来游去，丝毫不受素流的影响。相反，素流带起了更多的食物供他们享用。我极力望向通往渔人湾的航线，想看看我的那头灰鲸还在不在那里，但我没有看见她。

事到如今，我明白自己不得不尽早离开。在残酷的现实面前，我们只能被命运左右，像旁观者一样无能为力。如果天气有所好转，明天"超鱼号"就能抵达这里，开始下一轮的观鲸旅途，这样的话我也能顺便搭上一程。不管发生什么情况，明天都注定是上岸的日子。彼得明天要回因弗内斯小镇待两周，克里斯蒂和伊莱亚斯也要离开。当初承包商来的时候，布朗和娜塔正在轮休，所以他们明天也会回来，还会带来一批新的实习生，而斯科特打算待到这个月底。

我望着彼得，他站在灯塔的混凝土护墙上，双手插在兜里，眼睛注视着海面上每一处可疑的浪花和空中盘旋已久的海鸥。对讲机依然没有任何动静，这只能说明一件事——目前还没有任何发现。过了一会儿，彼得主动呼叫："你那边怎么样了？"

斯科特的回答很简短："鲨鱼倒是有很多。"两人都没心情继续聊下去。

我们都知道应该打个电话通知汤姆，但我们仍怀揣着最后一丝希望，幻想着当我们打过去的时候，帆船已经找回，这样我们就能继续这场交易。然而，一上午过去了，还是没什么消息。现在已经是下午时分，是时候联系汤姆了。

斯科特还留在灯塔上，我顶着狂风准备下去，快走到后门的时候，我看到烧烤架全都被吹跑了，散落在山的那边。

彼得在无线电话旁边坐着等我，我们都不太情愿做这件事。

深吸一口气后，他还是拨通了电话，汤姆那边传来了高亢友好的声音，接到我们的电话他总是很兴奋。"情况怎么样？见到很多鲨鱼了吗？那该死的12伏电池怎么样？"汤姆想要进一步了解12伏电压的电力系统功效如何，还说那个该死的系统快把他逼疯了。

彼得用一个糟糕透顶的坏消息打断了汤姆热情洋溢的问候。他先说了句"请你坐下来慢慢听我说"，然后进行了情况说明，描述了所有可怕的细节。最后彼得说："汤姆，朝好的一面想，你大概不用再去修那条管道了。"

当时，汤姆并不想要一艘新船，一点儿也不想。他想要的是一艘充斥着臭气，并且饱经沧桑、布满裂纹的旧船。我能想象，当汤姆收到我们消息的时候，他正坐在律师事务所的办公室里，系着一条印满小帆船图案的领带，那让他的肚子看上去像被划开了一道口子。这时我们突然从海外——名副其实的"海外"——打来了电话。今天的旧金山烈日当空，虽然偶尔刮起大风，但没什么大不了的；至于汹涌的浪头，除非你是个冲浪手，否则也不必在意。我们的谈话很简短，显然汤姆感到非常吃惊。他想给他的保险公司、妻子和航行伙伴鲍勃打电话，说他今晚会尽早与他们恢复联系。到那时，十有八九能找到帆船。

彼得告诉我："汤姆已经想尽了办法。"他看上去筋疲力竭，但同时也松了一口气。现在我们唯一能做的就是苦等黑胡子的电话。当然，这个电话随时都有可能打来。

两点过快三点的时候，无线电话还是没有什么动静，黑胡子最后打来电话时，已经快四点了。光线越来越暗，可是我们仍然没有得到好消息。

通过微弱的电波，他告知我们救援人员有几次误以为看到"想象号"，但那其实是白色的巨浪。真正的"想象号"仍然不知所踪。飞机在一个特大的搜寻网络长廊中上下盘旋，他们已经查阅过海岸警卫队的漂移档案，还是没有发现"想象号"的蛛丝马迹。影子在水面上越拉越长，夜幕渐渐降临，现实与虚幻变得更加难以区分，我们剩下的时间不多了。

食物也所剩无几。晚餐的气氛十分紧张，这不仅仅是因为最新传来的消息令人感到事态严峻。彼得和我一起做饭，我们把冷冻的金枪鱼和上一批海岸警卫队员留下的罐头汤混在一起，再向这份杂烩意式海鲜汤里倒了些过期的沙拉、土豆和一些克里斯蒂烤好的香蕉饼干。就这样，我们愉快地吃了很久，仿佛在我们吃饭的时候什么坏事都不会发生。

吃饭期间，每隔几分钟就有人悲叹风暴的不可预知性。

"让我来告诉你，"斯科特说，"那就是一套组合拳，我们可以处理强风，也可以处理涌浪，但两个同时出现的话……"他背靠着椅子前后摇晃，接着说："无论如何，幸好我们都在一起，安然无恙，而'想象号'碰巧在另一个地方，只要它还在漂着就没关系。我们只需要一点点帮助就能找到它，仅此而已。"

"也许它已经沉了，"我试探着说。

"没有沉！"彼得坚定地说。

我坚持说："会不会有一艘集装箱大船正好……"

"撞翻了它。"斯科特把我剩下的话说完。

彼得放下叉子说："如果是那样的话，我们应该能听到些消息，而且，即使是撞上一艘60英尺（约18米）长的钢壳小帆船，集装箱船上的人自己也会注意到。除此之外，海面上也应该会有一堆东西还没沉下去。"

我脑海里不禁浮现出那个景象——帆船沉到海底，金属外壳的船头指向天空；蛇鳕在船舱内穿梭，海星爬上刻在船板上的裸女，藤壶附着在节疤松木上；我的书和衣服带着一层气泡慢慢浮出水面，或者直接烂在海底。

晚饭后，汤姆打来电话。他花了一些时间来消化这个信息。弄明白事情的经过后，他问道："苏珊在什么地方？她为什么不在船上？"

我拿过电话，生气地说："我在岛上，那里也糟糕透了。就算暴风雨没来，在那儿待着也不轻松！"

汤姆不为所动地回答道："是的，但是如果你在船上的话，海岸警卫队昨晚就会过来——抱歉我说话不中听——救下你这头笨猪！"

好吧，我当时确实没在船上。对我而言，无论是迷失在蒲福氏风力为9级的海面，或是困于目前的处境，都不是什么好事。我一直待在厨房里，并试着去想象如果我在船上，当那艘船即将解体的时候，我会是怎样的一种心态。但随之而来的，便是因恐惧而产生的耳鸣，大脑一片空白，整个人茫然无措。换句话讲，或许那天我就死在那儿了。回想起当时用望远镜看到的大漩涡，我本来会连人带船被卷进去，紧贴在天花板上。我在那艘船上已经受够了磨难，真是"非常感谢"！汤姆觉得我应该去给船陪葬的想法激怒了我，租船协议里可没有这一条。

我把电话塞给彼得，自己在客厅里生闷气，斯科特正坐在破烂的躺椅上，拨弄着吉他。一只老鼠在他脚下兴奋地摸索，胡须激动得一颤一颤的。我瘫在沙发里，头尽力往后仰，直到我能直视头顶的天花板。

"你知道的，"我对斯科特说，"在这附近所有的东西里面，鲨鱼算是最不可怕的了。除非你是一只海豹，不然他们也没有多坏，不是吗？"他抬头看了一眼，慢慢地笑了，然后继续弹奏。

彼得走了进来，坐在了海洋无线电广播的旁边，能看出来他很疲惫。即使如此，他仍然表现得很坚强，并且为他接下来需要做的事情蓄力量：处理这次危机，修好其他损坏的东西。他打开天气播报，"天气之声"以一贯冷漠的语气通知我们，在明天早上的几个小时里，天气可能会有所好转，法拉隆岛巡逻队将有一次难得的机会靠岸，把受惊的船员转移到船上，新的船员和物资也将抵达。对我而言，这又是一次混入观鲸者的好机会。这是在相当长的一段时间里，我们从这播报里得到的第一条像样的消息。

黑胡子打电话过来想制订后天的搜索计划，他极力推荐我们多租一两架飞机。对这些新增的空中力量，黑胡子要价惊人。我仿佛嗅到一股强行推销的气息，就像一个定额推销员不遗余力地推销他的铝制墙板。他坚称和其他办法相比，这点救助费用已经够意思了。比如说，船撞在任何靠近蒙特雷湾国家海洋保护区的礁石上，清理成本都可能高达三十万美元。"你将拥有一群专业的潜水员，就算像玻璃纤维一样透明的海葵触手，他们也能带着镊子给你找出来！"今天的搜索没有任何成果，却已经让我的信用卡累计支出了一万五千美元。黑胡子说话的时候，我意识到我们越早找到小船，他挣的钱就越少。就在这时，彼得抛出了一个爆炸性的消息，打破了我们的迷茫与恐慌。他告诉我们救助计划现在是由汤姆的保险公司照管，这个消息似乎让黑胡子很是不悦。

电话挂断前，黑胡子说："我认为能找到它，当然，可能是在南太平洋。"

◇ ◆ ◇

船员轮班程序中有一环是大扫除，包括处理所有的垃圾——焚烧可燃物，将剩下的打包回陆地上处理。第二天早上，整理工作开始有条不紊地进行，我要做的是打扫两间浴室并全身心地投入其中。我使劲擦洗，就好像是在参加奥运会比赛项目。擦完卫生间后，我出门踏着快步漫无目地四处游走。岛上依然刮着风，但风力不大，我走过海岸阶地，任由头发拍打着我的脸，心里感到很悲伤，我想我不会再回到这里了——反正近期是不会了，或许永远都不会。像往常一样，我讨厌离别，即使发生了那么多事情，我也愿意不惜代价，按下倒带按钮，重温以前的场景——鲨鱼在我周围游动，凯文给物品系上漂亮精致的蝴蝶结，彼得一边钓鱼一边听着巨人乐队的歌，罗恩在铲海胆的时候给我们讲故事，斯科特给"海豹宝宝"点上凝胶，用来吸引空中的珍奇鸟类——她们最喜欢那些闪闪发光的"珠宝"。

是时候离开了。一个小时内，忙碌的人群逐渐散去，堆积的杂货和垃圾也都清理妥当，于是，斯科特和彼得都出发了——斯科特上了捕鲸船，彼得则登上了橡皮艇。"超鱼号"计划开进渔人湾，我在北登陆点等彼得来接。我的到来吓跑了两只正在石阶上晒太阳的海狮，他们滑进水里，还不时地向我投来愤怒的目光。一只黑鬼，或者称之为鸭子突击队队长，正在浅滩里戏水，每隔十秒左右，海浪就要涌进那条深沟一次。我站在离登陆点稍远的地方，手上提着睡袋和一个白色塑料袋，到目前为止，暂时还没有掉进海里的几件东西都装进里面了。事实上，我唯一的衣物就是过去五天一直穿在身上的这件。我想，这应该能让好奇的观鲸者们与我保持距离。

疾风呼啸，彼得把橡皮艇快速划到靠近岩石的地方，然后大喊："跳！快跳！船过来了！"我像老鹰展翅一样张开双臂，如往常那样战战兢兢地跳了过去。我们没有说话，也不需要说再见，因为回到大陆后，我们会继续处理船的事。登上"超鱼号"后，我看到斯科特站立着，正在给捕鲸船系上浮标，带着偏光太阳镜的他有点让人捉摸不透。他正解开绳子，等待着法拉隆岛巡逻队的到来，我们彼此都有点不知所措，只是隔着距离相互打了下招呼。

米克接过我的包，然后迎我上船。今天船上特别挤，大家都只能站着。这是拜鲸鱼公约[1]所赐，也是因为星期六和"舰队周"的到来，吸引了大量海湾地区的人涌向海洋。正瘫坐在冷却器上的几个人低着头，从他们的样子可以看出，恶劣的条件早已让他们煎熬不堪，我赶紧钻进了驾驶舱。

"'想象号'呢？"米克问我。他的意思很明显，现在渔人湾正空着一个帆船停泊位。

---

[1] 这里所说的"鲸鱼公约（the whale convention）"并非专有名称，可能指国际捕鲸委员会于1946年12月2日在华盛顿通过，并于1948年11月10日正式生效的国际捕鲸管制公约（International Convention on the regulation of whaling）。——译者注

我尴尬地盯着不远的地方："呃，这个嘛……"

"暴风雨没有毁掉它，对吗？"他的眉头紧锁着，看上去很担忧。

我朝着旧金山的方向挥了下手，说："没有，天气不太好，船就先走了。"我这样回答着，仿佛此刻帆船正停在那里，静静地靠在它的停泊位上。严格说来，这也算不上是假话。

他没有追问我，但是我很清楚他知道这期间发生了很多事。虽然米克是一个值得信赖的人，甚至身为法拉隆岛巡逻队的一员，他能给予我们很多帮助，但我们仍然想尽办法不让帆船的事故传出去。

我们从渔人湾驶出，向南进入"超鱼号"在这个岛附近的惯用航线。米克开着船，我靠在门口，在我们即将绕过塔瓦岬的时候，米克的对讲机响了，是彼得打来的。"'超鱼号'注意，象海豹湾发现一具海豹尸体，我们正准备登陆所以去不了了，我猜你可能想去确认一下。"从彼得的声音里，我听出了他的沮丧。

"啊，地主来收租啦！"米克露齿一笑，说："收到。"尽管观鲸者们还不知道，但今天他们算是不虚此行。

我们开着这艘60英尺（约18米）长的船，加足了马力绕行马鞍礁，但就在即将通过的时候，我见识到了这次猎杀的庞大规模。海面上的血泊扩散到30码（约27米）开外，上面挤满了海鸥；鲨鱼在四处游动，只能看到他们的鱼鳍不断划破水面。米克在安全距离外停下了船，船上的人全都拥挤在栏杆旁边。这里有两条鲨鱼，或许还不止，当鲨鱼探起头来的时候，人群里就会爆发出一片惊叹。在这幅场景背后，我仿佛听见"超鱼号"上的自然学者正在解说这个场面，但我却不知道她的声音是从哪里传过来的。我们在大白鲨的势力范围之内，所以我对见到姐妹鲨并不抱任何希望，但这种冒险也有所回报——这是迄今为止我目睹的最为精彩的捕食场面。其中一条鲨鱼看起来极具攻击性，从我的有利位置来看，他的个头相当小。我记起来有人告诉过我，在捕食过程中失去理智或者猛咬船体的一般都是小鲨鱼；而像"伤疤头"和"白斩"这样年长的鲨鱼，全都拥有政治家一般的自制力。

鲨鱼群花了大半个小时来围捕落单的海豹，围猎快要结束时，我听见米克正用对讲机滔滔不绝地向另外一个船长描述这里的猎食场面。

"血和海水溅得到处都是，还有一只死了很久的大海豹！"

"那场面想想都觉得壮观啊。"另一位船长回复说。受到静电干扰，对讲机吡吡作响，他们幻想着让船上这六十个观鲸者回到旧金山后，向媒体讲述他们近距离观看大白鲨撕裂海豹的场景。这样一来，消息就能传出去，他们的观鲸生意就能越做越大。

"好好爱护那些鲨鱼，壮大他们的族群！"米克说。

"超鱼号"开始执行下一阶段的任务——探索鲸鱼。米克正驾着船往西行驶，后甲板处突然爆发出一阵尖叫——有一条鲨鱼紧随船尾并且撞了上来，他就像邻居家的金毛猎犬一样有着强烈的好奇心。照相机咔嚓作响，人们不断发出惊叹。他在确认我们到底是不是食物，他尾随"超鱼号"来到鲨鱼小道，一直在船尾右侧的水面徘徊，直到确定我们不是食物才离开。

旁边的自然学家侧身问我："苏珊，你能不能给我们介绍一下这些鲨鱼？"之前有人在介绍我时，说我是鲨鱼计划实习生，所以我也没有理由拒绝。头发已经很久没洗了，我戴着棒球帽，顶着烈日，感觉头皮阵阵发痒。六十双眼睛盯着我，渴望得到更多关于这些鲨鱼的详细信息。

"呃，每年的这段时间，这儿都会有很多大白鲨出没。我们甚至还给大部分鲨鱼取了名字。"我这样说着，想要他们觉得我很博学而且非常乐意为他们讲解。

我简短地解释完鲨鱼计划之后，一个二十岁出头的家伙走了过来，用十分轻蔑的语气问我："你们待在岛上不无聊吗？"他说话的时候皱着鼻子，好像待在这里就跟待在地狱里一样。对此我回答："不，恰恰相反，这里一点也不无聊。"

"难道你都不怀念那些俱乐部吗？"

幸好一头蓝鲸的出现将我从谈话中拯救出来，他出现在海面，离船非常近，连我们的船也随着他的尾波而上下颠簸，他喷起的水柱让站在下风向的人眼前一片模糊。与此同时，在弹弓所能打到的范围之内，另一头蓝鲸也正在捕食。他一跃而起，几乎一半的身躯都冲出海面，带起大片水花。他们庞大的身躯几乎占据了整个视野，海水从他们身体两侧流下，反射着太阳的光辉。

我们现在在岛屿以西的几千米外，正费力地穿过过山车一样的汹涌浪潮。我用臀部抵住墙壁，十指紧紧抓住栏杆，以便观测鲸鱼。米克的水手摩根站在我旁边，评论说我的手真是历经沧桑，不过他的语气里倒是满含敬意。我看着自己的手，上面布满了伤痕，还有绳子磨出的鳞片状的茧，指甲盖也残缺不全，里面还塞满了脏东西——他的评论恰如其分。毁掉我一双手的那艘船正好在这里的某个地方。我默默地凝望着不曾安宁的太平洋，目光掠过这6400万平方英里（约16 576万平方千米）海域中的小小一隅。

我们得知，经历了48小时后，找回"想象号"的可能性会大大下降，况且搜索区域还翻起了涌浪。由于单引擎飞机只能往正西方的海面飞行60英里（约97千米），所以我们后来又调遣了一架双引擎飞机，由此产生的花费也将迅速超过"想象号"本身的价值。"想象号"本由我负责，而我没有停泊好它——接下来的事情一团糟，一片狼藉。

◇ ◆ ◇

过不了多久，"超鱼号"就将驶回旧金山港，沿途将经过舰队周里乱做一团的军舰；经过喝多了杜松子酒和奎宁水，用无线电乱发求救信号的那些家伙；经过人类文明的宏伟标志——金门大桥，然后进入嘈杂的人类世界。而我，正随船前行。

我回头看向法拉隆群岛，它们闪烁着陌生的金色光芒。我曾见过它们浸染连绵的褐色阴影，也曾见过它们呈现为纯粹的白色；有时远远望去，只见它们转为蔚蓝色，与周围的海洋融为一体。在梦中，它们是神秘的阴影，拥有硬朗的轮廓。但是，我从未见过它们散发像玻璃碎片折射出的那种辉光。在这灼热的光线下，它就像一个被人遗忘的海洋王国，从海水中露出一角，接受阳光的洗礼。站在我身旁的摩根向着东南法拉隆岛点了点头。"看着这些岛，就感觉大自然随时可以重新统治世界。"他的话里蕴含着真诚的谦逊。

或许这就是我们一直在忽视的东西——对大自然的敬畏之心。人与自然互动的方式并不正确。法拉隆群岛能够容忍人类的足迹，只因为这足迹微不足道；而一艘60英尺（18米）长的帆船停在这里，却像一只巨大的长筒靴重重踏上这里的土地。我们就像伊卡洛斯一样，挥舞着制作精巧的蜡翼飞近太阳，以惨烈的方式得到了教训。

当我们最后一次经过群岛时，我明白水面之下发生的一切都遵循着原来的轨迹：鲨鱼巡游，海胆集群而行，岩鱼又将沉寂一两个世纪，海豹仍会在航道的交叉处逗留，打量着眼前的两条歧路。到了冬天，"尖鳍""点子""深痕""断尾""伤疤头""卡尔·裂鳍"，还有其他那些因为季节变化而来到这附近的鲨鱼，都会沿着岛屿边缘下潜，前往他们的秘密巢穴，钻进我们未知的地方。又或者，他们会像"残尾"一样，成为一个传奇。像海洋里的其他生命一样，他们留下了一连串的谜题。也正是因为他们，我才伫立在海面上，低头朝海底望去。

另一个世界是存在的，它就在这片海里。

◇ 向死而生 ◇

后　记

我们知道。说不清为什么，我们就是知道，什么时候附近会出现鲨鱼。这是一种第六感。我觉得我们可能永远都讲不清楚它到底是什么，但如果你在冲浪时有了这种感觉，我一定会对之多加注意。

——摘自2003年6月10日，

彼得·派尔于旧金山对冲浪俱乐部分会成员的演讲

2004年11月14日

　　凯文和我从后门走进水族馆的时候，十一月份苍白的太阳才刚刚开始照亮蒙特雷湾。水族馆里只有几个人，他们正在为将要到来的游客做准备。我们沿路左弯右拐，穿过一个个黑暗的房间，每间房里都有泛着蓝光的水族箱，水生动物在其中迂回游动。路过企鹅、水獭以及摇曳的海藻森林和一排排霓虹灯般的水母后，我们来到了容量巨大、壮观无比的外湾馆①，在那里，新来的生物总能让人们激动无比。30英尺（约9.14米）高的玻璃幕墙竖立在我们眼前，把黑漆漆的大厅渲染成一个蓝色的梦境。这个巨大的水族箱里生存着约70种海洋生物——大型鱼类占多数，其中包括黄鳍金枪鱼、蓝鳍金枪鱼、鲣鱼、锤头鲨和其他小型鲨鱼，身材娇小的加州梭鱼，还有少数龟壳如水族箱壁般坚硬的黑海龟，以及五千条不太走运的沙丁鱼（他们的数量正在锐减）。还有她，一头幼年大白鲨。

　　我们一进展厅就看见了她，这个4.5英尺（约1.4米）长的美丽精灵。她正一边对着水箱玻璃展示精彩的水中特技，一边打量着水箱外的世界，白色的腹

---

① 外湾馆（Outer Bay tank），蒙特雷湾水族馆外湾馆，因与大海直接相连而得名。——译者注

·284·

部和带着黑边的胸鳍若隐若现，就像一架奇异的小型战斗机，兼具优雅与凶狠。"你看，"凯文说，"她在用各种动作展示自己呢。"水下的灯光把他的脸映成蓝色，而他正用一种略带敬畏的微笑看着这条鲨鱼。

这头体型最小的姐妹鲨没有名字，也没有人打算给她取名字。（她是附近海域里唯一的大白鲨，在这种情况下给她取名是一件非常令人悲伤的事，而且也与水族馆的科学传统相悖。）她有着独特的面部特征，最突出的就是她那亮白色的、小丑似的鼻子。早些时候，她眼睛周围遭到了擦伤，那一圈面具形状的黑色印记已经磨损得看不见了。不过这次的擦伤恢复得很好，没再留下可怕的疤痕。擦伤很有可能是在8月20日，她被捕获的时候造成的。当时她在亨廷顿海滩附近觅食，不小心被捕大比目鱼的刺网钩住，拖上渔船，放进一个只勉强装得下她的活鱼舱里，她的脸被紧紧地挤在一个角落。

计划里的每个步骤都圆满完成。科学家们救了她，然后把她转移到400万加仑（约15 141立方米）容量的海水围栏里，在这里她自然进食，丝毫不显得紧张。观察了三周之后，她被向北运送到蒙特雷湾水族馆。到那里的第一天，她就当着一群兴高采烈的海洋生物学家的面，匆匆吃掉了一些三文鱼片，很多生物学家显然被这副场景所触动。此后她开始有规律地进食，甚至精力旺盛地咬掉了竹制喂食杆的顶端。圣地亚哥海洋世界那个保持大白鲨存活16天的纪录被打破了，至少到目前为止，这条大白鲨还生龙活虎地游在水族箱里。自9月15日来到蒙特雷湾水族馆，她已经增重了20磅（约9千克），体长也增加了几英寸（约十几厘米），还促使门票销售增长了50%。

我们在这儿站了将近一个小时，目不转睛地看着大白鲨与水族箱里的其他物种互动，感觉十分有趣。每次当我们透过展箱玻璃看到她之前，她的气场都会先一步扩散出来，使她旁边的油翅鲨、加拉帕戈斯鲨和锤头鲨相形见绌。就连那些战斧般的金枪鱼，相比之下都显得温顺多了。她微张着嘴巴游来游去，向我们展示着尖尖的幼齿，这些幼齿不久以后就会变成宽大的三角形巨齿，成为成年大白鲨追捕猎物的利器。她的背部呈现出一种银灰色，比法拉隆岛那些晒黑的鲨鱼白多了，因为后者一生都没有在荧光灯下生活过。

上午十点，水族馆一开门，小孩子们就迫不及待地冲进展厅，在我们周围跑来跑去，把手掌贴在水族箱的玻璃上。一个小男孩骑在爸爸肩膀上来到了外湾馆，大声问道："大白鲨在哪里？"就在这时，大白鲨从下面冒了出来，人群一下子就聚了过来，发出一声声惊叹。"她好小呀，可还是挺吓人的。"另一个孩子对他妈妈说。

距"想象号"消失在黑夜里，已经过去一年零九天了。我们曾与侦察机进行了72小时的联合搜寻，但是一无所获。于是我们推测，这艘轮船可能已经漂向远海，或者已经被盗。

后来我们才知道，漂离岛屿后，"想象号"在海上漂荡了31天，最终到达了美国海军的太平洋导弹靶场，距离法拉隆湾南部约300英里（约482千米），离加州海峡群岛①西南方的海岸50～60英里（80～96千米）。令人惊讶的是，"想象号"居然成功绕过了露出海面的康塞普逊岬②，那里海难频发，即使是有船员操作的船只也常常陷入危机。

一周过去，仍无迹可寻，于是有人猜测可能是舱底负载过重，海水淹没了甲板，总之，"想象号"多半已经沉没了。直到2003年9月9日，当所有人都不抱希望的时候，船长汤姆接到了海军文书军士的电话，声称他们发现了"想象号"。

海军直升机从天而降时，"想象号"正朝墨西哥边界漂去，直升机一边在船头上方的低空盘旋，一边用扩音器狂喊："船上哪个该死的最好赶快回

---

① 加州海峡群岛（the Channel Islands of California），简称海峡群岛（the Channel Islands），又名圣巴巴拉群岛（Santa Barbara），是在美国加利福尼亚州南部太平洋岸外40～145千米处的一个群岛，由8个岛屿组成，总面积908.8平方千米。——译者注

② 康塞普逊岬(Point Conception)，位于美国加利福尼亚州附近海域。——译者注

话。" 可船上没有人回应。凡是来历不明的大型船只闯入军事敏感区域，将一律被视为不怀好意，因此武装直升机内的人员用无线电商量，讨论要不要炸掉这艘天杀的船。这时，听觉敏锐的海岸警卫队指挥员在无意中听到了他们的对话，立即打断了他们，因为他认出这艘船正是从法拉隆群岛失踪的"想象号"。

一位来自文图拉的救援人员冒着狂风暴雨，连夜出海拦截"想象号"，他身上只带着几个数小时前测到的坐标点。当然，他也明白"想象号"可能早已漂离最初被发现的位置，但当他到达那里时，才发现情况不容乐观。他用雷达扫寻这片黑漆漆的大海，接收不到任何信号。几小时的搜寻过后，仍然一无所获，但当他决定返航时，一个微弱的信号出现了。

停在他搜索范围边界上的，正是"想象号"。于是他用绳子绑住这只如失控疯牛般的帆船，爬上那严重倾斜的甲板，然后将它拖回了加州海峡群岛码头。船舶受损严重，引擎系统瘫痪，各种天线折断，几乎所有能坏的东西都坏了。

更糟糕的是，舱底几乎灌满海水，看上去就像到海底兜了一圈似的。船舱内的状况也不容乐观，从船头到船尾，碎瓶子、湿纸张和各种垃圾随处可见；楼梯上全是咖啡渣，霉菌肆意繁殖生长；橱柜大开，柜内空无一物，我的内衣在厨房里散落一地。

最恼人的是，那块古董通灵板从船的一头滚到了另一头。不知怎么回事，十磅重的它像是长了脚一样，从我没拉好拉链的行李袋里跑了出来，还爬上了三级陡峭的楼梯，最终在餐厅里落了脚。通灵板这段难以置信的旅程，可以说是最让我郁闷的一件事情。（如今，这艘船已经做了永久性的安全处理。）

这艘船"出逃"后的下场如何呢？厚重的锚链就像太妃糖一样被拉扯变形，最终彻底断裂，只剩几米长的铁链还连在船上。船锚沉没到法拉隆群岛海底的礁石中，与其他船只的残骸碎片相伴，成为航海者傲慢自大的又一罪证。

船尾处孤伶伶地拖着一条磨损严重的细绳，那是"塔比号"的拴绳。这艘备用救生船没有从这次事故中挺过来，我们会想念它的。

尽管帆船、笔记簿、照相机、有魔力的通灵板这类物件基本完好地逃过了一劫，但人们经受的精神伤害却难以平复。在"想象号"消失的第二周，汤姆就在当地的一本名为《纬度49》的航海杂志上，用引人注目的大字刊登了一则悬赏广告，标题是"悬赏：海上遗船"，内容是当时情形的简要说明，文字旁还配上了"想象号"的照片。其他法拉隆巡逻船队的队长们看见这则广告后，都焦急地给PRBO打电话。现在整件事情已经水落石出，大家就没再继续关注这件事。律师介入其中，作为岛屿主管的彼得受到了训斥，并因此丢了工作。他以后不能再在岛上工作了，这实在令人悲伤。

彼得转念一想，逆境中也未必没有希望，不妨将这次辞退看作是人生新篇章的起点。"我可以歇一歇，不用整天盯着大白鲨了。"他如此对我说，并概述了他关于两本鸟类学新著的写作计划。他刚刚才意识到，早在无孔不入的记者们被大白鲨出没的消息吸引，蜂拥而至之前，他就已经在法拉隆群岛上工作了。在那个时候，根本没有什么登岛许可一说——本来就不需要登岛许可，不是吗？你能够登岛，一定是因为岛上对你有需要。（军方说的不错，这里本应该建一座该死的堡垒。）

在二十世纪七八十年代，岛上生物学家的妻子、孩子和亲朋好友们经常会顺道来看看他们，当地的艺术家们则被允许在实习期间到此地汲取灵感，写诗作画。行动全凭个人判断，而不是规定。彼得解释："因为你在那儿没人会帮你。"事实上，早在那个开拓时代，大陆上的各种规矩和官僚作风就西迁到了法拉隆群岛。这或许是出于某种必要性，或许是有人刻意为之。

尽管鲨鱼计划的未来还不得而知，但目前已出现了一些积极的迹象。在2004年探鲨活动的旺季，前期的计划已接近尾声，大白鲨探察计划转移到了巴巴拉·布洛克实验室。因此，鲨鱼追踪得以继续进行，而且有希望一直持续下去。不过后勤工作会很辛苦，因为这两个登陆点要在秋季关闭维修。

斯科特和彼得长达15年的合作关系即将结束。在此期间，一些与大白鲨相关的奇闻趣事都记录在册。这种合作是各种技巧的巧妙结合，是一种阴阳平衡，虽然它结束了，但他们两都认为曾经付出的所有努力是值得的。无论在哪儿发现了鲨鱼，斯科特都会继续进行研究。他要前往阿拉斯加州，花更多的时间去观察鲑鲨（这也是布洛克博士在追踪鲨鱼中的一种），他也在考虑将研究范围细分到鲸鲨、姥鲨和虎鲨，因为他对他们都很感兴趣。但法拉隆群岛仍是大白鲨世界的中心，那意味着只要一有机会，斯科特就将返回此地继续进行深入研究，尽力与鲨群维持联系——这群让人着迷的动物可是他二十年来的美好回忆。

2004年，罗恩从头到尾都在潜水，虽然相比以前潜水次数有所减少。今年的第十四次潜水，他准备向着岛屿前进，因为还有一种鲨鱼他至今仍未见过。他继续记录在各个地方看到的雄性大白鲨群，以及珍稀的女王级姐妹鲨。

距罗恩看见那条巨大的雌鲨已经过去三年，他时常怀念当时的场景。现在，海胆市场正受到外来便宜货的冲击，所以在未来的日子里，罗恩很可能会出于自愿去潜水，而不是为了谋生。不过无论怎样，他都会待在这儿。法拉隆群岛是他的避难所，是他心灵的慰藉地，只有待在这里，他才能寻求到内心的一丝平静，从而远离那萦绕耳边的文明社会的喧嚣。并且，他也不确定接下来要做什么。如今，他和卡罗尔有三个孙子，都不到三岁，所以他们总会优先考虑这些小家伙。无论罗恩将来有什么打算，他都必须从自己对冒险的热爱和陪伴家人的温情之间找到一个平衡点。与此同时，他很享受带着摄像机，潜入法拉隆水域对鲨鱼和其他生物进行拍摄记录，这些记录就如同他的一本生活相册。

在马鞍礁的背风处，鲨笼潜水仍然大受欢迎。格罗斯的大白鲨探险公司今年首次下水一艘名为新"超鱼号"的观鲸船，长达65英尺（约19.8米），代替了原来32英尺（约9.8米）长的"爱国者号"，这是米克和格罗斯通力合作的结果。如今，船上能容纳更多的人，潜水员们也牢记着米克在各水域积累的经验教训。（但是，这种大船也有一个缺点：鲨鱼都不太愿意靠近它。）格罗斯大部分时间都待在瓜达卢佩岛，那里的海水像水晶一样清澈透明，水温在约21℃左右，顾客们都愿意花3 000美元来报名参加为期一周的阳光之旅。

没有人停止冲浪活动。事实上，凯文昨天才在阿西洛玛海滩做了这件事，那里离刘易斯·博伦遇袭的地方很近，尽管那里的浪头冲近海滩时就会直直跌落，不好收尾下浪，但凯文还是玩得很痛快。斯科特之前因为试图给鲨鱼戴卫星标牌而滑倒伤到肋骨，几乎整个秋季都未参加任何活动。季风过境后，他就打算做些什么来弥补逝去的时间。彼得根据波利纳斯和当地其他一些冲浪点的冲浪条件安排行程，他拒绝透露那些地点的所在，担心别人会发现那里。最近，罗恩订购了一块搭配长板使用的短板，常常带着两块冲浪板出没于附近某个鲨鱼聚集地——鲑鱼湾，那里的水流又急又深，还经常发生鲨鱼袭击事件。5月28日，一名冲浪手就在鲑鱼湾被鲨鱼从冲浪板上撞了下来，这条鲨鱼一直围着他打转，还挑衅地甩着尾巴，最后花了好几分钟，他才成功地将这头约16英尺（约4.9米）长的鲨鱼击退。他告诉记者："感觉自己就像掉进了一口煮沸的锅里。"

罗恩喜爱的另一个冲浪点是德雷克斯河口①，恰巧在波利纳斯的北部。彼特也喜欢那儿的海浪，这也是为什么他能最早听闻那起鲨鱼袭击事件。10月24日，彼得的一个朋友，曾在法拉隆群岛实习过的皮特·沃兹博克，在这里遭遇了大白鲨的攻击。当时沃兹博克坐在冲浪板上，正随着海浪起伏前进，然后"就像在一个有停车标志的地方被车追尾一样"，大白鲨将他的一条腿顶

---

① 德雷克斯河口（Drake's Estero）位于美国北加州马林县海岸附近的雷耶斯岬国家海滨。——译者注

出海面，用嘴咬住了他的小腿到脚的位置。当沃兹博克猛击鲨鱼时，他才松了口，不过，在此之前，大白鲨已经一尾巴扇在他脸上，在他的眼睛上面划开了一道深深的口子。鲨鱼对他造成的伤害足够他缝上一百针，但他仍旧异常冷静，奋力游回了岸边。事后，他拒绝向媒体讲述此次遭遇，不想让这起不可避免的鲨鱼袭击事件变得引人注目。在法拉隆群岛遭遇鲨鱼的经历让他有了不同的看法。

"我觉得也没有多恐怖，"他说，"那条鲨鱼不算大。我还见过更大的。"

这已经是今年红三角地区的第四起大白鲨袭击事件。而且，并非每个人遇到的都是这种小型鲨鱼。在布拉格堡附近，一位名叫兰迪·弗莱的鲍鱼捕捞潜水员就被一头长约18英尺（约5.5米）的大白鲨"斩首"。当弗莱在一处小海湾浮潜时，一头大白鲨突然袭击，瞬间咬断了他的头和肩颈。这位五十岁的遇难者是西海岸休闲垂钓联盟的区域主管，他曾对朋友们说，他预感自己某天会死在大白鲨的利齿下。袭击事件发生时他的两位朋友正好在现场。

"当我看到大片鲜血在海面扩散的时候，我就知道弗莱出事了，"与他潜水的一名同伴说，"我们在错误的时间去了错误的地点。"

当你不再对大白鲨翘首以盼时，他们反而出现了；正当你惊喜地发现他们时，他们却又消失不见。他们以一种难以忘记的方式进入你的生活，盘踞在你的大脑之中，挥之不去。我的感受也不例外。彼得的失职，官方的责难以及帆船遗失，在这场风波结束以后，没有人说得清发生的这一切究竟是谁对谁错。彼得的几个同事谈道，也只有大白鲨能搅起这么大的风波，研究鸟类或者斑海豹的人就肯定不会栽这种跟头——不知怎么回事，好像一切都是鲨鱼的错。但真相并非如此。事实上，纯粹是人类的行为导致事情的发展脱离了正轨。不知何时，我想，或许是从一开始吧，我便对这个故事着了迷。那种执着的信念影响着我做的每一件事，最后也让我为此付出了惨重的代价。

然而，看着水族箱里的那条大白鲨幼仔从鱼群中游过，似乎正沉醉在自己的明星光环中时，我不禁再一次惊叹这些生物的体型，以及它们令人难忘的身影。为了解决早餐，我们离开了外湾，途中路过一幅约10英尺（约3米）长的鲨鱼壁画，画前挤满了小朋友，都嚷着要在这里合影。在屋子对面，有一个售货亭正在售卖各种大白鲨的毛绒玩具、钥匙扣、书册和冰箱贴。不错，这种动物的确充满魅力。

我们刚从罐头厂街①的人群中穿过，身后的海湾已开始兴风作浪。我将车门"砰"地关上，然后把冲浪板从车顶行李架上卸下来。（现在我也有了自己的专属冲浪板，大概有7.5英尺（约2.3米）长，上面印着鲜亮的玫红色漩涡图案。）此时，周围的人群正朝大海的方向走去。

在西北方向，约85英里（约137千米）之外的象海豹湾，一道8英尺（约2.44米）高，形状完美的海浪正奔腾而至。

◇ 后记 ◇

---

① 罐头厂街（Cannery Row），蒙特雷湾水族馆所在街区，原为罐头工厂。——译者注

作者附言

　　文字无法表达我对彼得·派尔的感激之情。他才华出众，幽默热忱，深爱着法拉隆群岛，因此即便偶尔进入凶险的水域，这次的海上行程也堪称轻松愉快。我也非常感谢斯科特·安德森、罗恩·埃利奥特，以及法拉隆巡逻船队创始人查理·美林，愿将他的智慧和我们的友情永铭于心。还有保罗·阿特金斯，他描绘的岛上风景一直让我魂牵梦绕。同时，还要感谢下列人员：米克·蒙觉兹、埃德·尤贝尔、布莱恩·吉尔斯、托尼·巴杰、玛格利特·巴杰、约翰·博伊斯、迈克·麦克亨利、彼得·德荣、皮特·沃兹博克、拉斯·布拉德利、珍·格林伍德、梅根·赖利、梅琳达·纳卡加瓦、克里斯蒂·纳尔逊、伊莱亚斯·伊莱亚斯、约西亚·克拉克，因为在登岛和报道方面，他们给了我很多帮助。另外，感谢格雷格·凯尔莱伊特、威廉·吉利、罗杰·汉隆、布鲁斯·梅特、大卫·K·玛蒂拉、大卫·费斯塔、凯思琳·戈德斯坦，他们就研究问题进行了详尽的回答。特别鸣谢生物学家R·艾丹·马丁，他热爱鲨鱼，讲起鲨鱼来更是滔滔不绝；感谢法拉隆群岛海洋保护协会主席琳达·亨特的高瞻远瞩和大力支持。当然，我还想要感谢航道探查海洋股份有限公司的保罗·阿马拉尔，他为我们找到了"想象号"。要知道，在风雨交加的海上进行夜间救援工作绝非易事，这不但需要航海专业技能，更需要极大的勇气。

　　凯文·翁在霍普金斯海洋站的布洛克实验室里工作，他在大白鲨的保护工作、种群数量，以及自动弹出式卫星追踪标牌的运行方式等方面，均向我提供了宝贵的信息（最重要的是，他教会了我如何使用鱼叉捕鱼）。另外，在蒙特雷湾水族馆，肯·彼得森、约翰·O·苏利文和兰迪·克赫文为我提供了很多帮助。所有人都应该感谢巴巴拉·布洛克——因为她出色的工作，避免了使海洋沦为热带鱼缸的悲剧——在这里，我要特别向她致以谢意。

　　过去的这些年里，许多与我缘悭一面的法拉隆科学家纷纷留下了重要的研究成果，他们是：大卫·艾因里、比尔·赛德门、吉姆·路易斯、菲尔·亨德森、鲍勃·博克海德、杰瑞·努斯鲍姆、博尔·赫尼曼、哈里特·胡贝尔、拉里·斯贝尔、特雅·彭尼曼、哈里·卡特、克雷格·斯特朗、斯蒂芬·莫雷尔，以及马尔科姆·科尔特。他们的名字反复出现在各种航海日志，以及各种关于法拉隆群岛和岛上野生动物的论文中。A·彼得·克里米雷、肯·高德曼、约翰·麦科斯克、斯科特·戴维斯、安德烈·布斯塔尼在法拉隆群岛上进行了重要的大白鲨研究工作。另外，还有许许多多的实习人员曾在简·方达房间里来来去去，虽然无法一一列出名字，但是我真诚地感谢他们每一个人。

我写这本书的目的很简单，就是真实地记录这个深深吸引我的故事，记录这个不为人知的地方，以及在这里生活的动物和人类。不幸的是，写书的过程并不容易，同时我在法拉隆群岛的存在也惹恼了某些人。对此我深表遗憾。对每一位致力于保护和研究法拉隆群岛的人士，我都十分钦佩，也从未想要给他们的工作造成任何困扰。在此我希望明确地指出：在美国鱼类及野生动物管理局的乔尔·布法，以及雷耶斯岬鸟类观测组织的艾莉·科恩和比尔·赛德门的带领下，法拉隆群岛的管理工作做得非常出色。

能与时代公司的企业编辑伊索尔德·莫特利共事，是我莫大的荣幸。她是第一个与我讨论本书的人，也是第一个审核通过这本书的人。她的支持、指导和友好超出了我曾有的期许。我还要感谢时代公司的曼·珀尔斯坦、约翰·休伊、安·摩尔、史蒂夫·凯普，以及丹·古德盖姆，因为正是他们给了我第一次登岛的机会。感谢内德·德斯蒙德使我变得坚强，感谢丹·奥克伦特和迪克·施托莱在几乎每件事上给予的帮助，还要感谢约翰·斯基雷斯、马克·福特、玛莎·纳尔逊、克里斯·亨特、锡德·埃文斯、大卫·佩察尔、瑞克·特策利、里克·科克兰、艾黎克·普里、乔迪·卡恩、希拉·玛蒙、科尔贝特·哈钦森、米尔特·威廉，以及玛喜·雅各布。此外，我也非常感谢珍妮特·陈、吉姆·阿利、马克·亚当斯、詹森·亚当斯，还有马克·格林，感谢他们的机敏与幽默、也感谢他们提供的寿司午餐、优美的音乐，以及稳定供应的顶级酒品。需要感谢的还有其他时代公司的同事们，单把他们的名字写出来，估计就能写满一整本书。

和往常一样，特瑞·迈克多诺、蒂姆·卡维尔、劳拉·霍恩霍德和大卫·格兰杰阅读了我手稿的较早版本，并提出了深刻的见解。马克·布莱恩特和约翰·泰曼多年来的成果让我获益良多，并倍感振奋。萨拉·科贝特、麦克·帕泰尔尼蒂和里克·赖利提出了他们的见解，给予我鼓励，与我深夜通话长谈，还经常向我提供一些写作中值得借鉴的例子。

在我开始写书和接近尾声的两个阶段中，玛莎·科克兰均发挥了关键作用。格温·科尔弗特以其一贯的冷静，仔细审读了本书。ICM国际创新管理公司的凯瑟琳·克卢维里厄斯，以及亨利·霍尔特出版公司（以下简称霍尔特公司）的乔治·霍奇曼和山姆·道格拉斯都是本书不可或缺的读者。拉·穆拉·波林总能给我明智的忠告。迈克·凯西一直在帮我改正写作时的坏习惯。

我发现，写一本书需要朋友们的莫大帮助，尽管有时你会忽视他们的建议。詹妮·多尔、莎伦·路德克、凯茜·库克、克莱尔·赫特尔、迪安娜·布朗、迪安·黑斯塔德、塔尼娅·舒布林、保拉·罗马诺、帕梅·拉扎罗托、安吉拉·毛图希克、大卫·林奇、克莉丝汀·盖理、罗尼·雷耶斯、安·杰克逊、哈里·阿波斯托利德斯、史蒂芬·萨姆纳，还有不可替代的多蒂·斯塔尔：我爱你们。谢谢。

对以下这些人，我感激不尽——霍尔特公司总编辑珍妮弗·巴斯，本书的每一页都得到过她的帮助；霍尔特公司总裁约翰·斯特林，感谢他对书中故事有着深刻的理解。最后，我要把最诚挚的感谢献给我的经纪人斯隆·哈里斯，这条路上的每一步都有他的陪伴——他给我提出了很棒的建议，有时还会指出一些不显眼的问题。我想，我之所以写这本书的原因之一，就是为了与他进行更多的交流。

2004年10月12日，人类朝着正确方向迈出了一步——将大白鲨列入CITES

（濒危野生动植物物种国际贸易公约）附录二中，这是一份为了防止物种灭绝而制定的全球公约。考虑到最近发现的大白鲨的迁徙习惯，很明显，仅仅只有地方保护是不够的：现存的大白鲨应该自由地生活在海洋各处，而不是被随意围困在几个有限的区域。大白鲨交配和产仔的地方仍然不为人知，而且他们的繁殖速度缓慢，每胎生出的幼鲨也非常少，再加上没有严格控制大范围的猎杀和贸易行为，导致他们的生存环境处于重重危机之中。

一个简单的逻辑是，海洋资源需要通过国际立法来进行可持续性的管理。然而迄今为止，相关立法工作尚未完成。在我们深入了解海洋之前，海洋环境便已经开始剧变，这犹如一场边缘政策的疯狂博弈，灾难性的后果即将随之而来。人们已经为星际探索投入了100亿美元巨资，海洋环境保护者却仍需要努力争取资金，来对这片覆盖了地球表面71%的区域进行监管。与此同时，商业捕鱼仍然是一种零和博弈，海洋生物的栖息地持续遭到破坏，一些物种已经永远灭绝。

至于法拉隆群岛的大白鲨，在过去的1 100万年里，无论遭遇过怎样的环境剧变，他们都能适应和生存。但问题在于：接下来的10年里，他们还能在人类手中幸存下来吗？

作者附言

◇ ◆ ◇